高等职业教育"十四五"规划教材

动物实验技术

胡 平 雷莉辉 主编

U0218799

中国农业大学出版社

·北京·

内 容 简 介

本教材主要介绍了动物实验技术的相关知识和实践技能。全书共 10 个项目,包括实验动物选择与影响因素、动物实验前的准备、动物给药技术、动物的麻醉与镇痛技术、动物血液样本采集技术、实验动物其他样本采集技术、动物实验后的观察与管理、实验动物安死术、动物剖检与样本采集,以及转基因动物与胚胎工程技术。

教材采取新形态、活页式的组织形式,按照工作任务的难易程度分层以及岗位实际需要编写,配套了丰富的课后习题和扩展学习内容。对于动物实验的关键技术,书中通过二维码配套有详细操作视频,帮助读者理解、掌握。本教材可作为高等职业教育实验动物、动物医学、医学实验技术等专业的教材,也可作为相关行业工作者的参考用书。

图书在版编目(CIP)数据

动物实验技术 / 胡平,雷莉辉主编. --北京:中国农业大学出版社,2021.12
ISBN 978-7-5655-2639-8

Ⅰ.①动⋯　Ⅱ.①胡⋯②雷⋯　Ⅲ.①动物学-实验-高等职业教育-教材　Ⅳ.①Q95-33

中国版本图书馆 CIP 数据核字(2021)第 214598 号

书　　名	动物实验技术	
作　　者	胡　平　雷莉辉　主编	

策划编辑	张　玉　郭建鑫	责任编辑	郭建鑫
封面设计	郑　川		
出版发行	中国农业大学出版社		
社　　址	北京市海淀区圆明园西路 2 号	邮政编码	100193
电　　话	发行部 010-62733489,1190	编辑部 010-62732617,2618	
	出版部 010-62733440	读者服务部 010-62732336	
网　　址	http://www.caupress.cn	**E-mail**	cbsszs@cau.edu.cn
经　　销	新华书店		
印　　刷	运河(唐山)印务有限公司		
版　　次	2022 年 3 月第 1 版　 2022 年 3 月第 1 次印刷		
规　　格	185 mm×260 mm　 16 开本　 16.25 印张　 405 千字		
定　　价	49.00 元		

图书如有质量问题本社发行部负责调换

编写人员

主　　编　胡　平（北京农业职业学院）

雷莉辉（北京农业职业学院）

副主编　张凡建（北京农业职业学院）

马建民（北京农业职业学院）

参　　编　王　锐（云南农业职业学院）

艾君涛（北京农业职业学院）

关文怡（北京农业职业学院）

张　利（辽宁农业职业技术学院）

连　捷（遵义职业技术学院）

杨飞霞（北京通和立泰生物科技有限公司）

前　言

　　动物实验技术是一门多学科交叉的实践性课程,对应实验动物、动物医学、医学实验技术等相关专业,是相关岗位必备的核心技能。实验动物技术专业与实验动物企业、医学和生物技术相关企业紧密合作,从岗位需求出发,根据国家和地方职业资格证书培训标准,整合人才培养方案,改革教材设计,建设"活页式"教材,打破传统教材的理论知识—教师示范—学生实践—教师讲评的教学模式,充分利用信息化教学资源,从学生学情出发,逐级训练岗位技能,开发"活页式"立体新形态教材,从而有效提升职业教育的适应性,培养更多高素质技术技能型人才,在教学中培养学生的劳动精神、工匠精神和服务奉献精神。

　　活页式教材主体部分按照工作任务的难易程度分层以及实际岗位的需求编写。首先,依据工作任务的逻辑关系整合项目、任务;其次,根据学生学习特点和能力水平设计工作任务,将教学内容整合为十个项目,项目中各任务分级排列。此外,在各项目中设置了知识目标、能力目标和素质目标,以明确各项目知识点和学习要求;学生可在学习后进行自评,在实操记录与评价中记录掌握情况和技能学习经验。

　　本教材通过图片展示了大部分核心技能的操作方法,并配有操作教学视频,分级安排了主要的技能实践内容,教学中教师可在此基础上增加技能训练项目。

　　本教材还增加了相关知识或技能的拓展内容,为学有余力的学生提供深入学习的材料,为今后的岗位工作提供参考。

编　者

2021 年 6 月

目 录

项目一

实验动物选择与影响因素

【知识目标】

项目一	细目	知识点	学习要求	自评
任务1	动物实验的概念与分类	动物实验的概念 动物实验的分类 动物实验的特点	掌握 熟悉 熟悉	□ □ □
	动物实验的相关法规	国家管理法规 国家标准 地方管理法规	熟悉 了解 了解	□ □ □
任务2	实验动物的选择原则	实验动物选择原则 要符合"3Rs"原则 要注意动物福利	熟悉 熟悉 熟悉	□ □ □
	影响动物实验结果的因素	动物因素 环境因素 营养因素 人为因素	熟悉 熟悉 了解 熟悉	□ □ □ □

自评:在学习过程中,学生可以按照学习要求在已经掌握的知识点后"□"上打"√"。

【素质目标】

内容	素质要求	自评
劳动精神	对待工作一丝不苟,反复磨炼技能	□
团队协作	小组内分工协作,各岗位轮训	□
沟通交流	培养沟通能力,乐于分享收获	□
自主探究	培养主动思考、发现问题、分析问题的能力	□
动物福利	培养保护动物福利意识	□
无菌素养	操作中无菌意识贯穿始终	□
安全防护意识	培养注意安全防护的工作素养	□

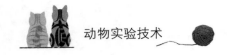

任务 1   动物实验概念与法规

动物实验作为生命科学研究的重要手段,伴随着生命科学的发展而发展起来。从公元前400年开始,人们就通过解剖活体动物了解某些生命现象,以此推断人体的生理功能;现在,遗传工程技术从分子水平上揭示了人类生命现象的本质,使动物实验的方式和技术水平有了长足的改进和提高,生命科学研究的不断深入拓展也赋予了动物实验新的形式和内容。

一、动物实验的概念与分类

动物实验是进行医学科学研究、检测产品质量、开展教学工作等不可缺少的基本手段,但动物实验并不是一个随心所欲的简单过程,了解实验动物生物学特性和实验动物特点,了解动物实验的程序和步骤,经过精心设计和准备,以及对动物实验过程中可能出现的问题有足够的认识和应对措施,才能对实验结果进行正确的评估和描述,才能够获得科学的动物实验结果。

(一)动物实验的概念

动物实验是以实验动物为载体进行的科学实验,研究实验动物生物学特征、动物实验技术、动物实验过程中实验动物的反应以及发生发展规律,从而获取新知识、发现新规律的科学实践活动。

动物实验是以实验动物为载体而展开的研究活动。与其他生物载体(细胞,组织,器官)相比较,它具有生物体的完整性和生物反应的系统性,得出的结果更宜被人类所借鉴。不同种动物、同一种动物不同品系具有不同的生物学特征,为科学研究提供了丰富的实验材料。

动物实验是科学实验,这是因为动物实验是经过科学合理设计,并对各种影响因素实施有效控制,对所获结果进行统计分析和验证的研究活动。动物实验在标准规范并符合动物福利条件下实施,以保证动物实验结果的准确可靠。

动物实验是发现和验证新知识、发现新规律的最佳途径之一。实验动物是一个活的生物反应体,任何一个外来刺激都会引起全身各个系统协调有序的连锁反应,它能表现出其他实验手段无法体现出的生物学效应,如呕吐反应、疼痛反应等,全面反映出疾病发生发展以及转归的过程。利用动物实验能够探索引起疾病发生的主要基因作用以及多个基因之间的相互作用和影响,这是其他实验手段无法做到的。

随着生命科学的发展,特别是生物技术的进步,动物实验这一概念的内涵不断扩大和丰富,使传统的动物实验概念与其他领域利用动物进行的其他活动之间的界限趋于融合。如利用BACB/c小鼠生产单克隆抗体,既是利用生物技术生产药物,也是一种应用领域的动物实验。利用转基因动物生产各种表达产物、利用动物细胞生产生物制品等也属于此类。

(二)动物实验的分类

动物实验方法多种多样,在各研究领域有其不同的目的和应用,因而分类方法也各不相同。

1. **按照动物实验目的分类**

(1)"研究性"动物实验   以基础理论为依据,探索某些未知生命和规律,从而产生新的理论和说明新的机理。如利用转基因动物研究某一基因的作用,以及该基因与表型之间的关系;通过定位整合技术,发现新基因和已知基因的新功能,研究新药的靶基因、靶器官、作用机理和毒性作用。

(2)"生产性"动物实验 将编码某些医用蛋白的基因通过转基因技术,建立能携带该基因并能高效表达的转基因动物,以此生产生物技术药物。乳腺生物反应器是其中一项蓬勃发展的高新技术。该项技术使得目标产品的产量高、质量好、成本低、易于提纯,极大地推动了生物医药产业的发展。

(3)"检验(测)性"动物实验 依据有关规范和规程,对产品的某一项(些)技术指标进行动物实验,以判定该产品质量是否符合标准要求。如根据药典对药品的有效性和安全性进行检验,对化妆品进行的安全性评价等。

(4)"教学性"动物实验 在掌握基本理论知识的基础上,通过对经典动物实验的学习,使学生掌握动物实验所需要的仪器设备的基本操作;熟悉和掌握动物实验的基本技术;掌握观察、记录实验结果和收集、整理实验数据的方法。如各种生理学实验。

2.按照动物实验感染危害分类

(1)感染性动物实验 经适当途径,用病原微生物人工感染动物,在研究过程中有可能对研究人员、周围环境和动物生命产生危害的动物实验,统称为感染性动物实验。依照病原微生物传播途径,可将感染分为呼吸道感染、消化道感染、血液感染、体表感染、性传播感染五类。感染性动物实验是生物安全性动物实验的一种。

根据所要操作的病原微生物危害程度,应在相应的动物实验生物安全水平实验室进行。

(2)非感染性动物实验 在整个实验过程中,不存在感染性因子的所有实验动物,统称为非感染性动物实验。如教学中的解剖学实验、生理学实验,药品检验中的热原实验,以及胚胎移植实验等。

使用高等级(如清洁级和 SPF 级)动物并在符合国家标准的动物实验环境中按照 SOP 进行实验操作,是避免非感染性动物实验受到微生物和寄生虫感染干扰的关键。

3.按照使用的动物种类分类

根据研究需要和生物学特性,选择适宜的实验动物进行实验研究,可分为小鼠实验、大鼠实验、豚鼠实验等。

4.按照动物实验周期分类

根据实验时间的长短,可将动物实验人为地分为长期动物实验和短期动物实验。

长期动物实验也可称为慢性动物实验,由于实验过程更接近于自然过程,因此所观察到的实验结果比较符合客观实际。缺点是对实验环境要求高,支出费用大,不宜用来进行大量的实验性研究。

短期动物实验又可称为急性动物实验,可在较短的时间内获得较多的有价值的分析性数据。缺点是动物在急性实验中往往处于失常的状态,从而使动物对某些因素的反应反常,不能完全说明动物在生理条件下的功能和活动规律。

长期(或慢性)动物实验和短期(或急性)动物实验都是科学研究中常用的方法,是相辅相成的,在实际工作中可根据实验目的和要求灵活掌握。

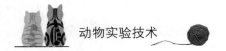

5. 按照机体或器官利用的方式分类

(1)在体实验 在动物处于整体条件下,经麻醉后分离暴露某一器官或组织并保持欲研究的器官处于正常的解剖位置或从体内除去(拟从反证的角度),来研究动物或某器官生理功能的实验方法。如进行解剖,以便观察组织、器官机能在不同情况下的变化规律。

(2)离体实验 将所需要的动物器官或组织按照一定程序从动物机体上分离下来,置于人工环境中,在短时间内保持它的生理功能并进行研究的一种实验方法。

6. 按照动物实验应用领域分类

实验动物作为一个特殊的动物群体,广泛应用于科学研究、社会与经济发展中的各个领域。在现代医学研究中,动物实验是探索人类疾病病因和防治疾病发生的重要手段;在农业科学研究中,动物实验广泛应用于农药的安全性评价、疫苗的制备和质量鉴定、饲料营养分析以及畜产品的安全性评价;在食品、环境、轻工业等与人民生活息息相关的领域,动物实验则扮演着"安全卫士"的角色;在国防和军事科学研究、国际贸易和进出口检疫等方面也广泛应用。

应注意的是,对不同领域的研究应选择最适合的实验动物进行相关的动物实验,以获得针对研究目标的最佳结果。如在药物安全评价中,选择犬和灵长类动物,使动物实验结果更容易外推到人类;对水环境质量评价而言,实验鱼类则是最佳选择。不管是选择什么样的动物和在哪些领域开展动物实验研究,其共同点是:高质量的实验动物、标准化的动物实验环境和规范化的动物实验操作是保证动物实验结果准确有效不可或缺的重要因素。

(三)动物实验的特点

1. 可控性

动物实验过程是在人为控制的条件下,并按照预先设计的发生发展路线有序进行的。根据研究目的,对动物实施相应的处理,使动物可以特异、可靠地反映出某一(或一些)机能、代谢或结构变化,或表现出特异性体征。而这些变化和体征是能够通过检验手段加以确定的。而当人们改变某些条件,或延长或加重实验处理时,动物则随着这些改变而表现出相应的变化。科技人员根据研究目的设计动物实验,以实现动物实验目标,这是人类利用动物进行研究的根本所在。

2. 再现性

在受控环境条件下,应用标准化的实验动物,采用规范化的操作技术,是完全可以将同一动物实验重复出来的。再现性也是评价一个动物实验过程和结果的重要指标。实验条件不可控、动物质量不高、使用非标准化方法不可能获得准确的动物实验结果,也不可能使动物实验结果重现。动物实验再现性这一特性为我们依据相关标准进行产品质量检验和在不同时空验证新的理论提供了可靠的技术手段和工具。

3. 相似性

利用各种手段复制人类疾病动物模型,可以从动物实验中得到一些能外推到人类疾病的有关规律。动物实验与研究目的之间所存在的这种相似性,是利用动物研究人类疾病的基础。

比如,临床研究表明,HIV可首先穿过子宫颈内的细胞,然后再进入附近的淋巴结,造成人类的感染。因此,实验性地将猴免疫缺陷病毒(SIV)注入恒河猴阴道,检查结果表明,该病毒侵入途径与人体的临床研究结果相一致。

另外,实验动物作为一个完整的生物体,在疾病等方面的实验研究中所体现的外在体征相较于组织或细胞试验,与人类疾病更具有相似性。

4.简易性

在医学研究领域,动物实验是研究疾病病因、疾病发生发展、治疗效果、预防控制等最佳的方法。疾病的发生是复杂的,除了自身因素(如年龄、性别、体质等)外,社会因素也与疾病发生有着密切关系。采用动物实验方法研究疾病,则可将其他因素加以控制,用单一病因作用于实验动物,以此来研究这一病因在某种疾病过程中所扮演的角色,使所得到的结果更准确,研究更为深入。如利用遗传工程技术,建立人类疾病动物模型,以探讨单一基因的致病作用或多基因在疾病发生过程中的相互作用。

5.差异性

动物与人存在差别,将动物试验结果外推(extrapolation)到人类具有一定的风险。目前还没有哪种理论能够证明这种外推法具有完全的有效性。动物实验中观察到的一些明显与人体反应不同的现象,可能由多种因素所致,也是客观存在的。对研究人员来讲,应该通过科学的设计,尽可能地减少差异性,提高动物实验的研究意义和动物实验结果的应用价值。

6.伦理性

对疾病的研究不可能在人体上进行,而用动物代替人体做实验对象,就可以在人为设计的实验条件下反复观察和研究;可以克服在人体研究经常遭遇的伦理方面的限制;可以采用某些不能应用于人体的方法和途径进行研究。

二、动物实验相关法规

为规范实验动物工作的管理,科学技术部先后发布了诸多针对实验动物工作管理的法规和行政规章。各部门、各地区也根据国家的整体管理,结合自己的特点,制定了各自的管理办法和实施细则。

(一)国家法规

1.《实验动物管理条例》

1988年,经国务院批准,国家科委发布了我国第一部实验动物管理法规《实验动物管理条例》(以下简称《条例》)。该《条例》共8章35条,从管理模式、饲育管理、检疫与传染病控制、应用、进口与出口管理、工作人员及奖罚等方面明确了国家管理准则。这一法规的颁布标志着我国实验动物管理工作开始纳入法制化管理轨道。本《条例》于2013年和2017年分别进行了第二次和第三次修订。

在《条例》第四条中,明确了动物实验的基本原则。《条例》全方位地推动了我国实验动物科学事业的发展,使我国实验动物科学及其相关科学的发展有了长足进步,为我国医学生物学及现代生命科学与国际接轨奠定了坚实的基础。

2.《实验动物质量管理办法》

1997年,由国家科委、国家技术监督局联合发布了《实验动物质量管理办法》(国科发财字〔1997〕593号),共5章26条,其中明确提出了我国实验动物生产和使用将实行许可证制度,对许可证的申请和管理也做出了规定。在第三章第十一条中,规定了使用实验动物进行实验研究或相关产品生产的单位所应该具备的条件。该管理办法的发布和实施,极大地推动了我国实验动物和动物实验工作管理科学化和规范化的发展进程。

3.《实验动物许可证管理办法(试行)》

2001年,科学技术部与卫生部等七部(局)联合发布了《实验动物许可证管理办法(试行)》(国科发财字〔2001〕545号),共5章23条。其中规定了申请许可证的行为主体、条件、标准、审批和发放程序,强调了许可证的管理和监督。通过认证这一法制化管理模式,既规范科学研究行为,也促进了实验动物事业的发展。

4.《关于善待实验动物的指导性意见》

为适应科技发展的需要,贯彻落实《实验动物管理条例》,2006年9月,科学技术部发布了《关于善待实验动物的指导性意见》,共6章30条,提出了工作管理和监督的模式,分别从实验动物的饲养管理、应用、运输以及相关措施等方面,对善待验动物提出了要求。

(二)国家标准

实验动物相关国家标准从微生物学、寄生虫学、遗传学、营养学和环境设施的角度,为保证实验动物和动物实验质量以及相关条件作出了具体的规定。为保证动物实验结果的可靠性,应使用合格的实验动物;保证各项环境指标稳定;为动物提供满足各生长发育阶段要求的全价配合饲料。因此,国家标准的提出对开展实验动物及其相关条件的监测与控制,保证实验动物和动物实验质量具有十分重要的意义。

(三)部门行政规章和技术规范

根据部门工作特点和管理需要,各部门也制定了实验动物管理办法或实施细则。

1.《关于加强药品研究用实验动物管理的通知》

原国家食品药品监督管理局于2000年发布了《关于加强药品研究用实验动物管理的通知》,要求开展药物研究用的实验动物要具有许可证。动物质量、品种等要达到要求;动物设施要达到国家标准以及药品研究的特殊要求;达不到要求的,研究结果无效,研究资料不予承认。在《中国药典》中明确规定:"检定用动物,除另有规定外,均应用清洁级或清洁级以上的动物","用于制备注射用活疫苗的动物细胞必须来自清洁级或清洁级以上动物"。

2.《中医药科研实验室分级登记管理办法(试行)》

国家中医药管理局于1998年发布了《中医药科研实验室分级登记管理办法(试行)》,明确规定:中医药科研实验室分为一、二、三级,实行分级登记管理;要求在应用实验动物进行实验研究时,所用的动物应为合格的实验动物;动物实验的环境和设施应和实验动物的级别相匹配等内容。

3.《农业系统实验动物管理办法》

农业农村部发布了《农业系统实验动物管理办法》,明确规定:实验动物必须按照国家标准进行饲养管理;使用合格的实验动物,并在符合实验动物等级标准的环境设施中进行动物实验;进出口实验动物时,须报有关部门审查和获得批准后按有关规定办理。

4.《中国科学院实验动物管理暂行条例》

中国科学院发布了《中国科学院实验动物管理暂行条例》,其中明确规定:应使用国际、国内认可通用的品种、品系实验动物进行实验研究;所用动物合格与否是科研成果评定考核的条件之一;发生传染病时,应采取有效措施,以防疫情扩散等。

上述这些规定和管理措施从不同的侧面和层次都极大地加强了实验动物生产和应用工作的管理力度,保证了实验动物质量,以及动物实验的准确性、可靠性和重复性,对推动我国生命科学研究发展和水平提高起到了重要作用。

(四)地方管理法规

1.《北京市实验动物管理条例》

1996年10月17日,北京市在全国率先以立法形式制定了《北京市实验动物管理条例》,自1997年1月1日开始实施,该条例于2004年经北京市第十二届人民代表大会常务委员会第十七次会议修订,2005年1月1日起施行。

为贯彻落实该条例,根据实际工作需要,北京市又先后制定和发布了《北京市实验动物许可证管理办法》《北京市实验动物从业人员培训考核管理办法》《北京市实验动物从业人员健康体检管理办法》《北京市实验动物质量检测工作管理办法》《北京市实验动物行业信用信息管理办法(试行)》《北京市实验动物行政执法档案管理办法》《实验动物行政许可程序》和《北京市实验动物福利伦理审查指南》等管理文件。该条例和这些相关管理文件的发布施行,对加强北京地区实验动物法制化管理工作,进一步提升实验动物这一科技基础支撑条件的水平发挥了重要作用,有力地促进了北京科技事业的发展。

2.《湖北省实验动物管理条例》

2005年7月29日,湖北省第十届人民代表大会常务委员会第十六次会议通过了《湖北省实验动物管理条例》,并于2005年10月1日起施行。湖北省成为继北京市后全国第二个对实验动物工作立法的省(市)。该条例对实验动物的生产与经营、应用、质量检测与防疫、生产安全与动物福利、管理与监督等活动进行规范,并明确了相关的法律责任。该条例明确规定了实验动物工作实行许可制度。

3.《云南省实验动物管理条例》

2007年7月27日,云南省第十届人大常委会第三十次会议审议通过了《云南省实验动物管理条例》,并于2007年10月1日施行。这是继北京市、湖北省之后我国第三部实验动物地方法规。该条例对实验动物的管理部门、使用单位和个人、许可证管理制度、实验动物质量检测与检疫、管理与监督、动物实验伦理、法律责任等方面做出明确的规定。

4.《黑龙江省实验动物管理条例》

2008年10月17日,黑龙江省第十一届人民代表大会常务委员会第六次会议通过了《黑龙江省实验动物管理条例》。该条例第五条规定,动物实验设计和实验活动应当遵循替代、减少和优化的原则。从事实验动物工作的单位和人员应当善待实验动物,维护实验动物福利,应当采取尽量减轻动物痛苦的方式进行妥善处理。对于违反本条规定的处罚措施是处二千元以上二万元以下罚款,情节严重的并处暂扣实验动物许可证。

5.《广东省实验动物管理条例》

2010年6月2日,广东省第十一届人民代表大会常务委员会第十九次会议通过了《广东省实验动物管理条例》。鼓励共享实验动物的实验数据和资源,倡导减少、替代使用实验动物和优化动物实验方法。实验动物生产、使用活动涉及实验动物伦理与物种安全问题的,应当遵照国家有关规定,并符合国际惯例。对实验动物进行手术时,应当进行有效的麻醉;需要处死实验动物时,应当实施安死术。附则中还明确了实验动物伦理、实验动物福利和安死术含义。

6.其他地方法规和管理办法

为更好地贯彻实施《实验动物管理条例》和《实验动物许可证管理办法(试行)》,使我国实验动物工作步入法制化管理轨道,推动我国实验动物整体水平的发展,使各地方实验动物管理工作更加严格和规范,江苏、福建、山西、山东、河南、河北、四川、上海、安徽、湖南、重庆等省市都制定了相关的地方性法规或实施细则,根据这些管理法规加强本地区的实验动物和动物实验的管理。

任务 2　实验动物选择与影响实验结果的因素

一、实验动物的选择原则

在生物医学研究中,实验动物的选择是非常重要的一个环节。特别在复制动物模型时,仅仅考虑可能性、熟悉程度和价格是远远不够的。选择最佳的实验动物模型,需要综合分析以下因素:相似性,即所选动物模型与人类疾病之间是否有适度的关联;研究对象基因型的一致性、生物性状的背景条件、实验结论的通用性、生态效应、伦理因素、饲养条件、动物体重、生命周期、动物年龄、性别、动物数量。同时应注意该模型的有效性,即必须为学术界所认可和接受。

(一)选择与人的功能、代谢、结构和疾病特点相似的实验动物

在动物身上复制人类疾病模型,目的在于从中找出可以推广(外推)应用于人体的有关规律。外推法要冒一定风险,因为动物与人到底不是一样的生物,在动物身上有效的药物不等于临床有效,反之亦然。因此,设计动物疾病模型的一个重要原则是,所复制的模型应尽可能近似于人类疾病的情况。

能够利用与人类疾病相同的动物自发性疾病模型当然最好。可以把一些自发性疾病的动物经过遗传育种的方法,培育成该疾病的动物模型以供研究。例如,遗传性高血压大鼠、糖尿病小鼠等。老年猪自发性冠状动脉粥样硬化,是研究人类冠心病的理想模型;犬自发性类风湿性关节炎与人类幼年型类风湿性关节炎十分相似,也是一种理想模型。

与人类完全相同的动物自发性疾病模型毕竟不可多得,往往需要人工加以复制。从进化的角度看,猩猩和猴与人类最为接近,在解剖学、组织器官功能、白细胞抗原及染色体带型等方面与人相似,用这些实验动物得到的实验结果则很有说服力,但成本较高。以高胆固醇膳食饲喂兔、鸡、猪、犬、猴等动物时,均可诱发动物的高脂血症或动脉粥样硬化。但猴和猪除有动脉粥样硬化外,心脏冠状动脉前降支形成斑块、大片心肌梗塞的情况与人更为相似。在外科手术操作性实验中,选用猪或犬等大动物比用大鼠、小鼠在操作实感上更接近于人类。犬是红绿色盲,不能以红绿为刺激条件进行条件反射实验;其汗腺不发达,不宜选做发汗实验;胰腺小,适宜做胰腺摘除术;胃小,易做胃导管,便于进行胃肠道生理的研究。大鼠无胆囊,不会呕吐,不能做胆功能观察或催吐实验;犬、猫、猴等动物呕吐反射敏感,则宜选用。兔体温对热原物质比

较敏感,宜选做发热、解热和检查热原的实验研究。鸡适宜做高脂血症的模型,因为它的血浆甘油三酯、胆固醇以及游离脂肪酸水平以及低密度和极低密度脂蛋白的脂质构成与人相似。

此外,为了尽可能做到动物疾病模型与人类疾病相似,还要在实践中对方法不断加以改进。例如,结扎兔阑尾血管,固然可使阑尾坏死穿孔并导致腹膜炎,但这与人类急性梗阻性阑尾炎合并穿孔和腹膜炎不一样,如果给兔结扎阑尾基部而保留原来的血液供应,由此而引起的阑尾穿孔及腹膜炎就与人的情况相似,因而是一种比较理想的方法。

如果动物模型与临床情况差异较大,在动物身上有效的治疗方案就不一定能用于临床,反之亦然。例如,动物内毒性休克(endotoxin shock,单纯给动物静脉输入细菌及其毒素所致的休克)与临床感染性(脓毒性)休克(septic shock)就不完全一样,因此对动物内毒素性休克有效的疗法长期以来不能被临床医生所采用。现在有人改为向结扎胆囊动脉和胆管的胆囊中注入细菌,复制人类感染性休克模型,认为这样既有感染又有内毒素中毒,就与临床感染性休克相似。

为了判定所复制的模型是否与人相似,还需要进行一系列的检查检验。例如,有人检查了动物的动脉压、静脉压、脉率、呼吸频率、动脉血 pH、动脉氧分压和二氧化碳分压、静脉血乳酸盐浓度以及血容量等指标,发现一次定量放血法造成的休克模型与临床出血性休克十分相似,因此认为此法复制的模型是一种较理想的模型。同理,按中医理论,用大黄喂小鼠使其出现类似人的“脾虚症”,如果再按中医理论用四君子汤把它治好,那么就有理由把它看成人类“脾虚症”的动物模型。

(二)选择遗传背景明确、体内微生物得到控制或模型症状显著的实验动物

复制动物模型应注意选用标准化和有实用价值的动物。复制动物模型时应遵循适合大多数研究者使用、容易复制、便于操作和标本采集的原则。动物来源上应注意选用标准化实验动物。所谓标准化实验动物主要是指遗传背景明确、体内微生物得到控制、在长期实践过程中积累有较丰富的研究资料和可供参考和比较、模型性状显著且稳定的动物。例如,在进行一些遗传性状、肿瘤移植免疫等相关实验时,近交系动物由于其基因纯合度高、遗传性能稳定、表型反应均一,实验结果精确等优点而被普遍利用,而在进行微生物和寄生虫实验时,无菌动物其解剖结构、生理功能、代谢和防御机制方面排除了各种微生物的干扰,可对实验结果做出较明确的结论。悉生动物是将已知微生物接种到无菌动物体内,因此可应用于对单一微生物与抗体相互关系的研究之中。总之,实验动物质量是否符合标准是实验结果能否被国内外权威机构认可的重要因素。

人工控制条件下培育的动物与自然生长繁育的动物有所不同,而且标准化环境的维持需消耗大量的资金。家畜生活环境与人类相似,有的已经驯化,饲养成本比实验动物低,但标准化程度低,应慎重。野生动物可用作模型资源补充,适用于疾病自然发生率和死亡率研究,但在实验条件下维持较困难,且对人、家畜构成直接或间接的威胁,同时缺乏模型的完整信息。

(三)选用解剖、生理特点符合实验目的要求的实验动物

选用解剖生理特点符合实验目的要求的实验动物,是保证实验成功的关键因素之一。实验动物某些解剖生理特点,为对所要观察的器官或组织等进行实验提供了很多便利条件,如能适当使用,将减少实验准备方面的麻烦,降低操作的难度,使实验容易成功。犬的甲状旁腺位于甲状腺的表面,位置比较固定,大多数在两个甲状腺相对应的两端下;兔的甲状旁腺分布得比较散,位置不固定,除甲状腺周围外,有的甚至分布到主动脉弓附近。因此,做甲状旁腺摘除

实验应选用犬而不能选用兔，但做甲状腺摘除实验，为使摘除后还保留甲状旁腺的功能，则应选用兔而不能选用犬。小鼠、大鼠及豚鼠的气管和支气管腺不发达，只在喉部有气管腺，支气管以下无气管腺，选用这些动物作慢性支气管炎的模型或进行去痰平喘药的疗效实验就不合适；猴等动物则不然，气管腺的数量较多，直至三级支气管中部仍有腺体存在，选用这种动物就很适宜。地鼠口腔内两侧的颊囊是缺少组织相溶性抗原的免疫学特殊区，是进行组织培养、人类肿瘤移植和观察微循环改变的良好区域，适于免疫学、组织培养、肿瘤学和微循环功能等的实验研究。兔有食粪癖，晚上吃自己的粪便，特别喜欢刚拉下来的软便，如选用兔进行营养实验时，应注意控制其食粪习性，否则会影响实验结果。兔的胸腔结构与其他动物不同，胸腔中央有一层很薄的纵隔膜将胸腔分为左右两部，互不相通，两肺被肋胸膜隔开，心脏又有心包胸膜隔开，当开胸和打开心包胸膜，暴露心脏做实验操作时，只要不弄破纵隔膜，动物就不需要人工呼吸，这种结构给实验操作带来了很多方便，很适合于做开胸和心脏实验。

一般实验动物均有胆囊，但大鼠无胆囊，就不能用于胆囊功能的研究，而适合做胆管插管收集胆汁，进行消化功能的研究。豚鼠、犬、猫、猴等较大的实验动物，正常心电图均有明确的S-T段，但大鼠和小鼠等啮齿类没有S-T段，甚至有的导联见不到T波，如有T波也是与S波紧挨着，或在R波降支上即开始。乌贼有一条巨大的神经纤维，能允许微电极插入其纤维内，保留接近正常的活动机能，常选用它来做神经纤维的膜电位和动作电位的实验。人和实验动物在解剖学、生理学及代谢方面的比较可参考表1-1。

表 1-1　人和实验动物在解剖学、生理学及代谢方面的比较

动物	相似点	相异点
小鼠	老龄肝变化	脾脏、肝脏
大鼠	脾脏、老龄胰变化、老龄脾变化	网膜循环、心脏循环、无胆囊、肝脏、汗腺
兔	脾脏血管、脾脏、免疫、神经分布、鼓膜张肌	肝脏、汗腺、呼吸细支气管、肺、顺应性
豚鼠	脾脏、免疫	汗腺
猫	脾脏血管、蝶骨窦、表皮、锁骨、硬膜外、脂肪分布、鼓膜张肌	脾脏、对异种蛋白的反应、汗腺、喉部、中隔、性索的发育、睡眠、热调节
犬	垂体血管、肾动脉、脾脏、脾脏血管、蝶骨窦、肾表血管、肝脏、表皮、核酸代谢、肾上腺神经分布、精神变化	心丛、肠道循环、网膜循环、肾动脉、胰管、热调节、汗腺、膈、喉神经
猪	心血管分支、红细胞成熟、视网膜血管、胃肠道、肝脏、牙齿、肾上腺、皮肤、雄性尿道	淋巴细胞显性、脾脏、肝脏、汗腺、两种球蛋白（新生）
绵羊	脾脏血管、汗腺	动静脉吻合、消化、胃、呕吐、热调节、睡眠
山羊	静脉管	淋巴细胞显性、消化、呕吐、热调节
非人灵长类	脑血管、肠循环（猩猩）、胎盘循环、胰管、牙齿、肾上腺、神经分布、核酸代谢、坐骨区（新大陆猴）、脑（大猩猩）、生殖行为、胎盘、精子	止血、腹股沟、坐骨区（旧大陆猴）
牛	升结肠	
马	肺血管、胰管、肺脏	淋巴细胞显性、消化、胃、呕吐、两种球蛋白（新生）、乳腺、热调节、汗腺、睡眠、缺胆囊

不同种属的哺乳动物,其生命过程有一定的共性,但各种反应上又有个性。如某种致病因素对一种动物是致病的,而对另一种动物可能是无害的。熟悉这些种属差别有利于动物实验的开展。不同种系实验动物对同一因素的反应往往不尽相同,实验研究中应选用那些对实验因素最敏感的动物作为实验对象。兔的体温变化十分灵敏,适于发热、解热和检查致热原等,小鼠和大鼠体温调节不稳定,做上述实验研究时就不宜选用。兔又是诱导排卵的动物,适宜用来做药物对排卵影响的实验。豚鼠对过敏实验适宜,它的耳蜗对声波变化十分敏感,可做听觉实验;鸽子、犬、猴和猫对于呕吐反应敏感,适用于呕吐实验。兔、豚鼠等草食动物的呕吐反应不敏感,小鼠和大鼠无呕吐反应,就不宜选用。兔、鸡、鸽和猴喂食高胆固醇、高脂肪饲料一定时间后易形成动脉粥样硬化病变,适于动脉粥样硬化实验研究,而小鼠、大鼠和犬就不易形成动脉粥样硬化病变。

各种实验动物的解剖学、生理学和代谢特点见表 1-2。

表 1-2 各种实验动物的解剖学、生理学和代谢特点

动物	解剖学和生理学	代谢
大鼠、小鼠	大鼠肝切除 60%～70% 后可以再生;95% 的吞噬活性来源于肝的巨噬细胞	易发营养缺乏(维生素、氨基酸)
仓鼠	颊窝是极有用的组织培养和人类癌肿的异种移植部位;雄体的阴囊宽大	代谢和发育极快
豚鼠	耳蜗敏感,可供听觉实验;氧消耗;对低氧有抵抗力	对青霉素敏感
兔	特有的巨大盲肠和特有的菌丛;耳静脉粗大	孕激素的生物测定
猫	脑部中枢神经发达;血压稳定;静脉壁较韧;瞬膜高度发达,故瞬膜收缩可用来记录颅内刺激	有产生正铁血红蛋白的能力,适宜于某些化合物如乙酰苯胺等的毒性实验;对强心苷、酚类敏感
犬	分散的胰脏;静脉管系统大小合适,易于进入;不同品种体形大小各异	对磺胺类药物,不同品种代谢过程差别较大
牛、羊	多胃、消化缓慢	对纤维素、多糖和其他大分子都有代谢能力
青蛙	视网膜细胞可供毒理学和药物实验	激素

(四)选用结构功能简单又能反映研究指标的实验动物

一般来说,进化程度高的动物与人的生物学特征更相近,所以很多实验项目尽量选用哺乳类动物。但进化程度高或结构功能复杂的动物有时会给实验条件的控制和实验结果的获得带来难以预料的困难。在能反映实验指标的情况下,尽量选用结构功能简单的动物。例如,果蝇的生活史短(12 d 左右)、饲养简便、染色体数少(只有 4 对)、唾腺染色体制作容易等诸多优点,所以是遗传学研究的绝好材料。人和果蝇的基因组有许多相似性,推测大约有 80% 的人类基因与果蝇同源。而同样方法若以灵长类动物为实验材料,其难度是可以想象的。有一些结构功能简单的生物在进行动物实验时,也具有明显的优势,如斑马鱼,虽然它的个体很小,但却具备哺乳类动物所拥有的循环系统、消化系统、骨骼系统和神经系统,而且繁育力高,取材方便,

加之通体透明,因此非常适合胚胎学、遗传学、细胞生物学和发育生物学的研究。鸡是另一个被广泛应用于生命科学研究的实验动物,鸡胚来源丰富,操作简便,是多种人畜疾病疫苗抗原研制不可替代的材料。

(五)选择实验动物要符合"3Rs"原则

随着动物实验研究的不断深入,实验动物的命运和动物实验的伦理学问题引起了社会的广泛关注。在长期的争论和对话过程中,比较符合伦理学原则的动物实验"3Rs"原则应运而生,成为当今实验动物科学的重要内容和发展方向之一。所谓动物实验"3Rs"原则即:用其他方法替代(Replacement)动物实验,减少(Reduction)动物使用的数量,优化(Refinement)实验过程减轻动物痛苦。

替代是指不使用活的哺乳动物进行实验,利用其他科学研究的条件,采用一些替代的方法,达到某种确定的研究目的。例如,应用单细胞生物、微生物或细胞、组织、器官,亦可用低等动物代替,如果蝇用于致畸致突变的研究,还可利用植物细胞,甚至以电子计算机模拟代替整体动物实验。

如果某一生物医学研究方案中必须使用实验动物,同时又没有可靠的替代方法选择,则应考虑将使用动物的数量降到实现研究目标所必需的最小量,这就是减少原则。减少动物用量的目标,是使遭受疼痛和不安的动物数量减至最少,避免动物、药品和实验用品等资源的无谓浪费。一般在保证实验结果科学性的前提下,减少动物用量的途径有 3 种:一是不同的科研实验项目尽可能合用动物;二是使用高质量的实验动物(如 SPF、近交系动物),以质量替代数量;三是使用合理的实验设计,控制实验中的生物学变异源。

优化是指通过改善动物设施、饲养管理、实验条件和实验操作技术,尽量减少实验过程对动物机体的损伤、减轻动物遭受的痛苦和应激反应。优化的原则不但符合动物福利的要求,从实验的技术和科研的角度,在开始前查阅大量的文献,优化动物实验的过程,对动物实验结果的科学性、重复性也是非常有价值的。

目前,"3Rs"原则在生物医学科研计划的实施和实验程序的动物福利评估、论证中已经被普遍采用。科研人员尽管有按自己独特方法开展研究的权力,但他们只能在国家有关实验动物法规的框架范围内享有学术自由和最优化地使用动物。大多数国家已经实行动物实验申请制,实施对研究方案的伦理学评价、颁发许可证制度已经成为在科研中实践"3Rs"原则的重要组成部分。"3Rs"的概念和理论已经被越来越多的科研工作者所接受,相应出现了一些有关的基金组织、出版物以及举办国际或地区性的学术会议,还有专门从事研究"3Rs"的机构和人员队伍。如欧洲 20 世纪 80 年代末成立了毒理学实验替代法的研究小组,1992 年成立了由 15 个国家参加的欧洲替代方法验证中心(European Centre for the Validation of Alter-native-Methods,ECVAM)。

由于条件所限,特别是观念上的差别,动物实验的优化过程在不同国家、不同地区表现出较大的差别,发达国家和发展中国家做得好些,发展的进程也较快。在欧、美等发达国家,一个动物实验设计方案要经过实验动物管理委员会或伦理审查委员会的审批才能得以实施,主要内容必须包括:

①充分阐明实验的必要性,并证明没有任何其他方法可以取代该动物实验。

②充分阐明实验的合理性,即所用的实验动物种类、品系、数量、性别、日龄等都是科学合理的,能用小动物进行实验就不能选用非人灵长类以及犬、猫等动物,用 10 只动物能完成实验

就不许用 11 只动物。

③明确实验过程可能给动物造成的疼痛、痛苦有多大。有些国家制定了疼痛等级的评分标准。

④如果是用非人灵长类动物做实验,对实验完成后退役的动物必须有妥善安置措施。如 1999 年美国在佛罗里达州的沙漠上建有一所具有相当舒适度的设施,将十几年来研究退役的上百只大猩猩放在这里"颐养天年"。

"3Rs"理论的实践需要科技手段和经济实力的支撑,任何一种手段都不可能轻而易举地建立起来。在广大动物实验科学领域,践行"3Rs"原则,不断创新实验方法,将大有用武之地,任重道远。

（六）选择实验动物要注意动物福利

动物福利是指为了保证动物在健康舒适的状态下生存而人为给动物提供的相应物质条件和采用的行为方式,以保证动物处于生理和心理愉快的感受状态。主张动物福利绝不是多愁善感,而是严肃的道德议题、科学议题、法律议题和政治议题。

动物福利的基本出发点是让动物在健康、快乐的状态下生存,也就是为了使动物能够健康、快乐、舒适而采取的一系列行为和给动物提供的相应的外部条件。所谓健康、快乐的状态,指动物心理愉快的感受状态,包括无任何疾病、无任何异常、无心理紧张压抑和痛苦等。科学发展到今天,已经可以对动物的感受状态进行测量、评定。如动物是否有受伤或生病,是否感觉疼痛。对于动物的沮丧、压抑、恐慌等行为也可以进行监控。

满足动物的需求是保障动物福利的首要原则。动物的需求主要表现在以下三个方面:维持生命需要、维持健康需要及维持舒适需要。这三个方面决定了动物的生活质量,只有当上述动物需求得到满足时,动物才能身心愉悦,享受大自然赋予的生命的乐趣。人为地改变或限制动物的这些需要,会造成动物行为和生理方面的异常,影响动物的健康。

(1)解除动物的痛苦,让动物在任何条件下享有如下五大自由是保障动物福利的基本原则:

①享有不受饥渴的自由。

②享有生活舒适的自由。

③享有不受痛苦伤害和疾病的自由。

④享有生活无恐惧和悲伤感的自由。

⑤享有表达天性的自由。

(2)上述五条基本原则也是国际社会一致认同的保障动物福利的五大标准。为了使动物身体健康、行为状态正常,必须做到:

①提供合适的足够的食物和水以及进行精心的照料。

②合适的自然环境和动物生存环境,饲养密度及单位面积的实验动物数量要适中。

③表现其正常行为方式的机会、行为状态是非常重要的指标,很多行为指标必须进行充分的讨论。

④实验动物的安乐和健康状态应该由合适的人员观察,以防止疼痛或可避免的痛苦、不适或持续伤害。

⑤实验动物繁殖、饲养或使用的环境条件必须每日检查。

⑥要做出安排确保尽可能地消除所发现的任何缺陷或痛苦。

为了保证实验动物福利,不但要改善饲养环境和条件,而且要加强饲养管理,不断提高从业人员的资质、职业素质等。

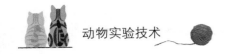

二、影响动物实验结果的因素

动物实验是现代医学研究的常用方法,是进行教学、科研和测试工作必不可少的重要手段和工具。因此,已成为医学科学工作者必须掌握的一项基本功。来源于动物实验的数据可能受大量的生物因素和环境因素的影响,要想获得正确可靠的动物实验结果,就必须了解影响动物实验结果的各种因素,排除各种影响因素的干扰。

(一)影响动物实验结果的动物因素

1.种属因素

不同种属哺乳动物的生命现象,特别是一些最基本的生命过程都有一定的共性。这正是在医学实验中可以应用动物的基础,但是,不同种属的动物,在解剖、生理特征和对各种因素的反应上,又各有不同。例如,不同种属动物对同一致病因素的易感性不同,甚至对一种动物致命的病原体,对另一种动物可能完全无害。因此,熟悉并掌握这些种属之间的差异有利于正确选择实验动物,否则可能贻误整个实验。例如,家兔体温变化灵敏,易产生发热反应,且反应典型、稳定,被广泛应用于发热、解热和检查致热原等的热原试验;豚鼠体内缺乏合成维生素 C 的酶,因而对维生素 C 的缺乏很敏感;大鼠对心血管药物反应敏感,血压反应好,适宜用于降压药及心血管疾病的研究;小鼠对镇咳药敏感,在氢氧化氨雾剂刺激下有咳嗽反应,是研究镇咳药物的常用动物等。由于不同种属动物的生物学特性不同,不同种属动物的基础代谢率率相差很大。常用的实验动物中以小鼠的基础代谢率最高,鸽、豚鼠、大鼠次之,猪、牛最低。因此,选择不同种属动物做出的实验结果有较大差异。

不同种属动物的药物代谢动力学可能不同,对药物的反应也可能不同,也会存在差异。①吸收过程的差异:如大鼠体内的巴比妥 3 d 内可排出 90% 以上,而鸡 7 d 内仅排出 33%。因此,巴比妥对鸡的毒性比大鼠要大得多。氯霉素在大鼠体内主要随胆汁排泄,存在肠循环现象,半衰期较短,药物作用时间的长短就有差异。②代谢过程的差异:如磺胺药和异烟肼在犬体内不能乙酰化,多以原型从尿排出;在兔和豚鼠体内能够乙酰化,多以乙酰化形式随尿排出;而在人体内部分乙酰化,大部分是与葡萄糖醛酸结合,随尿排出。乙酰化后不但失去了药理活性,而且不良反应也增加。可见这两种药物对不同种属动物的药效和毒性都有差别。

不同种属动物对药物的反应也有差异,并且药效也不同。如大鼠、小鼠、豚鼠和兔对催吐药不产生呕吐反应,而猫、犬和人则容易产生呕吐。组织胺可使豚鼠支气管痉挛窒息而死亡;使家兔血管收缩和右心室功能衰竭而死亡。苯可使家兔白细胞减少及造血器官发育不全;对犬引起白细胞减少、造血器官发育不全以及白细胞增多。苯胺及其衍生物对犬、猫、豚鼠等均能引起与人相似的病理变化,产生变性血红蛋白,但对家兔则不易产生变性血红蛋白,对小鼠则完全不产生。

2.种系(品系)因素

实验动物由于遗传变异,即使同一种属动物,也有不同品系。不同遗传育种方法,可使不同个体之间在基因型上千差万别,表现型上同样参差不齐。因此,同一种属不同品系动物,对同一刺激的反应有很大差异,而且各个品系均有其独特的品系特征。例如 DBA/2 小鼠 35 日龄时 100% 的发生听源性癫痫发作,而 C57BL 小鼠根本不出现这种反应;BALB/cAnN 小鼠对放射线极敏感,而 C57BR/CdJN 小鼠对放射线却具有抗力;C57L/N 小鼠对疟原虫易感,而

C58/LwN、DBA/lJN 小鼠对疟原虫感染有抗力；STR/N 小鼠对牙周病易感，而 DBA/2N 对牙周病具有抗力；C57BL 小鼠对肾上腺皮质激素（以嗜伊红细胞为指标）的敏感性比 DBA 小鼠高 12 倍；DBA 小鼠对雌激素比 C57BL 小鼠敏感。摘除 C57BL 小鼠的卵巢对肾上腺无明显影响，但摘除 DBA 小鼠的卵巢却使肾上腺增大，对 CE 小鼠甚至引起肾上腺癌。己烯雌酚可引起 BALB/c 小鼠的睾丸瘤，对 C3H 小鼠则不能。对微生物的感染，不同品系之间也有很大差异。如 DBA/2 及 C3H 小鼠对同一病毒（Newcastle 病毒）的反应和 DBA/1 小鼠完全不同，前者患肺炎而后者患脑炎；对仙台病毒的敏感性，DBA 系与 C57BL/6J 系相差 100 倍；地鼠的一个品系（LHC/LAK）对慢性病毒感染敏感，绵羊痒病、疯牛病、传染性貂脑病和人类的 C-J 病都能在此系动物群里传播。C57BL 小鼠对肾上腺皮质激素的敏感性比 DBA 及 BALB/c 小鼠高 12 倍。

3. 年龄和体重

年龄是动物的一个重要的生物指标。动物的解剖生理特征和反应性可随年龄的不同有明显的变化。一般来讲，幼年动物比成年动物敏感。如用断奶鼠做实验，其敏感性比成年鼠要高。这可能与机体发育不健全，解毒、排泄的酶系统尚未完善有关。但有时因幼年动物过于敏感造成实验结果与成年动物的实验结果不一致，因而，幼年动物不能完全取代成年动物实验。老年动物的代谢功能低下，反应不灵敏，一般不选用。因此，一般动物实验设计应选成年动物。但一些慢性实验，因观察时间较长，可选择年幼、体重较小的动物做实验。如研究性激素对机体影响的实验，一定要用幼年或新生的动物。老年动物仅用于进行一些老年医学的研究。咖啡碱对老年大鼠的毒性较大，对幼年大鼠毒性较小。

有人将大鼠、小鼠按年龄分成幼年、成年和老年 3 组，观察年龄对乙醇、汽油、戊烷、苯和二氯乙烷等急性毒性的影响。小鼠以 6～8 周、14～18 周和 18～24 周，大鼠以 1～1.5 个月，8～10 个月和 18～24 个月的分成相应的 3 组。按 LD_{50} 及麻醉浓度观察其敏感性，基本是幼年＞老年＞成年。

毒物反应的年龄差异，可能与解毒酶的活性有关，如胎儿因缺乏这些酶，对毒物很敏感，新生儿约在出生后 8 周内解毒酶才达到成年水平。大鼠的葡萄糖醛酸转换酶，约在出生后 30 d 才达到成年大鼠的水平。兔出生 2 周后，肝脏开始有解毒活性，3 周后活性更高，4 周后与成年兔接近。

实验动物年龄与体重一般呈正相关，小鼠和大鼠一般根据体重推算其年龄，但体重大小常受每窝哺育仔数、饲养密度、营养和温度等环境条件所限因此推算结果不太准确。动物的正确年龄应以其出生日期为准。常用几种成年实验动物的年龄、体重和寿命可参看表 1-3。

表 1-3 成年动物的年龄、体重和寿命比较

项目	小鼠	大鼠	豚鼠	兔	犬
成年年龄/d	65～90	85～110	90～120	120～180	250～360
成年体重/g	20～28	200～280	350～600	2 000～3 500	8 000～15 000
平均寿命/年	1～2	2～3	＞	5～6	13～17
最高寿命/年	＞3	＞4	＞6	＞13	＞34

4. 性别

许多实验证明,不同性别的动物对同一药物的敏感程度是有差异的,对各种刺激的反应也不尽一致,雌性动物性周期的不同阶段和怀孕、哺乳时的机体反应性有较大的改变。如在猪瘟疫苗的效力实验中,雌性兔比雄性兔表现出更好的反应,雌性小鼠对四环素毒素的耐受力低于雄性鼠。有人分析149种毒物对不同性别大小鼠的毒性,发现雌性的敏感性稍大于雄性,如雄性敏感性 LD_{50} 为1,则雌性大鼠和小鼠 LD_{50} 分别为 0.88 ± 0.036 与 0.92 ± 0.085,因此,在不明确性别对动物实验数据是否有影响时,应在同一性别动物之间进行比较。

药物反应有性别差异的例证很多。如激肽释放酶能增加雄性大鼠血清中的蛋白结合碘,减少胆固醇值,然而对雌性大鼠,它不能使碘增加,反而使之减少。麦角新碱给予5~6周龄的雄性大鼠,可以见到镇痛效果,如给雌性大鼠,则没有镇痛效果。3月龄的Wistar大鼠摄取乙醇量按单位体重计算,雌性比雄性多,排泄量也多。药物反应方面的性别差异可见表1-4。

表 1-4　药物反应性的性别差异

药物	动物种	感受性强的性别	药物	动物种	感受性强的性别
肾上腺素	大鼠	雄	铅	大鼠	雄
乙醇	小鼠	雄	野百合碱	大鼠	雄
四氧嘧啶	小鼠	雌	烟碱	小鼠	雄
氨基比林	小鼠	雄	氨基碟呤	小鼠	雄
新肿凡纳明	小鼠	雌	巴比妥酸盐类	大鼠	雌
哇巴因	大鼠	雄	苯	家兔	雌
印防己毒素	大鼠	雌	四氯化碳	大鼠	雄
钾	大鼠	雄	氯仿	小鼠	雄
硒	大鼠	雌	地辛	小鼠	雄
海葱	大鼠	雌	二硝基苯酚	犬	雌
固醇类激素	大鼠	雌	麦角固醇	猫	雄
士的宁	大鼠	雌	麦角	大鼠	雄
碘胺	大鼠	雌	乙基硫氨酸	大鼠	雌
已苯基	大鼠	雌	叶酸	小鼠	雌

5. 生理状态

动物的生理状态如怀孕、哺乳时,对外界环境因素作用的反应性常较不怀孕、不哺乳的动物有较大差异。因此,在一般实验研究中不宜采用这种动物。但为了阐明药物对妊娠及产后的影响时,必须选用这类动物(为了这种实验目的,大鼠及小鼠是最适合用的实验动物)。又如,动物的功能状态不同也常影响对药物的反应,动物在体温升高的情况下对解热药比较敏感,而体温正常时对解热药就不敏感;血压高时对降压药比较敏感,而在血压低时对降压药敏感性就差,反而可能对升压药比较敏感。

6.健康状况

健康动物对各种刺激的耐受性一般比不健康、有病的动物要强,并且实验结果稳定,因此一定要选用健康动物进行实验,患有疾病或衰竭、饥饿、寒冷、炎热等条件下的动物,均会影响实验结果。

一般情况下,健康动物对药物的耐受量比有病的动物要大,所以有病动物比较易于中毒死亡。实验显示,动物发炎组织对肾上腺素的血管收缩作用极不敏感。有病或营养条件差的家兔不易成功复制动脉粥样硬化动物模型。犬食量不足,体重减轻 10%～20% 后,麻醉时间显著延长。有些犬因饥饿、创伤等原因,尚未正式做休克实验时,即已进入休克。维生素 C 缺乏的豚鼠对麻醉药很敏感。有人证明,在 15～17 ℃下饥饿 12 h 的成年大鼠肾上腺的维生素 C 含量为 306 mg/100 g,但用同样动物在 20～22 ℃正常情况下饲养 10 d,肾上腺的维生素 C 含量却为 456 mg/100 g。

动物潜在性感染,对实验结果的影响也很大。如观察肝功能在实验前后变化时,必须要排除实验用的家兔是否患有球虫病,如果家兔的肝脏上有很多球虫囊,肝功能已发生变化,则对所测结果难以做出判断。

实验动物病毒潜在感染,如仙台病毒是大、小鼠群中常见的潜在病毒感染原之一,对实验研究带来严重干扰,可严重影响体液和细胞介导的免疫应答,可抑制大鼠淋巴细胞对绵羊红细胞的抗体应答,减弱淋巴细胞对植物血凝素和刀豆素的促有丝分裂应答,对小鼠免疫系统可产生长期的影响,包括自发性自体免疫疾病的发病率明显增高;抑制吞噬细胞的吞噬能力,降解被吞噬细菌的能力,对移植免疫学产生影响;并可加速同种异系,甚至同系小鼠之间皮肤移植的排斥。

实验动物的细菌潜在感染,如泰泽菌、鼠棒状杆菌、沙门氏菌均可起肝灶性坏死;嗜肺巴氏杆菌、肺炎链球菌、肺霉形体等均可引起肺部疾患。又如,金黄葡萄球菌等,一般不引起动物自然发病,但当动物在某些诱因的作用下,机体抵抗力下降,可导致疾病发生,甚至流行。这些均可严重的干扰动物实验的结果。

实验动物的寄生虫潜在感染,如膜壳绦虫分泌的毒素,可导致肠黏膜发生局部充血和出血,甚至造成溃疡坏死。溶组织阿米巴浸入肠黏膜和肝脏时分泌的蛋白溶解酶,可使所在组织细胞大量破坏。肝片吸虫虫体进入胆管后,由于虫体及有毒代谢产物的作用,会使胆管发炎、胆管上皮增生和胆管纤维变性,逐渐引起胆管堵塞,肝脏萎缩硬化。棘球蚴的囊液破裂后可产生强烈的过敏反应,使动物产生呼吸困难、体温升高、腹泻等症状。

因此,动物可能因各种原因致死或发生微生物、寄生虫疾病的暴发和流行,使实验中断;或者虽然未发现疾病体征,由于潜在的感染对实验研究产生严重干扰,也会使实验结果不稳定,甚至造成实验失败。

(二)影响动物实验结果的环境因素

动物实验应用的动物一般都较长时间甚至终生被限制在一个极其有限的环境范围内生活。实验条件对动物实验结果有很大影响,一般来说,动物实验常给动物一种刺激或使动物处于一种病理生理状态,在这种状态下的动物比正常动物对环境因素更加敏感。当环境条件改变时,将会严重影响动物实验的效果。

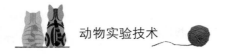

1. 温度

在一定范围内,当环境温度变化不大时,动物机体可以本能地进行调节与之相适应。但如果环境温度变化过大或过急,动物机体将产生行为和生理等不良反应,影响实验结果。

环境温度不同,常使同种动物实验出现不同结果。如用动物实验来研究化学物质的毒性反应时,环境温度不同,动物对毒性的反应不同。不仅如此,在不同温度下饲养的动物,即使在相同实验环境下,其药物的 LD_{50} 值亦有相当大的差别。Vacek 等将乳鼠(10～28 日龄)分成 3 组,分别饲养在 3 ℃、22 ℃、33 ℃下,观察到 3 组幼鼠的甲状腺、肾上腺、肝脏、背部皮肤以至尾巴的结构都有区别。

温度过高过低都能导致机体抵抗力降低,使动物易于患病。大鼠在 31 ℃、鸡在 35 ℃ 高温应激作用下,出现需氧菌菌群增加,鸡还出现厌氧的消化道链球菌、梭状芽孢杆菌属增加的现象。将 BALB/c 小鼠从 22 ℃ 环境移到 12 ℃ 或 32 ℃ 环境内,其白细胞数发生变化,与免疫反应有关的血液及脾脏中 B 细胞和 T 细胞的比率亦出现明显变动,免疫功能的异常与疾病发生关系很大。因此实验环境温度过高或过低,导致机体抵抗力下降,影响实验结果的正确性,甚至造成动物死亡。

2. 湿度

湿度是指空气中水蒸气的含量,可用绝对湿度或相对湿度来表示。绝对湿度是指空气中的水蒸气质量与湿空气的总体积之比。相对湿度是指实际空气的湿度与在同一温度下达到饱和状态时的湿度之比。湿度对动物机体热调节有很大影响,当环境温度与体温接近时,动物体可通过蒸发作用来散发热量,而当环境湿度达到饱和状态时(即高温、高湿的情况下),动物体的蒸发受到抑制,容易引起代谢紊乱,使动物机体抵抗力下降、发病率增加。

空气湿度的大小对动物的散热率有显著影响,高温、高湿的环境,尤其不利于动物的散热。氨易溶于水,相对湿度高,室内氨浓度增高,微生物易于繁殖。动物的心跳次数随湿度增高而增加。小鼠仙台病毒、骨髓灰质炎病毒、腺病毒第 4 和第 7 型以及空气中细菌数在高湿条件增殖较大。大、小鼠过敏性休克的死亡率随湿度增高有明显增加。

在低湿情况下,动物哺乳时会有静电刺激,导致大、小鼠的哺乳母鼠常发生拒哺乳或吃仔鼠现象,以及使仔鼠发育不良;低湿使室内灰尘飞扬,容易引起动物呼吸道疾病。在低温、干燥的环境下,大鼠易患一种尾尖部坏死、溃烂的环尾症,当温度为 27 ℃、相对湿度 20% 时,几乎所有大鼠都发生环尾症;当湿度为 40% 时,此病发生率为 20%～30%;而相对湿度大于 40% 时则几乎不发生此症。

3. 气流及风速

饲养室内气流的大小直接影响动物体热的散发。实验动物单位体重与体表面积的比值越大,对气流越敏感。气流速度过小,空气流通不畅,动物体表散热困难,就易患病,甚至死亡;气流速度过大,动物体表散热量增强,同样危及健康。

Weihe 研究了在 (22 ± 1) ℃ 的温度下风速对无毛小鼠摄食量的影响。表明有铺垫物的塑料笼饲养组的摄食量在风速为 67 cm/s 的条件下,比无风状态增加 26%,金属网笼饲养组在风速为 67 cm/s 的条件下增加 36%。这显示了动物通过对流、辐射或体表蒸发的散热,在风速增大时摄食量也有所增加。

病原微生物随空气流动,动物设施内各区域的气体压力状况(正压、负压)决定了空气流动方向。在双走廊 SPF 设施中空气流动方向是从清洁走廊→饲育室→污物走廊→设施外,室内处于正压。而在污染或放射性实验的动物房,为了防止微生物和放射性物质扩散,室内必须处于负压。此外,饲养室送风口和排风口气流较大,因此在布置动物笼架、笼具时应尽量避开风口。空气流动方向的紊乱,将造成有害物质污染,易于疾病传播,损害人和动物的健康。

4.空气洁净度

动物实验观察室内空气中漂浮着颗粒物(微生物多附着在颗粒物上)与有害气体,对动物机体可造成不同程度的危害,也可干扰动物实验过程。

(1)气体污染　动物粪尿等排泄物发酵分解产生的污染种类很多,一般有氨、甲基硫醇、硫化氢、硫化甲基、三甲氨、苯乙烯、乙酸和二硫化甲基。有学者测定了不同种类实验动物室内恶臭物质的浓度,见表 1-5。其结果表明,氨是这些污染物质中浓度最高的一种,在各种动物饲养室内均可测出。因此,氨浓度常是判断饲养室污染状况的监测指标。饲养室温度上升、动物密度增加、通风条件不良、排泄物和垫料未及时清除时,都可以使饲养室氨浓度急剧上升。氨是一种刺激性气体,当其浓度升高时,可刺激动物眼结膜、鼻腔黏膜和呼吸道黏膜而引起流泪、咳嗽,严重者甚至产生急性肺水肿而引起动物死亡。如 Richard 等报告在 (200 ± 50) mg/L 的氨浓度下,饲养 4 d 的大鼠气管黏膜上出现急性炎症,饲养 8 d 的大鼠气管黏膜纤毛消失,气管壁渗出液增加,管壁增厚;Broderson 等将大鼠放置在 $25 \sim 250$ mg/L 氨环境 4~6 周,大鼠发生严重鼻炎、中耳炎、支气管炎和支原体性肺炎。因此,长期处于高浓度氨的环境下,实验动物上呼吸道可出现慢性炎症,使这些动物失去使用价值。

硫化氢(H_2S)是具有强烈臭鸡蛋味的有毒气体,空气中含量达 0.000 1%~0.000 2% 即能察觉。动物粪便和肠中产生的臭气中含有 H_2S。吸入的 H_2S 在呼吸道中生成 Na_2S,致使组织中失去 Na^+,此即黏膜受到刺激的生化基础。H_2S 也能刺激神经。当温度增高时会增加 H_2S 的毒性,室内 H_2S 和 NH_3 均易诱发家兔鼻炎。此外,浓厚的雄性小鼠汗腺分泌物的臭气,也能招致雌性小鼠性周期紊乱。参看表 1-5。

表 1-5　不同种动物饲养室与排气口中恶臭物质

项目	小鼠	大鼠	家兔	犬	猫	猴	总排气口
室内面积/m^2	9.6	21.6	86.4	21.6	21.6	14.4	
收容动物数/只	340	280	205	24	19	19	
氨气/(mg·L^{-1})	19.0	1.8	26.7	24.7	15.0	23.7	2.5±0.70
甲基硫醇/(g·L^{-1})	0.1	0.1	0.1	2.6	1.7	0.8	0.07
硫化氢/(g·L^{-1})	0.1	0.5	0,4	3.7	7.5	3.4	0.45±0.19
硫化甲基/(g·L^{-1})	0.2	0.2	0.6	1.6	0.8	0.3	0.06
三甲胺/(g·L^{-1})	未检出	未检出					
苯乙烯/(g·L^{-1})	未检出	未检出					
乙醛/(g·L^{-1})	未检出	未检出	未检出	未检出	未检出	未检出	未检出
二硫化甲基/(g·L^{-1})	未检出	未检出	未检出	0.6	0.4	未检出	未检出

（2）颗粒物污染　动物饲养间的空气中颗粒物质的来源主要有两个途径：一种是室外空气未经过滤处理直接进入饲养室内；另一种是动物的皮毛、皮屑以及饲料、垫料等被气流携带在空气中飘浮，形成颗粒物污染。粉尘颗粒对动物的危害与颗粒的大小有关，颗粒大的在空气中飘浮时间短，影响程度小；颗粒小的在空气中飘浮时间长，影响程度大。粉尘对动物机体的影响主要是 5 μm 以下的粉尘，这种小颗粒，经呼吸道吸入体内后达到细支气管与肺泡而引起呼吸道疾病。颗粒物除本身对动物产生不良影响外，还可以成为各种微生物的载体，这些微生物都附着在 5～20 μm 的微粒上飘浮在空中。粉尘可把各种微生物粒子包括细菌、病毒和寄生虫等带入饲养室。另外，粉尘还可造成动物的变态反应，更为严重的是，动物室中的粉尘是人类变态反应的变应原，小鼠、大鼠、豚鼠及家兔的血清、皮毛、浮皮屑及尿均具有抗原性，可通过呼吸道、皮肤、眼、鼻黏膜或者消化道引起人的严重变态反应性疾病，出现不舒适感，导致鼻炎、支气管炎、气喘、尘肺和肺炎等疾病，甚至有生命危险。因此，饲养清洁级以上实验动物的设施，对进入饲养环境的空气必须进行有效的过滤，使空气达到一定洁净度。

5.通风和换气

饲养室的通风换气，其目的在于供给动物新鲜空气，除去室内恶臭气味，排出动物呼吸、照明和机械运转产生的余热，稀释粉尘和空气中浮游微生物，使空气污染减少到最低程度。换气量的多少可以根据动物代谢量来定。但一般动物房的换气以换气次数来衡量，即每室的空气每 1 h 更换几次，一般不少于 8 次/h，管理上换气次数并非设计在某一固定值上。虽然换气次数越高，空气越新鲜，但换气次数增加势必导致能量的损失增加，所以一般应在测定温、湿度及换气次数的基础上加以调节，控制在适当的次数上。

6.光照

光照对实验动物的生理功能有着重要的调节作用。光线的刺激通过视网膜和视神经传递到下丘脑，经下丘脑的介导，产生各种神经激素，以控制垂体中促性腺激素和肾上腺皮质激素的分泌。因此，光线对实验动物的影响只表现在生理和行为活动上。

光是动物生殖过程中非常重要的因素，起定时器的作用。动物机体的基本生化和激素的调节直接或间接地与每天的明暗周期同步。持续的黑暗条件下可抑制大鼠的生殖过程，使排卵重量减轻；相反，持续光照，则过度刺激生殖系统，产生连续发情，大、小鼠出现永久性阴道角化，有多数卵泡达到排卵前期，但不形成黄体。用大鼠做实验，在 15 lx 条件下，不发情个体增加。强光照还使动物出现视网膜退行性变化，白色大鼠在 540～980 lx 照度下持续 65 d，其视网膜完全变性。

光照强度与致癌物质引起的小鼠皮肤炎、白血病有关，并影响小鼠的活动及一般行为。光的波长对动物也有影响，小鼠的自发行为在蓝、绿、白光下最低，而在红色与黑暗中最大。Saltarell 等将 ICR 小鼠放在各种荧光灯（全波长、冷白色、蓝色、粉红色、紫黑色）的照明下饲养 30 d，雄鼠体重以蓝色和冷白色光照群最小。雄鼠的垂体、肾上腺、肾脏、精囊，雌鼠的肾上腺、甲状腺、松果体的质量与波长之间有着明显的关系。大鼠在蓝色光下性成熟早，阴道开口比红色光下早 3 d，成熟时卵巢和子宫的质量也大，但泌乳能力是红色组强。

7.噪音

噪音是动物舍中日常活动及机械运行中发生的环境可变因素之一。动物可听到人类听不到的声音，噪音对动物生理行为的影响很大。

噪音是有害的声音,是实验动物发生应激反应的常见原因。引起动物紧张,导致不安和骚动,豚鼠对噪音尤其敏感。

噪音可引起动物紧张,并使动物受到刺激。即使是短暂的噪音也能引起动物在行为上和生理上的反应。豚鼠特别怕噪音,可导致不安和骚动,可引起孕鼠的流产或母鼠放弃哺育幼仔。此外,动物能听到人类听不到的更高频率的声音,即动物有较宽的音域,如小鼠能听到频率范围为 0.5～90 kHz 的声音,而人类只能听到 0.02～20 kHz 的声音。国家标准规定,动物实验室和实验动物饲养室的噪音应在 60 dB 以下。

噪音可造成动物听源性痉挛。小鼠的反应是,在噪音发生的同时,耳朵下垂呈紧张状态,接着出现洗脸样动作,头部出现轻度痉挛,发生跳跃运动。听源性痉挛的反应强度随声音强度、频率及小鼠日龄、品系而改变。豚鼠在 125 dB 下作用 4 h,听神经终末器官的毛样听觉细胞出现组织学变化,变化程度和相当于引爆 500 支雷管的噪音处理不到 1 h 的结果相同。

噪音对实验结果也有很大影响。声音刺激会引起心跳、呼吸次数及血压增加,血糖值出现明显不同。噪音能使小鼠发生白细胞数的变动,免疫机能变化,大鼠出现高血压、心脏肥大、电解质变化、肾上腺皮质酮分泌增加。

8.居住因素

(1)饲料和饮水 饲料和饮水是保证实验动物正常发育,维持其生长和繁殖所必需的。维持饲料成分的稳定和饲料的标准化非常重要。饲料和饮水又是各种外来物质的来源,饲料和饮水中各种物质,如某些蛋白质、氨基酸和抗原性物质、微量元素、有毒有害的化学污染物、各种有害微生物等,均可影响实验动物健康,使动物实验出现不同应答结果。

(2)饲养设施 饲养动物的笼(架)具、垫料、给水设备、给料器也会对动物健康产生影响。长时间用铁丝笼底饲养家兔时,家兔会出现足蹠部疾病(脚皮炎)。无毛小鼠的摄食量,铁丝网笼组要比塑料网笼组增加 17%。饲养笼具的材质和构造对大、小鼠的动物实验结果也有影响。如在四氯化碳毒理实验中,铁丝网底组的体重要比塑料笼底组大,肝功能、组织学检查的变化较少。铜的毒理试验中,镀锌网笼底组比不锈钢笼底组体重大。另外,吗啡、氨苄哌替啶和戊巴比妥药物实验中大鼠死亡率,铁丝网笼底组要比木板笼底组低。

(3)饲养密度 动物居住环境中的饲养密度不同会引起动物的不同反应。过密饲养,群体体重的增加与饲料效率被抑制,且肠内菌丛增加。Albert 研究了 RⅢ系小鼠饲养密度与乳腺癌发生率的关系,25 只群比 2 只群发生率低(13.55 和 73.3%)。传染病的发生率,随饲养密度增大而增加。动物生存期,单个饲养群往往比集体饲养群要短。单独饲养方式与群体饲养方式下的动物对刺激的反应有差异,会干扰实验结果。

(三)营养因素

保证动物充足的营养供给是维持动物健康和获得可靠动物实验结果的重要因素。实验动物对外界环境条件的变化极为敏感,其中饲料与动物的关系更为密切。动物的生长、发育、繁殖、增强体质和抗御疾病以及一切生命活动无不依赖于饲料。动物的某些系统和器官,特别是消化系统的功能和形态是随着饲料的品种而变异的。实验动物的营养需求会因动物个体的生理状态如维持、生长及繁殖阶段,以及动物的种类、年龄、性别而有所差异。

1.蛋白质缺乏对实验动物的影响

饲料中蛋白质添加不足或品质不良时,会造成必需氨基酸含量不足。首先受到影响的是肠黏膜及分泌消化液的腺体,结果引起消化不良,导致腹泻、失水和失盐等症状。其次体内不能形成足够的血红蛋白和血清球蛋白,造成贫血症,或抗病力减弱。因此,饲料中的蛋白质含量不足,某些必需氨基酸缺乏或比例不当,则动物生长发育缓慢、抵抗力下降,甚至体重减轻,并出现贫血、低蛋白血症等,长期缺乏可导致水肿,并影响生殖。但长期给动物喂食蛋白质含量过高的饲料,也会造成动物肝功能负担过重,则会引起代谢紊乱,严重者甚至出现酸中毒。因而,应供给实验动物含适量蛋白质的饲料。

2.碳水化合物缺乏对实验动物的影响

碳水化合物由碳、氢、氧3种元素组成,通常分为无氮浸出物和粗纤维两大类。无氮浸出物(即糖类)包括淀粉和糖,是实验动物的主要能量来源。饲料中的糖类被动物采食后,在酶的作用下分解为葡萄糖等单糖而被吸收。在体内,大部分葡萄糖氧化分解产生热能,供机体利用;小部分葡萄糖在肝脏形成肝糖原储存,尚可转化为脂肪。碳水化合物缺乏常引起机体代谢紊乱,动物出现消瘦、体重减轻和精神萎靡等现象。

3.脂类缺乏对实验动物的影响

脂类包括脂肪、脑磷脂、卵磷脂、胆固醇等,后三种脂类是细胞膜和神经等组织的重要组成成分。脂肪被机体消化吸收后,可通过代谢产生热量供动物利用。多余的能量可转变为脂肪,并在皮下形成脂肪层;脂肪组织除了储备能量外,尚有保温以及缓冲外力的保护作用。脂肪还是脂溶性维生素 A、维生素 D、维生素 E、维生素 K 的溶剂,可促进其吸收和利用。

脂肪由脂肪酸和甘油组成。脂肪酸中的亚油酸、亚麻酸、花生四烯酸等在实验动物体内不能合成,而只能从饲料中摄取,称必需脂肪酸。必需脂肪酸缺乏可引起严重的消化系统和中枢系统功能障碍,如可使动物患皮肤病、脱毛、尾坏死、生长发育停止、生殖力下降、泌乳量减少,甚至死亡。饲料中脂肪过多则使动物肥胖而影响健康,并且不利于实验研究。

4.矿物质缺乏对实验动物的影响

矿物质构成体组织和细胞的重要成分。钙、磷、镁是身体的重要结构物质。在细胞内、外液中与蛋白质一起调节细胞膜的通透性、维持正常渗透压,调节血液的酸碱平衡,对神经肌肉的兴奋性产生独特作用。构成酶的辅基、激素、维生素、蛋白质和核酸的成分,或参与酶系的激活。矿物质与维生素之间,在代谢中存在着密切联系,有共同调节机体正常生理机能的作用。矿物元素不能相互转化或代替,饲料中必须注意其含量和合理比例。

钙缺乏引起幼畜的佝偻病,成畜的软骨病;磷的缺乏影响生长发育;氯缺乏使肾功能损害;钠缺乏会造成食欲降低、被毛脱落等;镁缺乏造成血管扩张使血压降低,动物神经过敏、痉挛、无食欲;钾缺乏使心脏功能失调,肌肉无力;铁缺乏引起机体贫血、生长发育不良、精神萎靡、皮毛粗糙无光泽;铜缺乏引起机体四肢无力、营养性贫血等。各种矿物质的缺乏都将引起动物机体相应的生理上、代谢上的紊乱。因此,矿物质对实验动物机体的生理机能、生长发育、繁殖及实验数据都有影响。

5.维生素缺乏对实验动物的影响

维生素在体内主要作为代谢过程的激活剂,调节、控制机体的代谢活动。实验动物对维生素的需要量虽然很小,但却是维护机体健康、促进生长发育、调节生理功能所必需的。通常按溶解性能把维生素分为脂溶性和水溶性两大类。脂溶性包括维生素 A、维生素 D、维生素 E、维生素 K,水溶性包括 B 族维生素和维生素 C。脂溶性维生素大部分储存在脂肪组织中,通过胆汁缓慢排出体外,故过量摄入可导致中毒。水溶性维生素在体内仅有少量储存,易排出体外,必须每天由饲料供给,当供给不足时,易出现缺乏症。当缺乏任何一种维生素时,都会引起代谢紊乱,幼年动物生长停滞、抗病能力减弱,成年动物生产力降低、繁殖机能下降,严重时甚至导致死亡。如维生素 A 缺乏,引起视觉损害、夜盲症、上皮粗糙角化、骨发育不良和生长迟缓;维生素 D 的缺乏与软骨病有关;维生素 E 缺乏使动物生殖系统受损害、睾丸萎缩、肌肉麻痹、瘫痪、红细胞溶血;维生素 B_1 缺乏易引起动物多发性神经炎;维生素 B_2 参与生物氧化过程,维护皮肤黏膜完整性,缺乏时动物生长停止、脱毛、白内障、角膜血管新生等。

6. 水缺乏对实验动物的影响

任何生物都离不开水,实验动物同样如此。实验动物体内的水含量占其体重的 60%,是一切组织、细胞和体液的重要组成成分。动物体内物质的输送、组织器官形态的维持、渗透压调节、体温调节、生化反应与排泄等活动的进行都有赖水的参与。当实验动物体内水分减少 8% 时,就会出现严重干渴、食欲丧失、黏膜干燥、抗病力下降、蛋白质和脂肪分解加强;水分减少 10% 时,会引起严重的代谢紊乱;水分减少 20%,将导致动物死亡。因此,水缺乏对实验动物造成的危害比缺饲料还大。

(四)人为因素

1. 动物选择

选择合适的实验动物是获得正确实验结果的重要条件。应按照不同实验的要求选择合适的动物。如做肿瘤的研究,就必须了解哪种动物是高癌种品系,哪种是低癌种品系,各种品系动物自发性肿瘤的发生率是多少。如 A 系、C3H 系、AKR 系、津白Ⅱ等小鼠是高癌品系小鼠,C3H/He 的经产雌鼠有 80%～100% 自发性乳腺癌。AKR 系 8～9 月龄鼠有 80%～90% 自发性白血病。C57BL、津白Ⅰ等小鼠是低癌品系小鼠。不同种动物对同一因素的反应往往是相似的,但也常常会遇到动物出现特殊反应的情况。如 5 岁以上的雌犬常有自发性乳腺肿瘤,如果给雌激素,就更容易诱发乳腺肿瘤。雌激素还容易引起犬发生贫血,这在其他实验动物中是很少见的。

2. 实验季节

生物体的许多功能随着季节的变化而产生规律性的变动。目前已有大量资料表明,动物对药物的反应也受到季节的影响。例如,在春、夏、秋、冬分别给 10 只大鼠注入一定量的巴比妥钠,发现入睡时间以春季最短,秋季最长,而睡眠时间则相反(表 1-6)。

表 1-6　季节变动对大鼠巴比妥钠用药后睡眠时间的影响　　　　　　　　　　min

季节	入睡时间	睡眠时间	季节	入睡时间	睡眠时间
春	56.1±11.0	470±34.0	夏	93.5±11.3	242±14.3
秋	120.9±19.0	190±18.7	冬	66.5±8.2	360±33.0

不同季节,动物的机体反应性有一定改变。以辐射效应为例,家兔的放射敏感性在春、夏两季升高,秋、冬两季降低。犬在春、夏两季照射后的死亡率比秋、冬为高。小鼠的放射敏感性在冬季和初夏显著升高,而初秋和夏季降低。大鼠的放射敏感性则没有明显的季节性波动。因此,动物的这种机体反应性随季节的波动在进行跨季度的慢性实验时必须注意。

动物对光照的敏感性在昼夜有不同的变化,这种变化见于不同性别、种系和年龄的小鼠和大鼠。白天放射敏感性降低(死亡较少,LD_{50}较高,体重下降较少,肝脏损伤较轻),夜间升高。同时,在小鼠和大鼠实验中,除了夜间(21～24时)的高峰外,还发现白天(小鼠9～12时,大鼠15时)肝损伤加重的情况,下午和后半夜放射敏感性最低。大鼠和小鼠不同,其放射敏感性虽有昼夜间的明显波动,但不剧烈。经实验证明,实验动物的体温、血糖、基础代谢率、内分泌激素的分泌均发生昼夜节律性变化。因此,这类实验的观察必须设有相应的对照,并注意实验中某种处理的时间顺序对结果的影响。为了得到有可比性的实验结果,所有实验组动物应在同一时间内进行照射或其他实验处理。

3. 昼夜过程

机体的有些功能还有昼夜规律性变动。例如,有人给小鼠皮下重复注入40%的四氯化碳溶液0.2 mL后,在同一天不同时间将动物处死,观察肝细胞的有丝分裂动态,了解肝细胞变性的修复情况。结果表明,小鼠肝细胞有丝分裂的昼夜变化十分明显(表1-7)。

表1-7 小鼠肝细胞有丝分裂系数(0.1%)的昼夜变动

分组	处死时间/时							
	0	2	4	6	7	8	9	10
实验	2.4±1.2	2.6±1.2	1.02±0.17	4.11±0.27	0.26±0.06	1.36±0.25	0.66±0.25	0.57±0.08
对照	2.8±1.86	2.6±0.16	6.3±0	6.3±1.48	0.46±0.07	0.26±0.07	0.97±0.05	0.66±0.04

4. 麻醉深度

动物实验中往往将动物麻醉后才行各种手术和实验,因此给动物麻醉时深度要适宜,而且在整个实验过程中要始终保持恒定。因为不同的麻醉剂有不同的药理作用和副作用,应根据实验要求与动物种类加以选择。控制合适的麻醉深度是顺利完成实验获得正确实验结果的保证。如果麻醉过深,动物处于深度抑制,甚至濒死状态,动物各种正常反应受到抑制,无法得出可靠的实验结果。麻醉过浅,进行手术或实验时,动物会感到强烈的疼痛,使动物全身,特别是呼吸、循环功能发生改变,消化功能也会发生改变,如疼痛刺激会长时间中止胰腺的分泌。所以实验时麻醉深度必须合适。因为麻醉深度的变动,会使实验结果产生前后不一致的变化,给实验结果带来难以分析的误差。

5. 操作影响

动物对实验处理的反应可以用以下公式表示:

$$R = (A + B + C) \times D + E$$

式中:R为实验动物的总反应;A为动物种的共同反应;B为品种及品系特有的反应;C为个体反应(个体差异);D为环境影响;E为实验误差。

由公式可以看出,A、B、C属于遗传因素,D是环境因素,与动物总反应呈正相关。E是人为的因素,也是影响实验总反应必不可少的因素。

动物实验中手术的技巧、实验观察过程中饲养人员的经验、实验人员对各环节的操作熟练程度等均影响实验结果。如手术熟练可以减少对动物的刺激,减少动物的创伤和出血,提高实验成功率和实验结果的正确性。要达到手术操作熟练,操作者必须在动物身上反复实践,才能了解各种动物的特征、组织、器官的位置,神经、血管的行走特点,手术时才能操作自如;饲养管理人员的素质和健康,直接影响其饲养的动物的品质。

6.实验药物

动物实验中常常需要给动物体内注入各种药物以观察其作用和变化。因此,给药的途径、制剂和剂量是影响实验结果的重要因素。如有的激素在肝脏内被破坏,经口给药就会影响其效果。有些中药用粗制剂静脉注射,因其成分复杂,如含有钾离子,则可能有降血压作用,若把这种非特异性降压作用解释为特殊性疗效就不恰当。这类实验结果如果用口服或由十二指肠给药就可鉴别出来。也有些中药成分在消化道被破坏或不被吸收。如枳实中的升压成分,对羟福林和 N-甲基酪胺只是在静脉注射时才有疗效。有些中药含有大量鞣质,体外试验有抗菌作用,但在体内不被消化道吸收,则没有抗菌作用。给药的次数与一些药物的效果也有关系,如雌三醇与细胞核内物质结合的时间短,所以,每天一次给药的效果就比较弱,如将一天剂量分为八次给药,则效果将大大加强。药物的浓度和剂量也是一个重要问题,太高的浓度,太大的剂量都会得出错误的结果。如有用 $\frac{1}{2}LD_{50}$ 剂量腹腔注射某药后动物活动减少,认为该药有镇静作用,实际上 $\frac{1}{2}LD_{50}$ 的剂量已近中毒量,这时动物活动减少,不能认为是镇静的作用。在动物实验中常遇到的问题是动物和人的剂量换算。若按体重把人的用量换算给动物则剂量太小,做实验常得出无效的结论,或按动物体重换算给人则剂量太大。动物和人用药剂量的换算以体表面积计算比以体重换算好一些,但仍需慎重处理。

拓展:常见动物实验中实验动物的选择

一、药物毒性实验的动物选择

在毒理或药理实验中,实验动物品种品系的选择一般优先考虑方便和惯例。啮齿动物(大、小鼠)、兔子或豚鼠是最常用的。犬和非人灵长类虽然比较理想,但其体型大,进行长期研究时成本高。大动物(家畜)一般只用于特殊目的的研究。其他动物如蛙、草履虫、涡虫、龙虾及昆虫也有专门的应用;鱼、短吻鳄、蝌蚪、蜥蜴多用于药物的代谢、行为、肠内吸收及神经生理学作用的测定。其他哺乳动物,如松鼠、海狸鼠、沙鼠、猪、地鼠等动物也用于各种冬眠研究以及肾功能、血压、血脑屏障的研究测定。

在毒性研究中,理想的实验动物应该具有如下特点:

①其体重在 1 kg 以下。

②在实验室中易饲养和繁殖。

③容易采血,并能获得合理的血液拭子。

④生命周期较短。

⑤其生理学指标与人类近似。

⑥染色体数目较少。

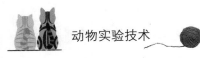

⑦操作方便,容易通过各种途径给药。

实验动物的体重非常重要。体重小,在药物研发的早期阶段只用少量药物就能奏效。选择非人灵长类时,种的选择很重要,例如,完全吃素的种类可能是无用的,原因是其肠内的微生物不同,可以影响药物的代谢。

1. 小鼠

当需要大量的实验动物进行研究时,小鼠比较合适,这是因为其繁殖快,遗传背景清楚,成本低。例如,在急性毒性与各种致癌作用的测定中,多使用小鼠,在实验中,可能带来不少具有致癌物作用的假阳性结果,这是因为小鼠自发性肿瘤发生率较高,特别是18月龄以上的小鼠。小鼠具有几种特异性反应,例如雄性小鼠对氯仿和髓腔内新骨形成有很高的敏感性。虽然对于毒理学中的血液研究来说,很难从小鼠中取得合适的血量,但是它符合毒理学研究中作为一种良好动物模型的大部分标准。当然,在毒理和药理研究中,还应当注意根据实验目的,选择最佳的动物品种,另外,要注意无特定病原体动物、无菌动物及悉生动物的适用性(表1-8)。

2. 大鼠

对于毒理研究来说,大鼠也是比较理想的实验动物之一,采血、给药操作方便,其表现类似于小鼠、犬、猴(表1-8)。

表1-8　在各种类型的毒性研究中普遍使用的实验动物的品种品系

研究类型	常用动物的品种品系
急 性 研 究	
LD$_{50}$单剂量,观察14 d	小鼠、大鼠、豚鼠、比格犬
剂量范围,连续服药14 d	大鼠、比格犬
亚慢性研究,30 d,临床前	大鼠、比格犬
90 d 慢性研究	大鼠、比格犬、非人灵长类
慢 性 研 究	
6个月到1年	小鼠、大鼠、比格犬
致畸研究	大鼠、兔子
诱变性研究	小鼠、大鼠

3. 犬

对于实验者来说,一般选择温顺、小体型的短毛犬,对于毒理研究来说,6～12 kg体重的成年犬比较理想。目前世界公认的标准实验用犬为比格犬。一般认为,选择14～16周龄的犬是最佳的。用于实验的犬,应符合国家标准,确保其健康。在给药期间,从研究中所获的资料应连续与对照组动物进行比较,一般的参数,如体重、食物消耗量、心电图及实验室检查(血液学与生化的检查),都必须记录,并与正常的动物进行比较。

4. 非人灵长类动物

在使用非人灵长类做毒理研究时,首先应该排除结核病、B病毒病等,同时考虑存在的种属差异。这就要求事先进行检疫,尤其是对引进的动物。有关的传染病,一旦发现,必须告诉动物饲养管理人员,并在整个实验过程中,采取切实可行的保护措施。

二、消化、呼吸系统实验的动物选择

(一)消化系统实验的动物选择

1.消化系统分泌实验

(1)胃液分泌实验　胃液收集常选用犬和大鼠。对于犬,由犬右侧嘴角插入胃管收集胃液;大白鼠则需剖腹,从幽门端向胃内插入一直径约 3 mm 的塑料管,在紧靠幽门处结扎固定,以收集胃液,可进行胃酸的测定和胃蛋白酶的测定。

(2)胰液分泌实验　胰液收集可选用犬、兔或大鼠。在全麻下进行手术,犬在主胰管开口十二指肠降部,距幽门 12 cm 左右处,要将十二指肠翻转,在其背面即可找到。兔的胰腺很分散,胰管位于十二指肠的升段,距离幽门 17 cm 左右处。分别向主胰管内插入细导管收集胰液。大鼠的胰管与胆管汇集于一个总管,在其入肠处插管固定,并在近肝门处结扎和另行插管,就可分别收集到胆汁和胰液。大鼠的胰液很少,插入内径约 0.5 mm 的透明导管后,以胰液充盈的长度作为观察胰液分泌的指标。慢性实验时可选用犬做胰瘘手术后收集胰液。

(3)胆汁分泌实验　为了观察某些药物对泌胆、排胆以及存在于胆系内结石的影响,需要研究用药前后胆汁流量及其成分的变化。胆汁可分别给动物做胆囊瘘和总胆管瘘收集。胆囊瘘常选用犬、猫、兔和豚鼠进行,以犬为佳。在全麻下进行手术,以右肋缘下横切口的暴露效果最佳。如欲观察肝胆汁的分泌情况,需要结扎胆囊管或选用大鼠,做总胆管造瘘手术常选用大鼠。收集胆汁后可进行各种化学分析。

2.消化系统运动实验

(1)动物离体标本实验　消化道平滑肌具有肌源性运动的特点,动物离体的肠段、胆囊、乃至胃肠肌片,只要具有合适的存活环境就可保持其运动机能。这是药理学研究中常用的一种离体实验方法,具有实验条件较易控制、操作较简单、用一般仪器设备即能工作等优点,从而应用较广。

标本制备大都选用兔、豚鼠、大鼠等动物的组织,也可利用手术中取下或猝死剖检时取下的消化道器官进行实验。

取禁食 24 h 的动物,通常用击头处死法,以避免麻醉或失血等对胃肠运动机能的影响。立即常规剖腹,取出所需的胃、肠、胆囊等,去除附着的系膜或脂肪等组织。迅速放在充氧(或含 5% CO_2)保温(37 ℃)的保温液中,并以注射器用保温液将管腔内的食物残渣洗净。操作时动作要轻柔,冲洗时不宜采取高压以免组织挛缩。

若以肌片为标本,一般剪取 1～5 mm 宽、1～2 cm 长的一段即可。用动物的肠管做实验时,通常取十二指肠或回肠。十二指肠的兴奋性、自律性较高,呈现活跃的舒缩运动;回肠运动比较静息,其运动曲线的基线比较稳定,所用的标本大都取 1.5 cm 左右一段即可。以犬的胆囊做实验时可截取 4 mm 宽、2 cm 长的全层肌片。兔、豚鼠等的胆囊较小,取材时常与胆管一起摘下。兔的胆囊可沿其长轴一剖为二,豚鼠则可以整个胆囊或取其半进行实验。做胆管的离体实验,通常取犬的总胆管,将相联的十二指肠组织切除,留下乳头以及胆道末端括约肌组织。

离体胃、肠组织的电活动,除了峰形电位外还可记录到周期性的慢波。它们在胃肠道的不

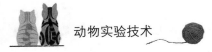

同部位以及不同种属的动物间存在一定差异(表 1-9)。

表 1-9 离体胃肠组织的慢波频率　　　　　　　　　　　　次/min

组织	人	犬	猫
胃	3	5	4
十二指肠	12	18	18
空肠	10	17	16
回肠	8	10	12

(2)消化器官运动在体实验　利用整体动物观察消化道的方法很多,诸如肠管悬吊法、内压测定法、生物电记录法、腹窗直视法以及 X 线检查等。这些方法各有所长,也各有其不足之处,在进行药理研究时可以酌情选用。

常选用犬、猫或兔,择其健康成年者,性别不限。由于巴比妥类麻醉剂对消化道运动有抑制作用,故有些实验人员用猫或兔做实验时,更愿意用乌拉坦 1.0～1.5 g/kg 静脉或腹腔注射进行麻醉。观察胆道系统的运动则以雌性犬为佳,因为其肋弓角较大,胆道容易暴露。在禁食 12～24 h 后进行实验。

进行胆道口括约肌部胆道内压测定实验时,大都选用犬或猫,也可用兔。犬的胆道位置较深,要求良好的手术暴露。猫的总胆管相对较粗,操作也较容易,但手术耐受性稍逊于犬。兔的总胆管容易辨认,壶腹部明显地呈现于十二指肠第 1 段的表面,操作时务必仔细。犬的总胆管粗 2～3 mm,位于十二指肠降部、循小网膜右缘而下,在下腔静脉之前、门脉之右。

3.催吐、镇吐、厌食实验

(1)催吐和镇吐　实验常选用犬和猫。给犬皮下注射盐酸阿朴吗啡 1 mg/kg;注后 2～3 min 就可以引起恶性呕吐。用 1%硫酸铜或硫酸亚铅溶液 50 mL 给犬灌胃,2～3 min 后也可引起呕吐,但几乎无恶性现象。

(2)厌食实验　这是防治肥胖症及其并发症的研究内容之一。可以选用犬、猫、大鼠、小鼠等进行实验,猴因有颊囊,且有精神因素参与,故选用者不多。犬容易呕吐,也有行为因素,故也不理想。一般多选用大鼠。

(二)呼吸系统实验的动物选择

呼吸系统疾病很复杂,但是作为呼吸系统疾病的对症用药,常用的仍是镇咳、祛痰、平喘和解痉等药。这类模型通常是用化学药物诱导而成,但是各种实验动物对化学药品敏感性不同,动物的反应也不一样。所以在选择实验动物作为模型时,应了解各种动物的特性,并决定诱导药物的种类和剂量。

1.镇咳药的动物模型

作为镇咳药的动物模型必须具备以下条件:在需要时能确实而容易引起咳嗽;引起咳嗽强度和次数的刺激强度可调,且很稳定;所得结果要与临床疗效相一致;在非麻醉条件下进行实验,以便消除麻醉的影响;操作简便,实验过程可以记录。常用的模型制作方法有机械刺激法、电刺激法和化学刺激法。豚鼠对化学和机械刺激都很敏感,刺激喉上神经亦能引起咳嗽,且豚鼠价格较便宜,又易获得,故豚鼠是镇咳药的药效学研究中最常用的模型动物。但是作为初筛,耗资仍较大。因此,大、小鼠作为初筛动物模型亦常被考虑,大、小鼠能被化学刺激诱发咳嗽,但咳嗽和喷嚏很难区别及变异很大是其缺点,对于有经验的实验者,仍是可取的。猫在生理条件下很少咳嗽,但是机械、化学刺激均可诱发咳嗽。犬无论在清醒还是麻醉状态下,均可引起咳嗽,且在反复刺激时变异少,故在药效学实验时,可以考虑应用。兔对化学刺激或电刺激均不敏感,且诱发喷嚏比咳嗽为多,故兔很少作为镇咳药的筛选模型。小鼠的氨水或二氧化硫引咳法,是作为初筛镇咳药的常用模型,而豚鼠的枸橼酸法或丙烯酸引咳法以及豚鼠和猫的电刺激喉上神经法皆是常用的药效学模型。

　　2.支气管痉挛与哮喘动物模型

　　造成支气管痉挛进而引起哮喘的原因可以是过敏,也可以是气管的炎症造成的,可用于解痉平喘药的研究。因此,根据药物的性质就需应用两类不同性质的模型,即解痉药模型和抗过敏药模型。因豚鼠的气管较其他动物更敏感,而且与人的气管类似。常用豚鼠气管条或肺条制作离体动物模型。

三、泌尿、生殖系统实验的动物选择

(一)泌尿系统实验的动物选择

　　(1)利尿药及抗利尿药筛选实验　要判断所试药物是否有利尿作用,可选用大鼠、小鼠、猫或犬进行实验,其中以大鼠较为常用。对人体有利尿作用的药物均可在大鼠实验中获得较好的利尿效果,但汞撒利的作用较差。因此,筛选利尿药实验的首选动物虽多采用大鼠,必要时还应再选用另一种动物进行实验加以验证。

　　收集动物尿液的方法可分为两大类:一是用代谢笼收集较小动物24 h以内的尿液量,称为"代谢笼实验法",适用于大鼠及小鼠。为了防止尿液的蒸发和粪便的污染,可选用特别的集尿装置或用滤纸吸导尿液加以称重,用此类方法时,实验环境(气温和湿度)的影响较大,应予控制,室温以20 ℃左右为宜。二是直接自输尿管或膀胱收集尿滴,适用于猫、犬、兔和大鼠,实验可在较短时间内完成,受外界环境影响也较少,但因为动物处于麻醉状态下,与清醒时还有区别。欲进行清醒动物的利尿实验,可采用膀胱瘘法,即预先给犬或猫进行膀胱瘘手术,两周后切口愈合,再将动物固定于特制支架上收集尿液进行实验。在利尿药筛选实验中,兔不是首选动物,但因其价廉易得,某些初筛实验也可用家兔替代犬进行直接集尿的实验。如用聚乙烯塑料套管直接插入输尿管。常选用2 kg以上健康雄兔做实验。

　　(2)肾清除率测定实验　肾清除率测定是检查肾功能的一项重要方法。它表示肾脏对血液里某物质的清除能力,还可以了解肾血流量、游离水的生成和正吸收等方面的情况。犬和大鼠均可用来做清除率实验。大鼠较易获得,易饲养,成本低,实验时药品消耗少,较易在清醒状态下做急性实验测定清除率。

　　菊糖消除率实验常选用大鼠。清除率是指每毫升血浆"清除"物质的比例。血浆里物质大多能被肾小球滤过,又能被肾小管细胞分泌或重吸收。唯独菊糖仅被肾小球滤过,而不被肾小管细胞分泌重吸收,故它的清除率就是肾小球滤过率。

　　游离水消除率实验常选用健康成年犬进行。游离水清除率实验是一种测定尿中游离水生成的方法。利用这种方法可以衡量肾脏对尿液浓缩和稀释的能力,分析利尿药对尿浓缩和稀释机制的影响,从而推测利尿药的作用部位。

氨基马尿酸清除率实验常选用大鼠或犬,以大鼠更为常用。对氨基马尿酸的清除率可作为肾血浆流量的客观指标。

(3)截流分析实验　截流分析实验常选用 10 kg 以上健康犬。截流技术是一种分析肾小管各段运转功能的方法,利用这种方法可对利尿药作用部位进行初步分析。

(4)肾小管微穿刺实验　肾小管微穿刺(micropuncture)技术于 1941 年开始应用于哺乳动物肾脏研究,近年来获得很大进展,发展了微量注射、微量灌流等技术,对离子及其他物质在肾小管的不同节段中的转动过程进行了精确的阐述;用于利尿剂的研究,则可探测对单个肾单位功能的影响以及药物的作用部位。该实验常选用大鼠或犬进行。如欲穿刺集合管,可用幼年大鼠或金黄地鼠;如欲穿刺肾小球,常用 Wistar 大鼠,因其肾小球位置表浅,易于穿刺。大鼠体重一般采用 200～250 g。

(二)生殖系统实验的动物选择

科学工作者曾用多种实验动物进行相关研究,获得了不少人类生殖病理生理方面的知识,然而,在生殖生理研究中,由于人类具有一些独特的生殖特征,例如,月经周期、缓慢的妊娠期、人体直立姿势及生殖后缓慢的生活等,因此有关动物模型的选择还是有限的。对于这些特征的表达,非人灵长类动物的情况与人比较接近,但在不同的猴子中,其生理特征有明显的差异。小鼠、大鼠、豚鼠、兔、猫、犬及不少其他实验用动物也可以用于人类生殖生理中某些方面的研究,例如妊娠实验、胚胎的畸形起源等。

了解各种实验动物的繁殖特征,对在生殖生理研究中选择动物模型非常有帮助。在不同动物间,睾丸的位置具有很大的变化:在灵长动物(包括人)、食肉动物(犬)及杂食性动物中,睾丸下降到阴囊,并永久地保留于该处;在大鼠、兔及蝙蝠中,睾丸在每年的部分时间被推进腹腔内,繁殖季节期间,蝙蝠和松鼠的阴囊增大,睾丸通过腹股沟管下降到阴囊并膨大。其他啮齿动物和兔无真正的阴囊存在,睾丸躺于腹股沟窝内。

精液为完整的雄性生殖器的分泌物,正常精液由精子和精液原生质组成。在某些实验动物中,如兔射出类似凝胶状的交配填料以保证精液的维持。动物精液的浓度变化很大,在犬和兔子中,其表现为低黏度性液体,而猫则为高黏度性;啮齿动物和灵长类动物的精液类似凝胶状。

输卵管是重要的雌性生殖器官,提供精子与卵子结合的受精环境和胚胎早期发育阶段的环境。受精卵经过输卵管进入子宫。输卵管分为漏斗部、壶腹部、峡部及子宫输卵管的接合部。其长度、盘绕方式及其他特征随种类不同而有变化;小鼠的输卵管盘绕成 3 圈,而兔的输卵管是直的。环绕漏斗的伞,其发育与卵巢囊存在有关。水貂、小鼠、大鼠及犬,有发育不良的伞,而兔、灵长动物、有蹄类动物,没有黏液囊,但是有发育良好的伞。

与人相比,动物通过光周期调节生殖的功能,这种作用是通过视网膜、松果体及下丘脑的感受器传递的,其精确的机制尚未清楚。在大鼠中,连续的光照引起持久性发情,延长阴道的角化和使囊性卵泡的卵巢缺乏黄体。不过在地鼠中,光照并不影响动情周期或阴道变化;在雪貂中,光照影响松果体。大鼠卵巢的质量依动物的年龄及其接触光照时间长短而定,同时影响到 FSH 和 LH 的水平。由光照影响的其他特征还包括小鼠、大鼠及猴子的肾上腺皮质类固醇水平;假孕大鼠的卵巢中抗坏血酸水平降低;在雏鸡中产生排卵激素;豚鼠则白天进入动情期;在大鼠中,还影响垂体、血液催乳激素及垂体 FSH 的含量。

四、心血管系统实验的动物选择

犬的血液循环系统很发达,适合失血性休克、实验性弥散性血管内凝血等实验研究。猴、猪的循环系统与人相似,较发达,且血压稳定,血管壁较坚韧,对药物反应较灵敏,便于手术操作和适于分析药物对循环系统的作用机制。猫有较强的心搏力,能描绘完好的血压曲线,更适合药物对循环系统作用机制的分析。

外用微循环实验观察常选用小鼠耳郭、金黄地鼠颊囊、兔眼球结膜、兔耳郭透明窗等,还可用蝌蚪和金鱼的尾、青蛙的舌和蹼、蝙蝠和小鸡的翅、蜜蜂的眼、鼠背透明小室以及兔的眼底、虹膜、鼻黏膜、口唇、牙龈、舌尖和鼓膜,大鼠的气管及其肩胛提肌和猫的缝匠肌等进行实验。内脏微循环实验观察,常选用青蛙、大鼠、小鼠、豚鼠、兔、猫和犬的肠系膜、大网膜和肠壁;也可利用脏器"开窗"手术做慢性实验。例如,动物行头颅和腹腔开窗术,观察脑和腹腔有关内脏的微循环;还可取用观察部位的活组织做电子显微镜观察并做超级结构摄影。心血管系统的疾病模型包括:

1. 动脉粥样硬化症

过去常选用鸡和兔子作为动物模型,但结果并不尽如人意。它们还存在许多缺点,如鸡自发性主动脉粥样硬化症主要是形成脂性斑纹,而兔病变的局部解剖学与人的不同等。目前,发现鸽具有与人类相似的自发性粥样硬化症,且在短期喂饲胆固醇后,可在主动脉的可预测区域发生病变,可用来研究与病变发生有关的早期代谢变化,故鸽是研究该病的重要动物模型。小型猪可自发产生动脉粥样硬化,也可用高脂饲料诱发并加速动脉粥样硬化的形成。其病变特点及分布情况都与人类相似,主要分布在主动脉、冠状动脉和脑动脉,由增生的血管平滑肌细胞、胆固醇结晶等组成。由于小型猪在生理解剖和动脉粥样硬化病变的特点方面接近于人类,因此是研究动脉粥样硬化的理想实验动物。

2. 高血压的研究

常选用的实验动物是犬和大鼠。根据实验目的不同,通常选择刺激中枢神经系统,反射性引起实验性高血压,或注射加压物质以及分次手术结扎肾动脉来诱发肾源性高血压。

由于医学科学研究的需求,目前已培育了多种高血压大鼠模型。如遗传性高血压大鼠(GH)、自发性高血压大鼠(SHR)、易卒中自发性高血压大鼠(SHRSP)、自发性血栓形成大鼠(STR)、米兰种高血压大鼠(MHS)、里昂种高血压大鼠(LH),可以根据研究的方向选择适宜的大鼠模型。若要研究高血压病理、生理和药理,则应选择自发性高血压大鼠,这是由于它和人的自发性高血压很相似。研究降压药,肾血管型高血压大鼠是较好的动物模型,因为它对药物的反应与人更接近。

3. 心肌缺血实验

无论是对冠心病还是心肌梗死的研究,犬、猪、猫、兔和大鼠都可做冠状动脉阻塞实验。由于犬的心脏解剖特点与人的相似(占体重的比例较大,冠状血管容易操作,心脏抗心律失常能力较强),而且犬容易驯服,因此是心肌缺血实验良好的动物模型。猪心脏的侧支循环和传导系统血液供应类似于人的心脏,易于形成心肌梗死,室颤发生率较高;猫耐受心肌梗死能力强。做开胸进行冠状动脉结扎实验时兔是首选动物。测试心肌耐缺氧实验时选择大鼠,因为大鼠在测定心肌耐缺氧实验的同时,可以测定心脏的各种血流动力学变化,用于耐缺氧与血流动力

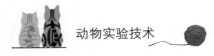

学改变的关系分析。

五、神经系统实验的动物选择

神经系统实验的动物选择,应根据动物神经系统方面的特性而进行。C3/HcN 小鼠对脊髓灰质炎病毒敏感。C57BL/KalWN 小鼠有先天性脑积水。大鼠宜做垂体切除术。

研究脑梗死所呈现的卒中、术后脑缺血以及脑血流量时,沙鼠是较好的实验动物,因它的脑血管不同于其他动物,脑底动脉环后交通支缺损为其特点。结扎沙鼠的一侧颈总动脉,数小时后,就有 20%~65% 的沙鼠出现脑梗死。另外,沙鼠还具有类似人类自发性癫痫发作的特点。DBA/2N 小鼠在 35 日龄时,听源性癫痫发生率为 100%,是研究该病的良好模型。树鼩施行脑外手术过程中,即使不用任何麻醉剂,树鼩也能忍受切割皮肤、肌肉、硬脑膜等组织引起的疼痛,除大量流涎外,无异常行为,也很少挣扎。如用滴管给它喂牛奶,它依然吮吸。这些现象,在其他动物身上是很少见的。因此,从比较神经生物学的角度来说,树鼩是一种很好的实验用动物。猴的高级神经活动发达、常用于行为学的研究,也可用于小儿麻痹症的研究。

六、肿瘤学实验的动物选择

(一)实验动物自发性肿瘤

自发性肿瘤是指实验动物未经任何有意识的人工处置,在自然情况下所发生的肿瘤。实验动物自发瘤主要发生于近交系动物。随实验动物种属、品系的不同,肿瘤的发生类型和发病率有很大差异。其中,小鼠的各种自发性肿瘤在肿瘤发生、发展的研究中具有重要意义。目前可用于肿瘤实验研究的小鼠品系或亚系就有很多个。在近交系小鼠中,各种肿瘤的发生率因品系不同而存在很大差异。

实验动物自发瘤的研究注意事项包括:

(1)实验动物品系关系到自发肿瘤发病率的稳定性,一般近交系动物较稳定,也利于进行移植研究,而远交系动物就不如近交系动物发病率那样稳定。不同品系动物自发肿瘤的发病率差异是很大的,如 C3H 雌鼠自发乳腺肿瘤发病率几乎为 100%,而 C57BL 则没有自发性乳腺肿瘤。

(2)自发肿瘤的发病率与动物年龄有关,小鼠自发性肿瘤于 6~18 月龄鼠发病率最高,之后开始降低。但一般幼年动物自发肿瘤的发病率很低。

(3)自发肿瘤的发病率与雌鼠的生育状态密切相关。A 系小鼠生育后雌鼠乳腺肿瘤的发病率为 60%~80%,而未生育过的雌鼠乳腺肿瘤的发病率仅为 5%。

(4)动物自发肿瘤的研究要注意动物遗传背景和环境因素,以便为肿瘤发生的内因和外因提供实验资料。

(二)实验动物诱发性肿瘤

利用化学致癌物质来诱发实验性肿瘤的动物模型,也是进行肿瘤实验研究的常用方法。目前使用较多的化学致癌物有多环碳氢化合物、亚硝胺和偶氮、染料等。强烈的致癌物诱发出来的肿瘤,恶性程度高,容易将其做成功。实验动物诱发性肿瘤研究注意事项包括:

(1)诱发肿瘤的方法简单易行,可重复性强。

(2)肿瘤的诱发率应较高。

（3）所诱发的肿瘤与人类肿瘤具有相似性。

（4）要注意选择对所用致癌剂较敏感的动物种系。

（5）用致癌物剂量要适当，不能使动物中毒死亡，又要在较短期内诱发较高比率的肿瘤。

（6）诱癌动物要辅以适当的饲养条件。

（7）诱癌过程最好伴有明显的癌前病变，以便研究肿瘤发病学。

七、其他实验的动物选择

常选用小鼠、大鼠、沙鼠、豚鼠、地鼠、兔、犬、猴、猫、裸鼠进行微生物实验研究。猫是寄生虫弓形虫的宿主，常选猫做寄生虫病研究，也可用于阿米巴痢疾的研究。中国地鼠对溶组织性阿米巴、利什曼原虫病、旋毛虫等敏感，常可选作进行这方面的研究。金黄地鼠对病毒非常敏感，是病毒研究领域的重要实验材料，如进行小儿麻疹病毒研究。裸鼠很容易感染细菌、病毒和寄生虫，因此是研究这些感染免疫机制的理想动物模型。

项目二

动物实验前的准备

【知识目标】

项目二	内容	知识点	学习要求	自评
任务1	动物实验前的准备	动物实验室选择	掌握	☐
		仪器设备与器具的准备	熟悉	☐
		实验动物的准备	熟悉	☐
任务2	安全防护措施	过敏原及其防护	熟悉	☐
		物理性、化学性伤害及其防护	了解	☐
		生物危害及其防护	了解	☐
		安全操作技术	掌握	☐

【技能目标】

项目二	内容	知识点	学习要求	自评
任务3	动物抓取保定	动物实验概念	掌握	☐
		动物实验分类	熟悉	☐
		动物实验的特点	熟悉	☐
任务4	动物标记方法	染色法	掌握	☐
		穿耳孔、标牌法	熟悉	☐
		剪毛法、烙印法	了解	☐
		电子芯片植入法	了解	☐
任务5	动物被毛去除方法	脱毛剂法	熟悉	☐
		剪毛法	掌握	☐
		剃毛法	掌握	☐
任务6	动物性别鉴定	乳鼠性别鉴定	掌握	☐
		幼龄兔性别鉴定	掌握	☐
任务7	动物发情周期鉴定	大、小鼠阴道抹片制作	掌握	☐
		阴道细胞鉴定发情周期	掌握	☐

【素质目标】

内容	素质要求	自评
劳动精神	对待工作一丝不苟,反复磨炼技能	☐
团队协作	小组内分工协作,各岗位轮训	☐
沟通交流	培养沟通能力,乐于分享收获	☐
自主探究	培养主动思考、发现问题、分析问题的能力	☐
动物福利	培养保护动物福利意识	☐
安全防护意识	培养注意安全防护的工作素养	☐

任务 1　动物实验前的准备

一、动物实验室选择

根据科学技术部颁发的《实验动物许可证管理办法(试行)》的规定,开展动物实验,必须选择在具有实验动物使用许可证的动物实验室中进行,未取得实验动物使用许可证的单位所进行的动物实验结果不予承认。

实验动物设施按国标(GB 14925)分为普通环境、屏障环境和隔离环境。普通环境设施适用于利用普通级实验动物开展的动物实验。屏障环境设施适用于利用清洁级实验动物及无特定病原体(SPF)实验动物开展的动物实验。隔离环境设施则多用于实验动物隔离或种群保持。

我国医药部门实验动物管理法规规定,研究生毕业论文以及省部级正式的科学实验和正规的生物检验必须应用清洁级或以上的实验动物。国家级课题和国际项目必须使用 SPF 或以上级别动物。动物实验的设施应与实验动物等级相匹配。

因此,开展动物实验前须首先根据课题级别及科研需要来选择相应类别的且具有实验动物使用许可证的动物实验室。实验类别和实验动物与实验环境的对应关系如表 2-1 所示。

动物实验室选择的原则包括以下三个方面:

①根据实验目的选择合适的实验室及饲养室。

②动物实验室要与实验动物的等级相同。

③饲养室应符合实验动物生活习性及国家实验动物设施各项标准。

表 2-1　实验类别和实验动物与实验环境的对应表

实验类别	实验动物	实验环境
非感染性、非放射性、非化学毒物实验	普通级豚鼠、兔、犬、小型猪、猴	普通环境
	清洁级或 SPF 级大小鼠、裸鼠、SCID 鼠	屏障环境
	无菌动物、裸鼠、SCID 鼠	隔离环境
感染性、放射性、化学毒物实验		特殊动物实验设施

二、仪器设备与器具的准备

(一)仪器设备的准备

动物实验室仪器设备包括常用仪器设备和特殊仪器设备。常用仪器设备包括人员防护设备、动物保定设备、实验常规仪器,如称量、保温、消毒、培养、离心设备等。特殊仪器设备根据不同的实验室和不同的实验方案配备。动物实验前仪器设备的准备主要有以下两点:

(1)阅读动物实验方案,列出所需仪器设备清单,并根据所列清单检查本实验室设备是否能够满足需要,如不能满足需要,寻求其他办法解决,比如租借、购买。

(2)检查仪器功能。按照仪器设备说明书逐台启动检查所需仪器设备是否能正常运行,功能是否满足实验需要。如有问题发生,及时请仪器设备管理员或相关人员解决。

(二)器械物品的准备

动物实验室的器械物品包括手术解剖器械、动物保定器械、动物实验操作器械(注射器、灌胃针等)、实验服、安全服、鞋、帽、消毒剂、麻醉剂以及实验室常用耗材。动物实验前器械物品的准备主要有以下几点:

(1)阅读动物实验方案,列出所需器械物品清单,并根据所列清单检查本实验室是否能够满足需要,如不能满足需要,寻求其他办法解决,比如租借、购买。尤其注意器械型号规格是否满足实验需要。

(2)消毒灭菌处理。对实验所需器械物品及时进行清洗、消毒或灭菌处理。

(3)实验前核对。实验开始前对所准备的器械物品与实验方案和所列清单进行核对,确保实验所需器械物品准备齐全和正确,尤其是细小物品,以免影响实验的正常进行。

(三)供试品的准备

动物实验的供试品可能是药品、食品、化妆品等,根据实验客户的委托而不同。供试品往往存在有效期,因而实验前供试品的准备非常重要,必须与实验室的准备工作和实验动物的订购在时间上统一和协调。供试品的准备一般可按照实验方案的要求配置和处理。

三、实验动物的准备

(一)实验动物购买

购买实验动物时要注意以下几个方面:

1.到有资质的单位购买

要到具有实验动物生产许可证的生产单位购买实验动物。购买时须向销售方索要实验动物质量合格证。依照《实验动物许可证管理办法(试行)》规定,使用的实验动物及相关产品来自未取得生产许可证的单位或质量不合格的,所进行的动物实验结果不予承认。

2. 确认实验动物的特点及等级

购买实验动物时还需确认实验动物(哺乳类)的遗传学特点及等级。哺乳类实验动物根据遗传特点的不同分为近交系、封闭群和杂交群。实验动物的遗传分类决定了该动物在遗传学、生理学、生物化学及表型等诸方面的特性,也决定了该动物在科学研究中的应用范围。

根据国家标准 GB 14922.1 和 GB 14922.2,我国实验动物按微生物和寄生虫学控制分类,分为普通级、清洁级、无特定病原体级(SPF)和无菌级 4 个级别。购买动物时须根据课题级别及科研需要来选择相应级别的且具有实验动物质量合格证的实验动物。

根据实验设计,实验使用从外地购买的实验动物时,应考虑运输中的各种因素对实验动物的影响,并察看运输检疫证明。

根据实验设计,实验使用从国外引进实验动物时,必须到动物进口检疫局办理相关手续,隔离检疫期较长(2 个月),应充分考虑时间对动物的影响。

根据实验设计,实验使用非标准的实验用动物时,必须由实验委托方和实验承接方协商如何使用动物实验设施,并评估由此可能对动物实验设施环境以及对设施内其他动物实验造成的影响。

根据实验设计,实验使用大中型普通级实验动物时,进入动物实验设施前要根据相关标准要求进行必要的隔离检疫,隔离检疫期过后无异常的动物方可转入动物实验设施进行实验。

3. 实验动物自身的因素

购买实验动物时还需要考虑动物的年龄、体重、性别、生理状态等因素。

幼年动物一般较成年动物敏感,为了减少个体差异,应根据实验目的选择适龄动物进行实验。一般实验多选择成年动物,慢性和长期实验多选择幼年动物,老年动物仅用于老年学研究。动物从出生至成年,其体重与年龄大体上呈正相关。同一实验,实验动物的年龄、体重应尽可能一致,差距不得超过 10%。

雌性动物常受性周期的影响,机体反应性能变化较大,如实验无特殊要求,一般应优先选用雄性动物,或雌雄各半,以避免因性别差异影响实验结果的准确性。

处于怀孕或哺乳等生理状态的动物,对外界刺激反应经常有所改变,如无特殊要求,一般不要选用这类动物,以减少个体差异。

(二)选用两种以上动物进行比较

由于不同种类动物具有不同的功能和代谢特点,因此,在肯定实验结果时,最好选用两种以上动物进行比较,一种为啮齿类动物,一种为非啮齿类动物,通常选用的顺序是小鼠、大鼠、犬、猴或小型猪。

(三)实验动物的一般检查

首先要根据实验要求检查实验动物的种、系、日龄、质量合格证、是否重复使用等情况的文件记录是否符合预定要求,其次要对实验动物的体重、性别、数量进行一一核对,最后要查看实验动物的被毛、饮食状况、病史、免疫情况,如表 2-2 所示。

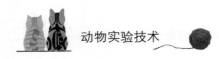

表 2-2　实验动物的一般检查

项目	观察内容
性别	雌、雄
年龄	根据实验要求
体重	根据实验要求
总体状态	精神、气色、警觉能力、毛发光泽
体温	用红外体温计测量眉间部位皮肤温度
饮食	食欲、食量、饮水量等,只有少量饮食即为病态
四肢	无残缺,活动正常
运动	灵活、活动范围大,无主动运动者为病态
病史	腹泻、外伤、肿瘤等
用药史	疫苗、治疗药物
尿	尿量、颜色
粪	形状、是否稀便、颜色、是否带血
其他	应仔细观察、发现并记录不正常征象

(四)实验动物背景资料的复核

必要时,实验前需核对实验动物近期微生物和寄生虫检测报告、近期遗传检测报告,如果是国家保护动物,需查看野生动物保护机构的批准文件。

任务 2　安全防护措施

在生命科学研究中,动物实验作为重要研究手段而广泛使用。但是,实验动物在生产、使用过程中,存在感染、繁殖病原体的可能,也存在向环境扩散的危险,造成周围人及动物感染发病,即生物危害(biohazard),产生生物安全问题。实验动物生物安全就是对实验动物可能产生的潜在风险或现实危害的防范和控制。由实验动物造成的各种风险和危害存在于生产和使用实验动物中的各个环节,如实验动物的引种、保种、繁育、运输、进出口;使用实验动物(包括感染和非感染实验动物)进行动物实验、从事科研活动、生物制品鉴定等过程中。从事实验动物及动物实验工作的人员可能遇到的危害主要有以下几个方面:①动物室内的过敏原;②物理性或化学性损害;③动物实验时的生物危害。因此,制定防护生物危害的生物安全措施,加强实验动物从业人员的职业健康教育,从而保护从业人员的健康显得尤其重要。

一、动物室内的过敏原及其防护

(一)过敏原的危害

近年来,从接触实验动物的人员收集到的流行病学资料证实,人们因接触实验动物而发生的变态反应已成为非常突出的问题。在英国,实验动物饲养者的气喘病已成为职业病。这是由于小鼠、大鼠、豚鼠、家兔、犬等动物的毛、皮屑、血清、尿液等对某些敏感的人具有抗原性,可通过呼吸道、皮肤、眼、鼻黏膜或消化道等途径引起人的严重变态反应,出现不适感,甚至发生过敏性鼻炎、支气管哮喘、皮肤炎等,并可造成反复发作,应引起实验动物从业人员足够的重视。

（二）对过敏原的防护措施

1.硬件设施

保证环境设施符合国家标准,特别是动物房内的换气次数应保持在 10 次/h 以上,温湿度维持在适当水平,有条件的饲养室可以对饲养盒加盖过滤帽。产生高浓度气溶胶的工作,应在Ⅰ、Ⅱ级生物用或者感染动物用安全操作超净台内进行。

2.日常工作

实验动物饲养人员及动物实验人员应充分了解动物房内过敏原的情况,充分做好个人防护,尽可能减少在过敏原中的暴露。具体做法是:进入动物室内应穿长袖工作服或防护衣,戴口罩、手套;勤洗手,离开工作区时洗脸及颈部;在工作过程中尽可能避免碰触脸、拨头发、抓痒等;保持动物房及笼具的清洁等。

3.过敏状况评估

定期对实验动物工作人员进行身体过敏状况的评估。

二、物理性、化学性伤害及其防护

（一）物理性伤害及防护

1.物理性伤害种类

（1）动物咬伤、抓伤、踢伤　在动物实验及饲养管理过程中,操作人员经常会发生被动物咬伤、抓伤等事件。除了会造成人员外伤、流血等,犬咬、猫抓、鼠咬等还可能引起人的不同程度的病害。除狂犬病外,动物咬伤还会引起巴氏杆菌、念珠状链球菌或小螺菌的感染。此外,猫抓伤后还会发生一种叫猫抓病的疾病,也称为良性接触性淋巴网状细胞增生症或非细菌性局部淋巴结炎,引起人在抓伤处形成红斑性脓疱、血小板减少、脑炎和红斑性结节。病人在 2 个月内自行痊愈而不留后遗症。

（2）尖锐物品损伤　常见的尖锐物品主要有针头、刀、剪、锯、破碎的安瓿瓶等。在用注射器抽取病原体液接种动物时,或在给感染动物用注射器采血时,不熟练的实验者很易造成刺伤;在尸体剖检或手术时各种器械也容易引起实验者及其助手们受伤,而很多的病毒、细菌及寄生虫可以通过破溃的皮肤而感染,例如,艾滋病病毒、马尔堡病毒、肝炎病毒、汉坦病毒(肾综合征出血热的病原)、布氏杆菌、弓形虫等。在英国,有一实验者在埃博拉(Ebora)病毒的豚鼠接种试验操作中,由于注射针头穿过橡皮手套刺破了自己的手指而发生感染发病的事故。

（3）放射性物质　动物试验中因为使用仪器所产生的 α、β、γ、中子或 X 光等放射线照射动物,可使动物实验人员及饲养管理人员暴露于上述放射线之中。另外,放射性同位素动物实验亦是放射线来源之一。辐射会给动物实验人员造成危害,如白细胞减少、不良生育、放射病、植物神经功能紊乱、造血功能低下、白内障等,也可因蓄积作用致癌或致畸。

(4)易燃物品及高压气瓶等　动物实验过程中,有时会使用到易燃物如天然气、高压氧气等,存在爆炸的危险。另外,在各类操作过程中常需要与电接触,如各种仪器、空调机、消毒机等。由于操作不规范,或仪器设备老化等原因,操作人员可被电击伤或灼伤。

2.物理性伤害的防护

(1)及时处置　在从事动物饲养与动物实验时,一旦发生被动物伤害事件应及时汇报。动物饲养室或实验室应配备急救医疗箱,对伤者进行适当治疗,严重者应速送往医院,必要时可向有关医师或兽医师寻求协助。

(2)掌握正确抓取方法　在接触动物时,对于小动物的抓取应戴防护手套,或用镊子等抓取工具,不能直接用手抓取。正确掌握抓取方法是避免被咬、抓伤的一个重要环节。对于大动物,即使戴手套,也不能用手去直接接触动物,应手持一定的工具去触摸动物。捕捉大动物可用一定的笼具或麻醉后再操作。

(3)正确固定和麻醉　试验时间短时,可在动物清醒状态下徒手固定。试验时间较长的话,应对动物进行麻醉,将其固定在手术台或工作台上,并保证安全有效,但又不致动物损伤,以避免动物对人造成伤害。实验过程中要注意动物麻醉的深度,过早地清醒,动物会挣扎,易造成操作人员的器械损伤。实验结束后仍需小心解除固定,并安全地把动物送回。

(4)实验操作规范　实验人员在操作过程中不但要仔细操作,还要密切注意动物的动态,严格操作规范。所用的注射器、针头、手术器械要放在离动物稍远的地方,以免动物挣扎时误伤动物或操作人员的身体,不再使用的器具及时清理出去。操作人员受伤后,应用75%酒精或3%碘酒做清理、消毒处理,根据情况不同及时诊治。

(5)遵守操作规程　对放射性物质、易燃易爆物、高压气瓶等的使用,应严格遵守相应的规范,按标准操作程序来进行,杜绝各类事故的发生。使用放射物质应达到一定的防护要求,如铅板隔层,或提供铅屏风、铅围裙等防护用品。孕期人员应避免接触X射线。在情况允许时,饲养人员可暂时回避,尽量减少放射线辐射暴露时间和机会。在实验人员安排上,应特别注意合理、适当,定期调换工作环境,避免少数人在短时期内接触较大剂量的射线,产生蓄积效应。应用紫外线消毒时,严禁人员进入消毒区域,要防止紫外线对人体直接照射。

(6)注意用电安全　仪器设备要安排人员、定期检查,使用仪器严格按照操作规程进行。不带电操作,各种导线全部连接后方可开机工作。

(二)化学性危害

1.麻醉剂与安乐死药剂

动物实验时常需对动物进行麻醉,实验结束时需用麻醉性药物对动物实施安乐死。某些注射性麻醉剂长期与机体皮肤接触可产生损害作用。吸入性麻醉剂在使用过程中,可通过多种环节进入空气。长期工作在残余吸入性麻醉药的环境中,可导致麻醉废气在体内逐渐蓄积而达到危害机体健康的浓度,出现头晕、头疼等不适症状,也可能产生氟化物中毒和遗传学影响(包括致突变、致畸和致癌作用),甚至会引起流产或不良的生育结果。

2.消毒剂、杀虫剂、清洁剂

动物饲养和实验过程中,为保护环境卫生,控制传染病因子和昆虫,常用各类化学消毒剂、杀虫剂、清洁剂等,如甲醛、戊二醛、过氧乙酸、碘伏及除虫菊酯、灭害灵等,多具有挥发性,对人的皮肤、神经系统、呼吸系统都有损害,如表现为急性眼结膜炎、上呼吸道炎症、喉头水肿和痉挛、化学性气管炎或肺炎、皮肤损害等。

3.实验用药品、试剂等

由于实验需要,动物实验中常使用各类药品、试剂。很多药物可用来制作人类疾病的动物模型,如利用致癌物制造肿瘤动物模型等。常用的一些化学试剂,是强酸、强碱或具有强腐蚀性的。这些药品、试剂同时也可对实验人员构成危害。

4.化学性危害的防护

(1)做好环境控制　应定期对实验室环境进行监测。加强动物室内的通风换气,降低各种吸入性麻醉药和化学消毒剂的残余量,减少对机体的危害。条件许可时,安装废气排放系统。尽可能采用物理消毒方法,减少消毒剂的使用。动物实验室应安装紧急冲洗设备。

(2)加强日常管理　制定并不断完善实验室日常管理制度。危险品有明确的标识,并由专人管理,定期检查。实验场所及时清洁、整理,防止二次污染。对所有进入实验室的人员进行安全卫生教育。

(3)完善个人防护　除了工作服、实验服、防护服外,还应配备面罩或护目镜、口罩或防毒面具等个人防护设备。

(4)定期健康检查　每半年或一年组织对相关人员进行体格检查,全面了解健康状况。

三、动物实验中的生物危害及防护

(一)生物安全防护的分级

目前,实验动物感染实验中根据病原体的危险程度分为四级,即一、二、三、四级。一级安全度是指对人体几乎没有任何危险的病原体,人的实验室感染及实验室内的感染可能性基本不存在;二级安全度指能够防止实验室感染,假如感染,发病的可能性也非常小;三级安全度是指一旦发病就有可能成为严重病症,但也有有效的预防方法和治疗方法;四级安全度是指一旦感染就有可能成为重症,尚无有效的防治方法。危险度分类是基于对人的危险性而提出来的。在实际工作中,应根据不同危险度的病原体,采取不同的操作程序,在相应的环境设施中进行。

动物实验时,原则上可以参照为普通实验所制定的危险度分类。但是考虑到动物实验的特殊性,如实验动物的饲养周期(实验期)长,需要更换动物笼具、处理垫料和粪尿、接种病原体、投药、尸体剖检等,以及病原体在动物体内的繁殖而使病原体的感染强度增强等因素,因此在做动物实验时病原体的危险度应比普通实验时病原体的危险度提高一级。

从病原体感染到发病,决定于宿主和寄生物间的相互关系,即接受病原体的量、对机体的致病性、感染途径及机体的免疫力4个因素。一般来说,病原体的危险度分类就是根据这些因素来制定的。动物实验时,除了上述因素外,还要考虑动物相互间的传播能力和动物排出病原体的情况。

(二)人兽共患病的防护措施

实验动物饲养人员和动物实验人员应高度重视人兽共患病的防护工作。主要应做到以下几点:

1.完善实验动物环境设施

动物设施要有合理的功能区域,各功能区域之间的行走路线不相互交叉。整个设施要有

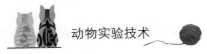

良好的空调通风系统,并运行良好。设施应配备符合标准的消毒灭菌设备。

2.加强人员管理

严格控制各类人员的进出,无关人员不得进入动物实验室。工作及实验人员应按规定做好个人防护。每次接触动物或培养物以及离开饲养观察室前,必须彻底洗手。工作过程中不可避免地要接触动物、排泄物或感染性材料时,必须戴上手套、口罩,禁止用手触摸面部、鼻、眼、口部,禁止在饲养观察室内进食、饮水、吸烟或存放食物。工作期间应穿着饲养观察室内的外套或制服、鞋子、帽子。离开工作室时必须脱下防护服,防护服应定时消毒清洗。

3.严格实验动物的选择

尽量选择无特定病原体(SPF)动物进行试验,杜绝因实验动物自身携带病原体而使实验人员感染。条件有限的情况下至少要求选择无人兽共患病病原的动物进行试验。目前,国内已有无菌级、SPF级、清洁级大、小鼠供应,犬、猴等大型实验动物也有质量控制良好的群体供应。准备实验动物时,一定要到已取得实验动物生产许可证的单位购买,同时要求生产单位提供动物合格证及相关资料。若购买清洁级以下动物,引进后必须进行检疫,检查是否带有人兽共患病病原及有关病原,合格后才能引入动物实验室进行实验。

4.建立标准化的实验环境

良好的实验环境条件对于实验动物来说可以减少受感染的机会,提高试验处理的敏感性,而对于操作者来说,可以降低动物源病原的感染。动物室内应保持整洁,与饲养和实验无关的物品必须清理出去。地面、笼具、盛粪盘应用消毒药浸泡过的拖把或抹布拖洗,以减少病原的扩散。动物粪尿收集在密封的容器中带出并无害化处理。动物尸体必须焚烧。实验完成后,室内先消毒,然后再清洗,最好再消毒一次备用。从动物室清理出来的废料先进行灭菌后,再做常规处理。动物实验室一定要防止野鼠、昆虫的进入。多种人兽共患病的病原可由野鼠、昆虫等传播给实验动物及人。现有许多实验动物本身已不带人兽共患病病原体,因而更应防止外来病原侵入。

5.确保身体健康

工作人员应定期检查身体,维护自身的健康。身体患病期间,暂时不要进入动物房。一旦发生可疑疾病,应及时去医院做出明确诊断,及早治疗。切勿抱有侥幸心理,延误治疗时间。

四、安全操作技术

动物实验中涉及的技术操作种类很多,有关安全措施又往往细小琐碎,很难用规章制度一一列出,即使列出也很难在短时间内全部掌握。因此,要使所有操作符合要求,主要在于平时养成和训练。现就一些常用技术操作的安全要求进行介绍。

(一)常规器械安全操作要求

1.注射器的使用

在用注射器取血或进行有关操作时,戴手套可以比较好地防止皮肤与各种污染物直接接触,但不能预防刺伤性感染。在普遍防御中,所有的血液都被认为是有传染性的,在下列情况中必须戴手套:手有(任何)伤,因动物不合作有可能受到污染;用注射器注射微生物时也容易出现问题造成事故;由于操作不当误把液体注入体内常有发生。为此提出以下注意事项:

（1）针头必须牢固地安装在注射器上,注射时防止用力过大使针头突然脱落产生气溶胶。最好使用带锁扣的针头与注射器。

（2）从带橡皮塞的瓶中抽取微生物悬液时,应该用棉球将瓶口与针头围住,以防止向内注入空气或拔出针头时产生的气溶胶逸出。

（3）抽吸微生物悬液时,尽量减少泡沫产生,推出气体时必须用棉球包住针头。吸有悬液的注射器的针头亦应用棉球包好,以防不慎推动针栓将悬液喷出。

（4）动物必须确实固定后才能注射,注射时要选择柔软部位;注射受阻时应改换部位或检查原因排除故障,不得过分用力推动针栓。

（5）在注射前后都应用碘酊消毒动物(或蛋壳)的注射部位,防止微生物悬液污染皮毛(或蛋壳)后产生气溶胶,或造成其他污染。

（6）操作者手的位置一定要保持在针头的后面,以防误伤。

（7）注射完毕,将注射器针栓抽出并全部浸入消毒液内。

2.吸管的安全操作

（1）禁止用口吸吸管,可用橡胶乳头或特制橡胶吸球代替或用移液器。在将吸管插入橡胶乳头前检查吸管是否破裂或裂纹,以免划破手。

（2）吸管上口应塞有棉塞,以防不慎将微生物悬液吸出污染橡胶吸球。

（3）吸管中的液体应使其依靠重力沿容器壁流下,不得用力吹出。

（4）尽量不用吸管吹吸法混匀微生物悬液。必须使用时,应将吸管口置于液面下吹吸,勿使其产生气泡。

（5）用过的吸管插入吸筒时应小心谨慎,勿将剩余菌液滴出,亦勿触及吸筒的边缘。应将吸管全部浸入消毒液,最好将吸管横放于扁平容器中,这样易使吸管全部浸在消毒液内。

3.菌(毒)种接种的安全操作

菌(毒)种浓度高,操作不当会造成严重污染,造成重大事故。在操作中丝毫不能大意。

（1）打开菌(毒)种管时应用挤干的酒精棉球围在安瓿颈部防止气溶胶散出。将安瓿颈部烧热,用冷的湿棉球使之突然破碎,可大大减少气溶胶的产生。菌(毒)种管打开后,要有足够的时间使空气经棉塞进入安瓿,然后再将棉塞取走丢入消毒液中。取走旧棉塞后,烧灼安瓿口并放新的灭菌棉塞。

（2）带螺旋盖培养瓶的瓶口易被培养物污染,开启时应以浸有消毒液的纱布包住盖子再旋转打开。

（3）琼脂平板要选用表面光滑的,表面过于粗糙的琼脂平板应废弃不用。

（4）接种环应用弹性小的金属丝制作,丝杆要短,环不宜过大。以接种环划种琼脂平板时动作要缓慢稳重。蘸有菌液的接种环应在毛巾上吸干后再放到火焰上烧灼,以减少气溶胶。为防止热接种环放入菌液中产生气溶胶,可将两个接种环轮换使用。

（5）接种后试管(或瓶)口应在火焰上烧灼 5 s 以杀灭污染试管口的微生物。

（6）混匀微生物悬液时,用旋转式摆动代替左右摆动可减少气溶胶的产生,摇动时勿使悬液弄湿试管塞,最好在管塞外再包一层纸以防止气溶胶漏出。

4.离心物品的安全操作

传染性离心操作不当可产生大量的气溶胶,很容易造成吸入感染。有很大部分以往原因

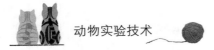

不明的实验室感染,后经调查几乎都是气溶胶吸入造成的,其中离心产生的气溶胶最为严重。

(1)用离心管前应检查是否配套及有无破损,离心管过大或底端与套管脱空,都可造成离心管破碎事故,最好使用塑料离心管。

(2)检查离心机的转头,转换转头时应注意将离心机转轴和转头的卡口卡牢。同时,离心管在装入转头前应进行平衡。

(3)用离心管时须把盖盖严,外壁不得有病原微生物污染,不要沿离心管壁倾倒微生物悬液,否则事后应消毒管壁。

(4)安放离心管前应将套管内留存的杂物如玻璃碎屑等清除干净,以免离心时损伤离心管。套管中可放少量的消毒液以减少离心管破碎时造成的污染。

(5)离心机转速应逐渐调整,不得突然加速或停止。

(6)由于离心后离心管内形成大量气溶胶,对于致病力较强的微生物,离心管应在操作箱内打开。

(7)离心传染性强的微生物时,离心机最好置于负压通风柜(橱)内,或采用有带负压罩的离心机。

5.放射性同位素实验室安全操作

从事放射同位素实验的实验人员,必须懂得其基本知识,必须经过辐射防护部门的培训合格后方能上岗。凡进入辐射性同位素实验室的实验人员,须穿戴个人防护服、鞋等,在实验室内不得随意脱去;在可能产生气溶胶的工作中,佩戴高效防护口罩,不得随意脱掉。

(二)意外损伤的防护

1.外伤的防护

在动物实验工作中外伤防护是安全工作的一个重点,应做好外伤的防护。

(1)设施表面划伤。实验室各种表面,含门、窗(把手)、墙(角)尽可能做成圆弧状,不可有锐利的棱角,以防划伤皮肤。

(2)动物笼架和一切用具(如犬链、猴链)应做得光滑、无刺无锐。

(3)操作中避免动物咬、抓伤,一旦发生及时处理,包括预防治疗。做好个人防护,包括穿戴安全防护帽、眼镜、手套、服装、鞋袜等。对使用手套还有下列建议:与消毒的动物皮肤接触用消毒手套,用作动物检查包括与皮肤、黏膜接触和其他诊断目的时,除非有另外要求,手套一般不必消毒;检查多个动物要换手套,如果重复使用必须消毒处理。

(4)传递注射针头、手术刀、锐利的器械和仪器时应小心,避免受伤。不要用手装卸针头和直接处理用过的针头和锐利器具。

2.化学品的防护

危险化学品存在着爆炸、燃烧、中毒、腐蚀、放射等特点。如果处理不当,在运输、使用和贮存过程中就会酿成巨大灾难。所以要按操作规程进行相对应的安全防护,如佩戴个人安全防护眼镜、手套等。

(1)爆炸品 爆炸品很多,如硝酸甘油、苦味酸遇到高温、摩擦、冲击或与有的物品接触即发生急剧化学反应,产生大量气体和热量而爆炸。因此,要贮存在少人、阴凉、通风良好的地方;在运输使用中尽量少量操作,避免明火、摩擦、冲击等。再如,具有强烈氧化性能的氯酸钾和高锰酸钾,遇到酸或与某些有机物而混合,或经摩擦、撞击和受高温即引起燃烧爆炸。还如,压缩气体和液化气体,因撞击和受热会引起燃烧爆炸。

(2)自燃易燃品　自燃易燃品即使无明火接触,但在适当温度下也能进行化学反应放出热量,达到燃点而发生燃烧,如黄磷、硝化纤维胶片。易燃品如乙醇在常温下是液态,极易挥发为蒸气,遇火能引起燃烧爆炸。又如红磷、硫黄和硝化纤维是固态,燃点较低,受热或冲击、摩擦及与氧化剂接触时能引起急剧的连续的燃烧爆炸。再如,金属钠和钾等受潮易分解,放出易燃气体,放出热量引起燃烧。

(3)腐蚀品　此类化学品如强酸、强碱类和溴、酚等具有强烈的腐蚀性,接触人体和其他物品可造成损伤和破坏,甚至引起燃烧和爆炸,造成伤亡。

(4)危险品的保管　在危险品保管中防火和防爆的基本方法是:防止易燃气体、易燃物蒸气与空气混合,消除可引燃的火源,阻止火灾和爆炸的扩展,并做到以下几点:第一,熟悉化学品特性。有针对性地深入了解其沸点、闪点、自燃点、爆炸界限和化学反应等特性,同时要了解灭火的方法。危险品应按其理化性质和危险程度,按消防法分别分库保管,即互相接触能引起燃烧或爆炸者不能同库贮藏。如强氧化剂与易燃品、氧气与易燃品不能保存在一起。第二,包装容器必须坚固、耐压、耐火、耐腐,封口要严密,不应有液体渗出和挥发。注意通风降温,室内要有通风设备,如无条件,一定要开窗通风。第三,严禁明火。库内不得安火炉,不得吸烟,库附近不得有烟火。使用防爆装置,库房的照明和电器应隔离、封闭防爆,电线不得用明线,电开关在室外。库房应用耐火专用材料建筑,与周围建筑保持一定的安全防火距离。库房门外应有足够的消防设备,并使管理人员熟悉其使用方法,经常检查维护。通道通畅,进出、取用物品方便。第四,要安全操作。搬运时轻拿轻放,防止震动、摩擦、挤压和倾斜。开箱和分装应有专室。

3.剧毒药品的防护

剧毒品如氰化物、三氯化二砷、有机汞、有机磷等具有强烈毒性,少量侵入人体即可造成死亡。所以,对其要严格按操作规程进行保存、使用,一般实验室不宜中长期保存剧毒药物,实验完成后剩余药物及时将其交保管中心保存。在实验室使用期间必须由两人持钥匙共同保管,同时到场取用。对原有量和使用量进行准确记录。有皮肤损伤者尽量不操作传染性和剧毒药物。非操作不可时,必须加倍做好个人防护。还有一类有毒品,如氯化钡、滴滴涕、敌百虫等,因误食或接触皮肤侵入机体也常常使人畜中毒,在使用中也要注意。

4.辐射和紫外线的防护

(1)紫外线防护　紫外线灯照射是生物医学经常使用的空气和表面消毒手段。同时,紫外线照射过多对人体也有害处,如皮肤和眼睛损伤、致癌等。所以,使用中必须加以防护。一般实验室操作不必开启紫外线灯,必要开者必须是无臭氧的,并做好个人防护,不要有裸露的身体表面,必须佩戴防紫外线眼镜。有些物品如橡胶类受到过多的紫外线照射就会被破坏,对类似易损物品和仪器在开启紫外线灯时应用报纸遮盖。

(2)放射性药品　放射性药品如 ^{60}Co 能不断地自动放出肉眼看不见的 α、β、γ 等射线,人体受到过量的照射,会引起放射病。感光材料和有的药物受到照射后会变质。所以对放射药物,要按国家标准规定保存和使用。在前面我们已经提到放射性实验动物污染防护的设施、设备、实验操作等问题。以下从管理角度强调:

第一,凡是从事放射性工作的人员必须了解放射防护的基本知识,必须经过放射防护部门的考核合格后方可上岗。

第二,做好工作人员的医疗监督,建立工作人员健康状况档案,特别要定期对其与放射病有关的生理指标进行监测,发现问题立刻停止接触放射性工作并进行及时治疗。

第三,坚决贯彻国家法规和各项规章制度,严格操作程序。

第四,做好个人防护。皮肤破损、血红蛋白和白血球偏低或过高、慢性肝肾疾病以及有某些器质性功能性疾病的人不得从事放射性工作。凡进入放射性同位素实验室,必须穿戴有相应防护功能的个人防护服。在放射性实验室内不得随意脱去内层工作服和工作鞋等。在发尘和有气溶胶产生的操作中不得随意摘去口罩。放射区和非放射区的鞋不得混用。放射性工作人员应认真做好个人防护用品的保管、放射性监测和除污染工作,严格防止交叉污染。在放射区不准放置无关的非放射性物品和个人用品。放射区内,工作人员不得随意丢弃非放射性废物,不准吸烟、喝水和进食,不准随便坐、靠、摸和做其他可能造成体表和工作服污染的动作。

第五,做好放射性废物处理。

第六,做好放射性沾染的清除。凡人员体表、个人防护用品、实验用品、地面和墙面等受到放射性沾染,都必须清除,直到低于表面沾染水平控制值,并达到尽可能低的水平,不致发生污染转移和扩散。

5.实验仪器的安全防护

重视实验仪器的安全,防止电击,对实验人员是非常重要的。人体本身就是一个导体,当人体成为电路的一部分时,将会造成身体伤害。而引起人体损伤的直接因素是电流而不是电压。电流通过人体产生热效应、刺激效应和化学效应等一系列的生物学后果。发生电击的因素有两个:一是人与电源之间存在两个接触点,形成回路;二是电源电压和回路电阻产生较大的电流,通过人体产生生理效应。可采取以下安全措施:①电路上安装漏电保安器;②仪器外壳接地良好、有效。

拓展:特殊动物实验设施

特殊实验动物设施主要包括两大类:一类是生物危险因素设施,另一类是放(辐)射污染设施。从根本意义上讲,这类设施是人类活动中为避免生物因素和放(辐)射污染因素伤害所采取的防范措施。

一、生物危害特殊实验动物设施

(一)生物危害的种类

(1)实验动物所产生的危害 如抓或咬伤工作人员;工作人员和其他有关人员不知不觉地吸入动物发散的气溶胶,造成人员吸入感染;实验动物尸体污染等。

(2)以脊椎动物为媒介和宿主的微生物病毒等病原体危害 各国对生物危险材料的分级不尽相同,但划分病原体危险级别的条件基本相同,主要有:微生物的致病性;微生物的生态变异和免疫学特征;疾病的临床症状和预后;预防治疗和诊断的难度;疾病的生态分布。

(3)转基因、克隆、重组基因等的危害 在进行重组遗传基因、转基因、克隆等的实验时,根据 DNA 载体的不同,特别应重视因致病性、产生毒素的能力、寄生性、定着性、致癌性、耐药性、产生变态反应、产生扰乱物质代谢和扰乱生态体系等造成的生物危害。

(二)生物危害程度分级

根据生物因子对个体和群体的危害程度将其分为 4 级。

(1)危害等级Ⅰ(低个体危害,低群体危害)

不会导致健康工作者和动物致病的细菌、真菌、病毒和寄生虫等生物因子。

(2)危害等级Ⅱ(中等个体危害,有限群体危害)

能引起人或动物发病,但一般情况下对健康工作者、群体、家畜或环境不会引起严重危害的病原体。实验室感染不导致严重疾病,具备有效治疗和预防措施,并且传播风险有限。

(3)危害等级Ⅲ(高个体危害,低群体危害)

能引起人类或动物严重疾病,或造成严重经济损失,但通常不会因偶然接触而在个体间传播,或能使用抗生素、抗寄生虫药治疗的病原体。

(4)危害等级Ⅳ(高个体危害,高群体危害)

能引起人类或动物非常严重的疾病,一般不能治愈,容易直接或间接或因偶然接触而在人与人,或人与动物,或动物与动物间传播的病原体。

(三)生物安全水平分级

根据所操作的生物因子的危害程度和采取的防护措施,将生物安全防护水平(biosafety level,BSL)分为 4 级。以 BSL-1、BSL-2、BSL-3、BSL-4 表示实验室的相应生物安全防护水平;以 ABSL-1、ABSL-2、ABSL-3、ABSL-4 表示动物实验室的相应生物安全防护水平。

(四)生物安全实验室的设施和使用要求

1. BSL-1 实验室

(1)无需特殊选址,普通建筑物即可,但应有防止节肢动物和啮齿动物进入的设计。

(2)每个实验室应设洗手池,宜设置在靠近出口处。

(3)在实验室门口处应设挂衣装置,个人便装与实验室工作服分开放置。

(4)实验室的墙壁、天花板和地面应平整、易清洁、不渗水、耐化学品和消毒剂的腐蚀。地面应防滑,不得铺设地毯。

(5)实验台面应防水,耐腐蚀、耐热。

(6)实验室中的橱柜和实验台应牢固。橱柜、实验台彼此之间应保持一定距离,以便于清洁。

(7)实验室如有可开启的窗户,应设置纱窗。

(8)实验室内应保证工作照明,避免不必要的反光和强光。

(9)应有适当的消毒设备。

2. BSL-2 实验室

(1)满足 BSL-1 的要求。

(2)实验室门应带锁并可自动关闭。实验室的门应有可视窗。

(3)应有足够的存储空间摆放物品以方便使用。在实验室工作区域外还应当有供长期使用的存储空间。

(4)在实验室内应使用专门的工作服,应戴乳胶手套。

（5）在实验室的工作区域外应有存放个人衣物的条件。

（6）在实验室所在的建筑内应配备高压蒸汽灭菌器，并定期检查和验证，以保证符合要求。

（7）应在实验室内配备生物安全柜。

（8）应设洗眼设施，必要时应有应急喷淋装置。

（9）应通风，如使用窗户自然通风，应有防虫纱窗。

（10）有可靠的电力供应和应急照明。必要时，重要设备如培养箱、生物安全柜、冰箱等应设备用电源。

（11）实验室出口应有在黑暗中可明确辨认的标识。

3. BSL-3 实验室

应在建筑物中自成隔离区（有出入控制）或为独立建筑物。布局：①BSL-3 实验室包括污染区、半污染区和清洁区以及各区之间相连的缓冲间。②在半污染区应设供紧急撤离使用的安全门。③污染区与半污染区之间、半污染区和清洁区之间应设置传递窗，传递窗双门不能同时处于开启状态，传递窗内应设物理消毒装置。

围护结构：①实验室围护结构内表面应光滑、耐腐蚀、防水，以易于消毒清洁；所有缝隙应可靠密封，防震、防火。②围护结构外围墙体应有适当的抗震和防火能力。③天花板、地板、墙间的交角均为圆弧形且可靠密封。④地面应防渗漏、无接缝、光洁、防滑。⑤实验室内所有的门应可自动关闭；实验室出口应有在黑暗中可明确辨认的标识。⑥外围结构不应有窗户；内设窗户应防破碎、防漏气。⑦所有出入口处应采用防止节肢动物和啮齿动物进入的设计。

送排风系统：①应安装独立的送排风系统以控制实验室气流方向和压力梯度。应确保在使用实验室时气流由清洁区流向污染区，同时确保实验室空气只能通过高效过滤后经专用排风管道排出。②送风口和排风口的布置应该是对面分布，上送下排，应使污染区和半污染区内的气流死角和涡流降至最小程度。③送排风系统应为直排式，不得采用回风系统。④由生物安全柜排出的经内部高效过滤的空气可通过系统的排风管直接排出。应确保生物安全柜与排风系统的压力平衡。⑤实验室的送风应经初、中、高三级过滤，保证污染区的静态洁净度达到 7 级到 8 级。⑥实验室的排风应经高效过滤后向空中排放。外部排风口应远离送风口并设置在主导风的下风向，应至少高出所在建筑 2 m，应有防雨、防鼠、防虫设计，但不应影响气体直接向上空排放。⑦高效空气过滤器应安装在送风管道的末端和排风管道的前端。⑧通风系统、高效空气过滤器的安装应牢固，符合气密性要求。高效过滤器在更换前应消毒，或采用可在气密袋中进行更换的过滤器，更换后应立即进行消毒或焚烧。每台高效过滤器安装、更换、维护后都应按照经确认的方法进行检测，运行后每年至少进行一次检测以确保其性能。⑨在送风和排风总管处应安装气密型密闭阀，必要时可完全关闭以进行室内化学熏蒸消毒。⑩应安装风机和生物安全柜启动自动连锁装置，确保实验室内不出现正压和确保生物安全柜内气流不倒流。排风机一备一用。⑩在污染区和半污染区内不应另外安装分体空调、暖气和电风扇等。

环境参数：①相对于室外大气压，实验室的清洁区为 0～5 Pa，污染区为 −40～45 Pa。从清洁区到污染区每相邻区域的压力梯度为 −5～15 Pa。②实验室内的温度、湿度符合工作要求且适合于人员工作。③实验室的人工照明应符合工作要求。④实验室内噪音水平应符合国家相关标准。

特殊设备装置：①应有符合安全和工作要求的 II 级或 III 级生物安全柜，其安装位置应离开污染区入口和频繁走动区域。②低温高速离心机或其他可能产生气溶胶的设备应置于负压罩或其他排风装置(通风橱、排气罩等)之中,应将其可能产生的气溶胶经高效过滤后方可排出。③污染区内应设置不排蒸汽的高压蒸汽灭菌器或其他消毒装置。④应在实验室入口处的显著位置设置带报警功能的室内压力显示装置,显示污染区、半污染区的负压状况。当负压值偏离控制区间时应通过声、光等手段向实验室内外的人员发出警报。还应设置高效过滤器气流阻力的显示装置。⑤应有备用电源以确保实验室工作期间有不间断的电力供应。⑥应在污染区和半污染区出口处设洗手装置。洗手装置的供水应为非手动开关。供水管应安装防回流装置。不得在实验室内安设地漏。下水道应与建筑物的下水管线完全隔离,且有明显标识。下水应直接通往独立的液体消毒系统集中收集,经有效消毒后处置。

其他:①实验台表面应防水,耐腐蚀、耐热。②实验室中的家具应牢固。为便于清洁,实验室设备彼此之间应保持一定距离。③实验室所需压力设备(如泵,压缩气体等)不应影响室内负压的有效梯度。④实验室应设置通讯系统。⑤实验记录等资料应通过传真机、计算机等手段发送至实验室外。⑥清洁区设置淋浴装置。必要时,在半污染区设置紧急消毒淋浴装置。

4. BSL-4 实验室

BSL-4 实验室根据使用的生物安全柜的类型和穿着防护服的不同,可以分为安全柜型、正压服型和混合型实验室。

(1)安全柜型 BSL-4 实验室　实验室应建造在独立的建筑物内或建筑物中独立的完全隔离区域内,该建筑物应远离城区。布局:①由清洁区、半污染区和安放有Ⅱ级生物安全柜的污染区组成。清洁区包括外更衣室、淋浴室和内更衣室。相邻区由缓冲间连接。②应在半污染区和清洁区墙上、半污染区和污染区墙上设置不排蒸汽的双扉高压灭菌器和浸泡消毒渡槽,或熏蒸消毒室,或带有消毒装置的通风互锁传递窗,以便传递或消毒不能从更衣室携带进出的材料、物品和器材。③污染区和半污染区墙上设置的不排蒸汽的双扉高压灭菌器应与Ⅲ级生物安全柜直接相连。④半污染区应设紧急出口,紧急出口通道应设置缓冲间和紧急消毒处理室。

围护结构:同 BSL-2。

送排风系统:排风应连续经过两个高效过滤器处理。其他要求同 BSL-2。

(2)正压服型 BSL-4 实验室　由 BSL-4 级实验设施、Ⅱ级生物安全柜和具有生命支持供气系统的正压防护服组成。布局:由清洁区、半污染区和安放有Ⅱ级生物安全柜的污染区组成,相邻区由缓冲间连接。清洁区包括外更衣室、淋浴室、内更衣室(可兼缓冲间),污染区、半污染区之间的缓冲间应设化学淋浴装置,工作人员离开实验室时,经化学淋浴对正压防护服表面进行消毒。

安全装置及特殊设备:①应使用Ⅱ级外排风型生物安全柜。②进入污染区的工作人员应穿着正压防护服。生命支持系统包括提供超量清洁呼吸气体的正压供气装置、报警器和紧急支援气罐。工作服内气压相对周围环境应为持续正压,并符合要求。生命支持系统应有自动启动的紧急电源供应。其他要求同前。

(3)混合型 BSL-4 实验室　在本级实验设施基础上,同时使用Ⅲ级生物安全柜和具有生命支持供气系统(正压防护服)。应同时符合相关标准的全部要求。

（五）动物实验室的生物安全

动物实验室的生物安全防护设施应参照 BSL-1～BSL-4 实验室的要求，还应考虑对动物呼吸、排泄、毛发、抓咬、挣扎、逃逸、动物实验（如染毒、医学检查、取样、解剖、检验等）、动物饲养、动物尸体及排泄物的处置等过程产生的潜在生物危害的防护。应特别注意对动物源性气溶胶的防护，例如对感染动物的剖检应在负压的剖检台上进行。应根据动物的种类、身体大小、生活习性、实验目的等选择具有适当防护水平的、专用于动物的、符合国家相关标准的生物安全柜、动物饲养设施、动物实验设施、消毒设施和清洗设施等。实验室建筑应确保实验动物不能逃逸，非实验室动物（如野鼠、昆虫等）不能进入，实验室设计（如空间、进出通道等）应符合所用动物的需要。动物实验室空气不应循环。动物源气溶胶应经适当的高效过滤/消毒后排出，不能进入室内循环。如动物需要饮用无菌水，供水系统应可安全消毒。动物实验室内的温度、湿度、照度、噪音、洁净度等饲养环境应符合国家相关标准的要求。

1. ABSL-1 动物实验室

除满足 BSL-1 实验室的要求外，还应满足以下要求：
①建筑物内动物设施应与开放的人员活动区分开。
②应安装自动闭门器，当有实验动物时应保持锁闭状态。
③如果有地漏，应始终用水或消毒剂液封。
④动物笼具的洗涤应满足清洁要求。

2. ABSL-2 动物实验室

除满足 BSL-2 实验室和 ABSL-1 动物实验室的要求外，还应满足以下要求：
①入口应设缓冲间。
②动物实验室的门应当具有可视窗，可以自动关闭，并有适当的火灾报警器。
③为保证动物实验室运转和控制污染的要求，用于处理固体废弃物的高压灭菌器应经过特殊设计，合理摆放，加强保养；焚烧炉应经过特殊设计，同时配备补燃和消烟设备；污染的废水必须经过消毒处理。

3. ABSL-3 动物实验室

除满足 BSL-3 实验室和 ABSL-2 动物实验室的要求外，还应满足以下要求：
①建筑物应有符合要求的抗震能力，防鼠、防虫、防盗。
②应有动物饲养间（污染区）、半污染区和清洁区以及各区之间相连的缓冲间；缓冲间的门应能单向锁定。
③相对于室外大气压，实验室的清洁区为 0～5 Pa，污染区中解剖室为 -60～65 Pa。从清洁区到解剖室每相临区域的压力梯度为 -5～15 Pa，压差分布应尽量均匀。
④室内应配备人工或自动消毒器具（如消毒喷雾器、臭氧消毒器）并备有足够的消毒剂。
⑤当房间内有感染动物时，应戴防护面具。

4. ABSL-4 动物实验室

应满足 BSL-4 实验室和 ABSL-3 动物实验室的要求，并符合以下要求：
①应增加动物进入的通道。
②感染动物应饲养在具有Ⅲ级生物安全柜性能的隔离器内。

③动物饲养方法要保证动物气溶胶经高效过滤后排放,不能进入室内。

④一般情况,操作感染动物,包括接种、取血、解剖、更换垫料、传递等,都要在物理防护条件下进行。能在生物安全柜内进行的必须在其内进行。特殊情况下,不能在生物安全柜内饲养的大动物或动物数量较多时,要根据情况特殊设计,例如设置较大的生物安全柜和可操作的物理防护设备,尽可能在其内进行高浓度污染的操作。

二、放(辐)射污染防护动物实验设施

随着动物实验涉及的领域的不断扩大,放(辐)射性物质在动物实验过程中对人类和动物有危害的建筑的防护问题也日益显示出其重要性。在设计、建(改)造放(辐)射污染防护动物实验设施时,应严格遵守 GB 4792《放射卫生防护基本标准》、GB 8703《辐射防护规定》、GB 11928《低、中水平放射性固体废物暂时贮存规定》和 GB 14925《实验动物环境及设施》等要求。主要目的是要依靠屏障隔离和严格管理,防止放(辐)射性物质释放到环境中,保证供职人员和公众受到的照(辐)射不超过相应的剂量当量限制,并保持达到的尽可能低的水平。关于放(辐)射性动物实验设施的选址、评价、设计建造(含扩建、改建)及相应的审查必须由国家有关部门认定的单位承担。

任务 3　动物抓取保定技术

抓取、保定虽有一定的强制性,但并不意味着单纯用强大的力量来制服动物,而是采用某种方法借助于动物自身的防卫机能来限制其活动性。所以,为了预防意外发生,首先,在操作前准备要充分,应予动物稍事休息,缓解其对新环境产生的恐惧与敏感;其次,实验人员要胆大心细、稳健敏捷,切忌粗暴和突然的动作;最后,方法要力求简单而牢靠,绑缚四肢尤其是绑缚转位肢的绳索松紧要适度,绳结既要牢固又要易于解脱。

抓取、保定动物时,往往会因疏忽大意、方法失宜、对骚动不安的动物强行操作等而招致意外损伤。一旦发生动物咬、抓伤要及时处理,如已出血,要将血液再挤出一些,然后用碘伏消毒伤口,再用消毒纱布包扎,并到防疫站咨询处理。

一、小鼠的抓取与保定方法

小鼠性情比较温顺,一般不会主动咬人,在小鼠较安静时将盒盖推开一半,用手或镊子捏住小鼠尾部或尾中部提出,放在操作台上,将盒盖拉回扣好。

［视频学习1］
小鼠的抓取与保定

1.单手保定法

将小鼠置于表面较粗糙的平面或盒盖上,轻轻地向后拉鼠尾,当其向前爬行时,用左手拇指和食指捏住小鼠颈部两耳间的皮肤,捏住的皮肤要适量,太多太紧会使小鼠窒息,太少太松则小鼠能回头咬伤操作者。左手翻转,掌心向上,将鼠体置于左手掌心,用左手无名指或小指压紧尾根,使鼠体成一条直线。此方法适用于肌内注射、腹腔注射、灌胃等(图 2-1)。

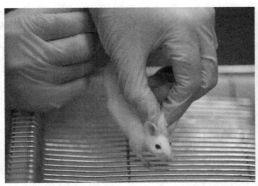

图 2-1　小鼠抓取与保定

2.双手保定法

操作同单手保定,只是用右手拉住小鼠尾根部。注意如果是肥胖或妊娠小鼠,还应握住后肢轻托臀部。此方法适用于双人配合进行实验操作。

3.固定器保定法

将小鼠保定在特定的保定器中,可进行小鼠尾静脉注射与采血(图 2-2)。

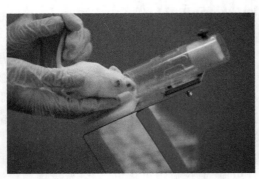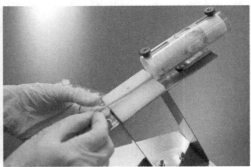

图 2-2　小鼠固定器保定

4.固定板保定法

将小鼠固定在特定的固定板上,可进行外科手术或解剖。

二、大鼠的抓取与保定方法

[视频学习 2]

大鼠的抓取与保定

大鼠牙齿尖锐,在抓取时要小心,不能粗暴,否则易被其咬伤。另外,抓取时应轻柔,避免因抓取的刺激损伤动物,影响实验结果。从笼内取出4～5 周龄以内的大鼠时,方法同小鼠。周龄较大的大鼠需抓住其尾根部,不能抓尾尖,也不能让大鼠悬在空中的时间过长,否则易导致尾部皮肤脱落,或导致实验者被咬伤。

1. 双手保定法

取出大鼠放在盒盖或实验台上,轻轻向后拉尾,当大鼠向前爬行时,用左手拇指和食指捏住大鼠颈部,不要过紧,其余三指及掌心握住大鼠身体中段,将其拿起,翻转为仰卧位,右手拉住尾部。注意不要对大鼠胸部挤压过紧,以免影响呼吸。

还有一种方式是,取出大鼠放在盒盖或实验台上,轻轻向后拉尾,当大鼠向前爬行时,将左手轻放在大鼠背部,用拇指和无名指按在上肢肘部,并向上推,使上肢靠近大鼠面部,食指与中指挤住下颌,以此固定大鼠头、上肢及躯体,右手拉住尾根(图2-3)。

2. 固定器保定法

在实验期间,还可使用制式保定装置,适用于各种规格和体重的大鼠。

3. 固定袋保定法

用透明塑料袋或布料制作大鼠保定装置,便于单人实验操作时使用。取塑料袋的圆锥部分,尖端封闭,后段敞开,长度大于大鼠身长。将尖端剪一小口,用于大鼠口鼻露出呼吸。使用时可将大鼠从敞开端送入,使其口鼻到达尖端开口,再将敞口端收紧在大鼠尾根部。布料可依上法缝制。保定袋可进行大鼠尾部实验操作。塑料保定袋保定时间不宜过长,以免造成大鼠过热。

4. 固定板保定法

将大鼠固定在特定的保定板上,可进行外科手术或解剖(图2-4)。

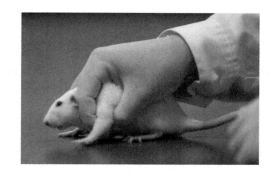

图 2-3　大鼠抓取方法

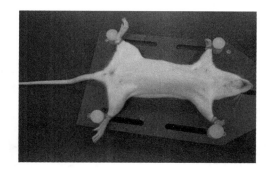

图 2-4　大鼠固定板保定

三、豚鼠的抓取与保定方法

豚鼠性情温顺,一般不咬人,抓取时不要粗暴,更不能抓取其腰腹部,这样容易造成肝脏破裂导致死亡。抓取幼龄豚鼠时,可用双手直接捧起;抓取成年豚鼠时,可将右手轻轻地伸进笼子,先用手掌扣住豚鼠的背部,抓住其肩胛上方,用手指抓住豚鼠的颈部,慢慢将其提起。体重较大或怀孕的豚鼠,应用另一只手托起臀部,避免豚鼠挣扎(图2-5左)。

还有一种抓取方法是把左手的食指和中指放在豚鼠颈背部的两侧,拇指和无名指放在其肋部,分别用手指夹住豚鼠的左右前肢,将豚鼠抓起来;然后翻转左手,用右手的拇指和食指夹住豚鼠的右后肢,用中指和无名指夹住豚鼠的左后肢,使鼠体伸直呈一条直线(图2-5右)。

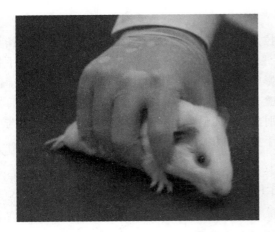 

图 2-5　豚鼠抓取与保定

四、家兔的抓取与保定方法

[视频学习 3]
家兔的抓取与保定

家兔一般不会咬人,但爪较锐利,尤其两后肢力量较大。抓取时,家兔会使劲挣扎,要特别注意其四肢,防止被其抓伤。抓取时,用右手抓住颈背部的皮肤,轻轻把动物提起,把兔拉至笼门口,左手托起兔的臀部,把兔子从笼子里拿出来。该方法可以防止家兔的后腿蹬踹而造成抓取失败或伤害家兔或抓取者。由于家兔耳朵对疼痛反应敏感,抓取家兔时不得抓耳朵。

1.徒手保定方法

一只手抓住兔颈背部的皮肤,另一只手托住兔的臀部(2-6)。当在实验区内运输家兔时,让其头挤进手臂肘部的弯曲处,用手托住它的后肢和臀部,抓取者可以用另一只手开关笼子和房门。

 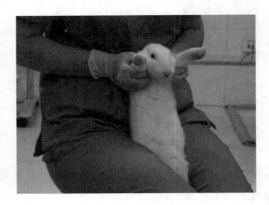

图 2-6　家兔徒手保定　　　　　图 2-7　家兔坐姿保定

另外,还可以一只手抓两前肢,另一只手固定两后肢进行保定。也可由操作者取坐位,一只手固定两前肢,将兔的两后肢夹在两腿间(图 2-7),或将兔臀部朝外,头埋在操作者的腰部和肘间。

2．器械保定方法

器械保定通常用于耳部采血、静脉注射、标记和治疗。装置尺寸必须适合家兔个体大小，有些固定器大小可以调整。借助这种装置可以一人进行采血或其他操作（图2-8、图2-9）。

图2-8　兔保定器保定

图2-9　兔保定台保定

五、犬的抓取与保定方法

1．徒手保定法

比格犬非常温顺，抓取时只需打开笼门，抓住犬的前肢，将它提出笼外。人工保定时将犬的后肢放在地上，两手抓住两前肢，或将犬抱在胸前（图2-10）。

对待杂种犬要保持警惕，但也不得给犬以粗暴的感觉。接近时应以温和的表情和声音抚慰。捕捉时，要特别谨慎，先用特制的长柄犬钳夹住犬颈部，将其按压在地上，由助手将其四肢固定好。有链绳的犬，拉紧链绳，调节好皮带使犬头固定，其松紧度以皮带圈与颈部间隙只能通过并列两指为宜。

[视频学习4]
犬的保定

2．扎口保定法

在对犬进行治疗或其他实验时，为了防止被犬咬伤，需要固定犬嘴，常用绷带扎口。也可使用专用固定器。注意，动物麻醉后，应及时解除口部固定，以利于动物正常呼吸。对于长吻犬，用绷带绳套将犬吻部扎紧，从颌下将绳尾拉向两耳后进行打结（图2-11）。

图2-10　比格犬徒手保定

图2-11　长吻犬扎口保定

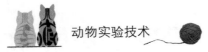

对于短吻犬,绷带绳套容易脱落,所以需要在固定绳圈的时候,在它的面部鼻梁正中部位再用一根绷带牵拉向上,和颈部打结的绳圈系在一起,形成一个"T"形(图2-12)。

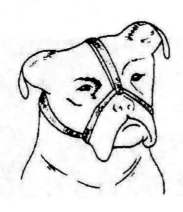

图 2-12　短吻犬扎口保定

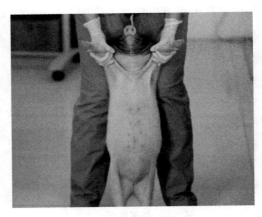

图 2-13　小型猪正提保定

六、小型猪的抓取与保定

1. 正提法

以两手分别握住猪的两前肢,将猪腹部向前,提起两前肢(图2-13)。此法适用于对小型猪的耳根部、颈部做肌内注射等。

2. 饲养笼保定法

当使用后壁可以向前滑动的饲养笼时,推动控制后壁的拉杆,使后壁向前滑动,将猪夹在前后壁之间,即可将动物保定。

【实操记录与评价】

1. 小鼠抓取保定实践记录

动物/物品准备			
保定方法	头部保定	躯干保定	小组评价
单手抓取保定			
双手抓取保定			
教师指导记录			

2.大鼠抓取保定实践记录

动物/物品准备			
保定方法	头部保定	躯干保定	小组评价
单手抓取保定			
双手抓取保定			
教师指导记录			

3.豚鼠抓取保定实践记录

动物/物品准备			
保定方法	头部保定	躯干保定	小组评价
单手抓取保定			
双手抓取保定			
教师指导记录			

4.兔抓取保定实践记录

动物/物品准备			
保定方法	头部保定	躯干保定	小组评价
单手保定			
坐位保定			
教师指导记录			

5.犬抓取保定实践记录

动物/物品准备			
保定方法	头部保定	躯干保定	小组评价
徒手保定			
扎口保定			
教师指导记录			

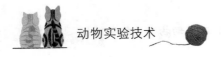

6.小型猪抓取保定实践记录

动物/物品准备			
保定方法	头部保定	躯干保定	小组评价
正提法保定			
饲养笼保定			
教师指导记录			

【岗位核心素养与工匠精神评价】

考核内容	考核标准	考核结果	感想记录
学习态度	积极参与,主动学习	☆☆☆☆☆	
精益求精	反复训练,精益求精	☆☆☆☆☆	
团队协作	小组分工协作,轮流分工	☆☆☆☆☆	
沟通交流	善于沟通,分享收获	☆☆☆☆☆	
自主探究	主动思考,分析问题	☆☆☆☆☆	
动物福利	爱护动物,建立动物福利意识	☆☆☆☆☆	
无菌意识	无菌意识贯穿始终	☆☆☆☆☆	
防护意识	对自己和他人的安全防护意识	☆☆☆☆☆	

拓展:其他常见动物的保定方法

一、非人灵长类的捕捉与保定

捕捉方法包括房内、保定圈和麻醉捕捉等。要根据其大小、性情、厩舍类型等因素采用不同的方法。但应注意的是,必须要小心,因为灵长类隐藏着威胁,它们常抓咬人,且有与它们的个体大小不协调的能力。对于5 kg以上的动物不要用单手提,尤其雄性动物有大的犬齿,可以咬透厚手套。对于特别小的猴,可用手的拇指与中指握住它的胸部,即使把拇指放在动物的下颌下面也咬不到手。对于松鼠猴或小短尾猿等中小猴可用一只手将它们的前肢背在后面,另一只手抓住它们的后肢和尾。

非人灵长类动物有很多,下面以猕猴为例进行介绍。

1.房内或露天大笼内捕捉方法

捕猴网是用尼龙绳编成的网袋,连有1.5 m长的木柄,采用捕猴网进行捕捉时动作要迅速准确,不要损伤动物的头部和其他要害部位。猴入网后,将网圈按在地上,紧紧压住猴头或抓住后颈部(以防回头咬人),再将猴的两上肢反背于猴身后,捉住后将猴由网中取出。在捕捉凶猛的雄猴时应戴上防护皮手套,应有2~3个人紧密配合。

2. 保定项圈法

在笼养之前预先给猴戴上有链条的项圈(链条与项圈的结合处设有活动环,能转动自如)。捕捉时,要抽紧铁链使猴固定,然后推开笼门,将猴两上臂反背于身后,即可捉出笼外,此法方便安全,但长期戴项圈容易损伤颈部皮肤。

3. 麻醉捕捉法

为了避免捕捉时过分的情绪刺激,也可以采用麻醉的方法,即将猴夹在前后笼壁之间,拉出一后肢,常规消毒后肌内注射氯胺酮,剂量为 10 mg/kg 体重,等待 3~5 min,进入麻醉状态后,再将猴捉出笼外。

4. 其他捕捉法

也可用短柄捕猴网从笼门间隙伸入笼内,将猴盖住并翻转网罩使猴裹在网内,提出笼外,然后同样将两上肢反背(图 2-14)。

二、猫的抓取与保定方法

猫在陌生环境下常比较胆怯、惊慌,故当人伸手接触时,猫会愤怒,耳向后伸展,并发出嘶嘶的声音或抓咬。保定者应戴上厚革制长筒手套,一手抓住猫颈、肩、背部皮肤,提起,另一手快速抓住两后肢伸展,将其稳住,以达到保定的目的。但是,个别猫反应敏捷、灵活,用手套抓猫难以奏效时,可借助颈绳套或捕猫网将其捕捉(图 2-15)。

图 2-14　猴入网后的徒手保定

图 2-15　猫的抓取与保定

对于兴奋型猫,可用布卷包裹保定或猫袋保定。前者根据猫体长,选择适宜的革制保定布或厚的大块毛巾铺在保定台上,保定者将猫按放于保定布近端。提起近端保定布覆盖猫体,并顺势连同布、猫向前翻滚,将猫紧紧地裹住呈"直筒"状,使四肢丧失活动能力。后者用适宜的猫袋(帆布或厚布缝制,两端均开口,系上可抽动的带子),将猫装入,猫头和两后肢从两端露出,收紧袋口。颈部不能收得过紧,防止发生窒息。

猫也可用扎口保定,方法与短吻犬一样。颈圈保定法也与犬的保定法相似。

猫的头静脉和颈静脉穿刺保定方法基本与犬一样。由于猫胆小、易惊恐,静脉穿刺又会引

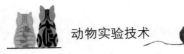

起疼痛,故保定时应防止被猫抓咬致伤。首先要控制住头,其次防止后肢挠抓。保定者一手抓住头部,用拇指和中指、无名指或小指握紧两侧颌部和颌弓。

三、蛙类的抓取与保定方法

当给蛙类换笼或做其他处理时,用网来捕捉是最好的方式。一手拿网将蛙类从水中捞起,另一只手捂住网口,防止蛙类从网口跳脱。使用网捕还可以避免伤害蛙类皮肤的黏膜层。

保定蛙类时,将蛙类的头朝向保定者的手腕,用掌心托住蛙类身体,手指分开,使其骑在食指上。如果蛙类不安、躁动,就用另一只手辅助保定。如长时间保定,要保持蛙类身体湿润。

四、羊的抓取与保定方法

羊性情温顺,保定也很容易,很少对人造成伤害。抓取者缓慢接近羊,一只手托住羊的下腭将羊头抬起,另一只手按住羊的身体后外侧,抓取者用膝盖顶住羊的肩胛侧面,将其保定在墙角呈站立姿势。也可抓住一后肢的跗关节或跗前部,羊就能被控制。保定者抓住羊的角,骑在羊背部上,作为静脉注射或采血等操作时的保定。也可面向尾侧骑在羊身上,抓紧两侧后肢膝褶,将羊倒提起,然后再将手移到跗前部并保持之(图 2-16)。

对体格较大的羊进行卧倒时,右手提起羊的右后肢,左手抓在羊的右侧膝皱襞,保定者用膝抵在羊的臀部。左手用力提拉羊的膝褶,在右手的配合下将羊放倒,然后捆住四肢。

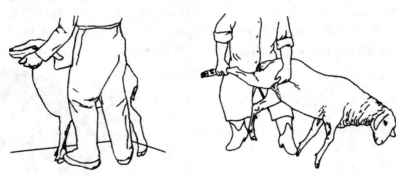

图 2-16 羊的抓取保定

五、鸟类的抓取与保定方法

鸟的种类繁多,体型和习性差别很大。在现场操作时,一定要了解鸟的习性,针对不同情况,采用稳妥且果断的方法,下面简述不同体型鸟的保定。

1. 小型鸟类的抓取与保定方法

可以单手握持,以食指、拇指及中指圈成三角,固定其头部,避免鸟乱啄及挣扎,并以无名指、小指将鸟的身躯环握在掌中。一般在 100 g 以下的鸟都可采用这种保定方法(图 2-17)。

[视频学习 5]
鸡的抓取与保定

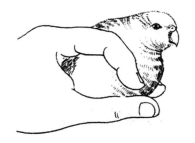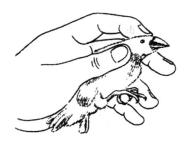

图 2-17　小型鸟类的抓取与保定

2. 中型鸟类的抓取与保定方法

100～500 g 的鸟类,如鹦鹉类等,可以单手环握其身躯(包含双翅),将双脚自食指与中指间,或中指、无名指间穿出夹握,可有效保定。对于有攻击性的鸟,则可用左手控制其头部,右手协助抓住其双翅和双脚固定。对于中小型鸟,抓鸟时一般不主张戴手套,但是在检查前不要让鸟离开笼具。抓取时切记不要抓得太紧。因为中小型鸟的肺脏很小,呼吸主要靠气囊的辅助作用,如果把鸟的身体抓得太紧,气囊不能充气,就会出现因窒息而死亡的现象(图 2-18)。

3. 大型鸟类的抓取与保定方法

超过 500 g 的鸟类不宜以徒手保定。由于无法同时固定头颈、双翅及双脚,因此可用大毛巾或布环,将双脚和翅膀同时包住,或整个将鸟包覆后,再将欲检查或操作的部分移出,可减少因操作保定不当引起的伤害。但此法对长颈长脚的鸟要注意,应使其肢体收回到正常蹲踞的位置。但包覆时间如果太久,容易造成肢端血液循环不良,发生坏死。若包覆不当,在挣扎时可能引发骨折。也可以给鸟戴上眼罩或头罩,可以改善恐慌,减少挣扎。同时以塑胶软管套住长喙,可防止其攻击操作人员。眼罩、头罩可以用小布袋剪出口鼻的位置后待用。然后右手夹持鸟胸部躯体和双翅,左手握住其双脚(图 2-19)。

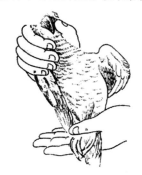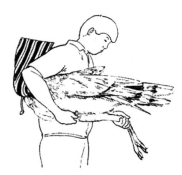

图 2-18　中型鸟类的抓取与保定　　　**图 2-19　大型鸟类的抓取与保定**

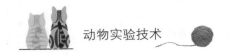
任务 4　动物标记方法

动物标记的目的在于根据动物的记号或特征编号来进行个体识别。良好的标记方法应保证号码清楚、简便易认和耐用。应使用对动物无毒性、操作简单且能够长时间识别的方法。

一、染色法

染色法即使用化学药品在动物明显体位被毛上进行涂染识别的方法。染色法一般用于短期实验。

常用的染液有 3%～5% 的苦味酸溶液（黄色,本品为易爆炸性化合物,保存和使用时注意安全防护）、2% 的硝酸银溶液（咖啡色）、0.5% 的中性品红溶液（红色）、煤焦油酒精溶液（黑色）。

标记时,用棉签或卷着纱布的玻璃棒蘸取上述溶液,在动物体的相应部位逆毛流方向涂上有色斑点。编号的原则是"先左后右,先上后下",左前腿部记为 1 号,左侧腰部记为 2 号,左后腿部记为 3 号,头部记为 4 号,腰背部记为 5 号,尾部记为 6 号,右前腿部记为 7 号,右侧腰部记为 8 号,右后腿部记为 9 号,不涂色的为 10 号。用单一颜色可标记 1～10 号。如果动物数量超过 10 只,可用两种颜色共同标记,即一种颜色代表十位,另一种颜色代表个位,这样可标记到 99 号（图 2-20）。此种方法常用于被毛颜色较浅的大鼠和小鼠。

二、穿耳孔法

穿耳孔法即用动物专用耳孔器在动物耳朵的不同部位打一小孔或打成缺口来表示一定号码的方法。打孔原则如图 2-21 所示,右耳代表十位,左耳代表个位。这种方法可标记 100 只左右的动物。打孔法应注意防止孔口愈合,多使用消毒滑石粉涂抹在打孔局部。

此方法常用于大、小鼠的编号标记。

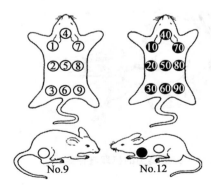

图 2-20　染色编号法

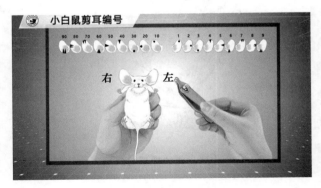

图 2-21　打耳孔标记法

三、剪趾法

剪趾法在没有其他适用的标记方法时方可使用。适用于 7 日龄以内的乳鼠。如图 2-22 所示，以后肢脚趾代表个位数，前肢代表十位数。

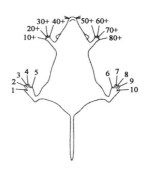

图 2-22　剪趾法示意图

四、标牌法

（1）将印有不同数字标记的金属（多为铝质材料）标牌，固定于犬、羊、小型猪的项链上、耳朵上，禽类为铝条或铝圈号码固定于翅膀、颈部或脚上（图 2-23）。

（2）将分组编号写在卡片上，挂在动物饲养笼外。

此种方法简单、易识别、数量不限，可用于各种实验动物的编号标记。

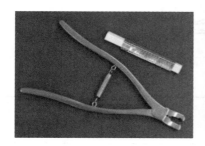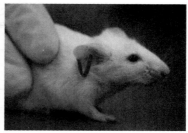

图 2-23　耳标钳与小鼠耳标

五、剪毛法

在动物体背部相应位置剪去少量被毛，以做标记，标记位置同染色法。这种方法存在一定缺点，如果动物因疾病或外伤造成被毛不全会干扰标记。此种方法可用于各种实验动物，但使用不多。

六、刺青法

用刺数钳在动物耳上或其他明显部位皮肤刺上号码，然后用棉签蘸取溶在酒精中的黑墨在刺号上加以涂抹，刺青前最好对刺青部位预先用酒精消毒。一般用于体型较大的动物。

七、电子芯片（玻璃管标签）植入法

玻璃管动物标签是由不同直径 2.16 mm 的玻璃柱、电子芯片线圈、铁心、电容组成的一个长 12 mm 并带有唯一标码的小玻璃柱。通过注射的方式进入到动物皮下，无毒无害，让每一只动物均有一个唯一的身份证。电子芯片适用于各类动物，如哺乳动物、鱼类、鸟类、爬虫类、两栖动物等，可用于各种实验动物的编号标记。

【实操记录与评价】

1. 染色编号实践记录

<table>
<tr><td colspan="5" align="center">动物/物品准备</td></tr>
<tr><td align="center">项目</td><td align="center">十位颜色：</td><td align="center">个位颜色：</td><td align="center">小组评价</td></tr>
<tr><td align="center">编号图</td><td colspan="2" align="center"></td><td></td></tr>
<tr><td align="center">教师指导记录</td><td colspan="3"></td></tr>
</table>

2. 穿耳孔编号实践记录

<table>
<tr><td colspan="5" align="center">动物/物品准备</td></tr>
<tr><td align="center">项目</td><td align="center">左耳：</td><td align="center">右耳：</td><td align="center">小组评价</td></tr>
<tr><td align="center">编号图</td><td colspan="2" align="center"></td><td></td></tr>
<tr><td align="center">教师指导记录</td><td colspan="3"></td></tr>
</table>

3. 剪趾法编号实践记录

项目	动物/物品准备		
	前肢：	后肢：	小组评价
编号图			
教师指导记录			

【岗位核心素养与工匠精神评价】

考核内容	考核标准	考核结果	感想记录
学习态度	积极参与,主动学习	☆☆☆☆☆	
精益求精	反复训练,精益求精	☆☆☆☆☆	
团队协作	小组分工协作,轮流分工	☆☆☆☆☆	
沟通交流	善于沟通,分享收获	☆☆☆☆☆	
自主探究	主动思考,分析问题	☆☆☆☆☆	
动物福利	爱护动物,建立动物福利意识	☆☆☆☆☆	
无菌意识	无菌意识贯穿始终	☆☆☆☆☆	
防护意识	对自己和他人的安全防护意识	☆☆☆☆☆	

任务5　动物被毛去除方法

　　动物实验或手术前对术区应先剪毛,而后剃毛或用脱毛剂脱毛。剃毛或脱毛的范围可根据手术的范围大小和难易程度考虑,一般均应超出切口范围10～20 cm。

一、拔毛法

　　实验动物被固定后,用食指和拇指将暴露部位的毛拔去。进行采血或动、静脉穿刺时,常用此方法暴露血管穿刺的部位。拔毛不但暴露了血管,而且刺激了局部组织,产生扩张血管的作用。如做兔耳缘静脉和鼠静脉采血,就要拔去上述静脉表面的被毛。

二、脱毛剂法

脱毛法是采用化学脱毛剂进行脱毛的方法。此法常用于大动物无菌手术、局部皮肤刺激性实验、观察实验动物局部血液循环等实验。

1. 常用脱毛剂配方

(1)配方1:硫化钠8 g溶于100 mL水中。

(2)配方2:硫化钠、肥皂粉、淀粉的比例为3∶1∶7,再加水调至糊状。

(3)配方3:硫化钠10 g和生石灰15 g溶于100 mL水中。

使用脱毛剂前应剪去局部被毛,但剪毛前不能用水湿润被毛,以免脱毛剂流入毛根造成损伤。脱毛时用镊子夹棉球或纱布团蘸脱毛剂在已剪去被毛的部位涂抹一层,3～5 min后,用温水洗去脱下的毛和脱毛剂。再用干纱布将水擦干,涂上一层油脂。注意操作时动作应轻巧,以免脱毛剂沾在实验人员的皮肤、黏膜上,造成不必要的损伤。

配方1和2适用于家兔和啮齿类动物的脱毛,配方3适合给犬脱毛。

2. 脱毛剂使用注意事项

(1)用剪刀对实验动物剪毛过程中,切不可提起被毛,以免剪伤皮肤。

(2)为了避免被毛到处飞扬,应预先准备一个盛有自来水的杯子盛放剪下来的被毛。

(3)用剃毛刀去除动物被毛时,可事先用温肥皂水将需要暴露部位的被毛湿透,剪刀剪去较长的毛发后,再用剃毛刀逆着被毛生长方向剃去残留被毛。剃毛时必须绷紧局部皮肤,不要剃破皮肤。

(4)使用脱毛剂前应剪去局部被毛,但剪毛前不能用水湿润被毛,以免脱毛剂流入毛根造成损伤。

三、剪毛法

小型实验动物可不剪毛。对于大型实验动物应使用剪毛剪剪去被毛。在使用剪毛剪时应注意将皮肤用拇指和食指撑平,然后将剪毛剪水平紧贴毛根剪去被毛。注意切不可向上提拉被毛避免剪破皮肤。为了避免被毛到处飞扬,应预先准备一个盛有自来水的杯子装剪下来的被毛。

四、剃毛法

如果只是进行剃毛,可用电动剃毛器或剃毛刀操作。电推剪剪毛时应撑平局部皮肤,将电推刀头斜面紧贴皮肤,顺着毛流方向推剪(图2-24)。

图2-24　电推剪剪毛

使用剃毛刀剃毛,需要将动物剪毛后用棉球蘸上软皂液将其剩余的靠近体表的被毛打湿,用剃毛刀片进行剃毛。

对臀部、泌尿生殖器及其邻近部位进行手术前,除上述清洗、剪毛、剃毛等准备外,事先还应进行灌肠和导尿,以避免术中污染手术切口。

【实操记录与评价】

动物/物品准备			
实操内容	考核标准	操作记录	小组评价
拔毛法	注射或手术部位被毛处理干净,无被毛飞扬现象		
剪毛法	注射或手术部位被毛处理干净,无被毛飞扬现象,无皮肤损伤		
剃毛法	注射或手术部位被毛处理干净,无被毛飞扬现象,无皮肤损伤		
脱毛法	注射或手术部位被毛处理干净,无药剂残留		
考核人			

【岗位核心素养与工匠精神评价】

考核内容	考核标准	考核结果	感想记录
学习态度	积极参与,主动学习	☆☆☆☆☆	
精益求精	反复训练,精益求精	☆☆☆☆☆	
团队协作	小组分工协作,轮流分工	☆☆☆☆☆	
沟通交流	善于沟通,分享收获	☆☆☆☆☆	
自主探究	主动思考,分析问题	☆☆☆☆☆	
动物福利	爱护动物,建立动物福利意识	☆☆☆☆☆	
无菌意识	无菌意识贯穿始终	☆☆☆☆☆	
防护意识	对自己和他人的安全防护意识	☆☆☆☆☆	

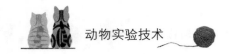

任务6 动物性别与年龄鉴别

动物实验中,经常要涉及雌、雄动物的鉴别。性成熟后的哺乳类动物性别一般易于区分,因为雄性个体睾丸已从腹腔下降至阴囊内,雌性动物的阴道也已开口。除了生殖器官本身外,在某些动物中还可以根据第二性征来判断。但是,对于新生动物来说,性别鉴别就较为困难。

一、性别鉴别

(一)大、小鼠的性别鉴别

离乳仔鼠性别鉴别主要以生殖器与肛门之间的距离长短及肛门与生殖器之间有无被毛为标志。识别要点是:

(1)雄性的生殖器与肛门之间的距离较远,雌鼠较近;

(2)雄性的生殖器与肛门之间有毛;

(3)雄性的生殖器突起较雌鼠大;

(4)雌鼠乳头较雄鼠明显。成熟后,因雄性可见阴囊,雌性乳头明显而易于区分。

(二)幼兔性别鉴别

幼兔的性别鉴定主要以尿道开口部与肛门之间的距离及尿道开口部的形状来判别。哺乳期仔兔,雄性尿道开口部与肛门之间的距离较远,为雌性的 1.5~2 倍,尿道开口圆形,略小于肛门(图 2-25)。雌性尿道开口于肛门距离较近,尿道开口扁形,大小与肛门相同(图 2-26)。1月龄仔兔,雄性生殖孔呈圆形,翻出可见圆柱体的突起;雌性生殖孔呈"Y"形,翻出仅见有裂缝,裂缝及于肛门。3月龄以上成年兔,雄性阴囊明显而雌性无阴囊;雄性头大,短而圆,而雌性头小,略呈长形。

图 2-25　雄性幼兔生殖器　　　　　　　　　　图 2-26　雌性幼兔生殖器

(三)操作注意事项

(1)在抓取与固定时,实验人员操作时应戴上防护用具,做好个人防护。

(2)要注意充分暴露动物生殖器与肛门部分,便于根据特征进行性别鉴定。

二、实验动物年龄判断

(一)小鼠的日龄判断

首先,可以根据形态鉴定日龄。小鼠出生后不同日龄的外观形态特征如表2-3所示。

表2-3　小鼠出生后不同日龄的外观形态特征

日龄/d	外观形态特征
1	仔鼠裸体鲜红
3	耳壳露出表皮
4	脐带瘢痕脱落
5	能翻身
8	能爬行
10	能听到声音
9~11	全身被白毛,门齿长出
13~15	眼皮张开,能跳跃,能抓取东西
18以后	能自行采食,独立生活

其次,可以根据小鼠体重判断日龄。小鼠出生后体重与日龄相关,但不同品系间有一定差异。以KM小鼠为例,不同日龄小鼠体重如表2-4所示。

表2-4　出生后不同日龄小鼠体重(KM鼠)

日龄/d	初生	5	10	15	20	25	30
体重/g	1.8	4.0	6.0	11.0	15.0	21.0	21.0

(二)大鼠的日龄判断

18日龄以前大鼠的形态特征与小鼠基本一致,可根据形态特征来判断年龄。在无可靠记录资料的情况下,可根据体重来判断大致日龄。普通级SD大鼠不同日龄体重见表2-5。需要指出的是,同一品系大鼠的生长发育受窝产仔数、雌鼠哺乳能力、饲料营养水平、管理水平以及个体差异等多种因素的制约,年龄与体重的关系不是绝对的。

表2-5　SD大鼠不同日龄体重

日龄/d	初生	10	20	30	40	50	60	70	80
体重/g	6~7	17~25	35~50	55~90	100~150	150~210	170~240	210~270	240~320

(三)豚鼠年龄判断

一般老年豚鼠牙齿和趾爪长,被毛稀疏无光泽,眼神呆滞,行动迟缓。而年轻豚鼠牙齿短而白,爪短而软,眼睛圆亮,行动敏捷,被毛有光泽,且紧贴身体。同样,也可根据体重来推断大

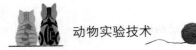

致年龄(表 2-6)。同日龄豚鼠,雌性体重略高于雄性。与大鼠一样,其体重受多种因素的制约。实验对年龄要求比较严格时,必须由卡片记录提供准确年龄。

表 2-6 豚鼠的体重与年龄对照

日龄/d	初生	7	20	30	60	90	120	180
体重/g	60~80	100~120	150~200	170~220	240~300	330~400	400~470	520~600

(四)家兔年龄判断

家兔的门齿和爪随年龄增长而增长,是年龄鉴别的重要标志。青年兔门齿洁白,短小,排列整齐;老年兔门齿暗黄,厚而长,排列不整齐,有时破损。白色家兔趾爪基部呈红色,尖端呈白色;1 岁家兔红色与白色部分长度相等;1 岁以下,红多于白;1 岁以上,白多于红。还可根据趾爪的长度与弯曲度来区别。青年兔趾爪较短、平直、隐在脚毛中,随年龄增长,趾爪露出脚毛外,而且爪尖钩曲。另外,皮薄而紧、眼神明亮、行动活泼的为青年兔;皮厚而松、眼神颓废、行动迟缓的为老年兔。

(五)犬的年龄判断

犬的年龄主要以牙齿的生长情况、磨损程度、外形颜色等情况综合判定。成年犬有 42 颗牙齿。齿式:$2×(I3/3,C1/1,P4/4,M2/3) = 42$。仔犬在出生后十几天即开始生出乳齿,2 个月以后开始按门齿—犬齿—臼齿顺序逐渐更换为恒齿,8~10 个月齿换齐。但犬齿需要 1 岁半以后才能长坚实。饲养场饲养的品种犬,可以根据记录,明确了解年龄,而收购的杂种犬就无法知道确切年龄。实际工作中,可根据犬齿更换和磨损情况,估计犬的年龄(表 2-7)。

表 2-7 犬不同年龄犬齿磨损特点

年龄	犬齿更换和磨损情况
2 个月以下	仅有乳齿(白、细、尖)
2~4 个月	更换门齿
4~6 个月	更换犬齿(白,牙尖圆钝)
6~10 个月	更换臼齿
1 岁	牙长齐,洁白光洁,门齿有尖突
2 岁	下门齿尖突部分磨平
3 岁	上、下门齿尖突大部分磨平
4~5 岁	上、下门齿开始磨损呈微斜面,并发黄
6~8 岁	门齿磨成齿根,犬齿发黄、磨损
9~10 岁	唇部、胡须发白
10 岁以上	门齿磨损,犬齿不齐全,牙根黄,唇边胡须全白

【实操记录与评价】

动物/物品准备			
实操内容	考核标准	小组评价	体会记录
大、小鼠的性别鉴别 （20只2周龄内不同性别小鼠）	抓取与固定动作熟练，性别鉴别准确		
家兔的性别鉴别 （5只不同性别幼兔）	抓取与固定动作熟练，性别鉴别准确		
总结			
考核人			

【岗位核心素养与工匠精神评价】

考核内容	考核标准	考核结果	感想记录
学习态度	积极参与，主动学习	☆☆☆☆☆	
精益求精	反复训练，精益求精	☆☆☆☆☆	
团队协作	小组分工协作，轮流分工	☆☆☆☆☆	
沟通交流	善于沟通，分享收获	☆☆☆☆☆	
自主探究	主动思考，分析问题	☆☆☆☆☆	
动物福利	爱护动物，建立动物福利意识	☆☆☆☆☆	
无菌意识	无菌意识贯穿始终	☆☆☆☆☆	
防护意识	对自己和他人的安全防护意识	☆☆☆☆☆	

拓展：其他动物的性别鉴定方法

一、哺乳类动物性别鉴定

一般情况下，哺乳类动物性别依据动物的肛门与外生殖器（阴茎或阴道）之间的距离加以区分。雄性要比雌性的距离更长。

1.啮齿目

大鼠、小鼠、沙鼠可用肛门与生殖器间的距离加以区分。成年大、小鼠性别极易区别。雌性生殖器与肛门之间有一无毛小沟，距离较近。雄性可见明显的阴囊，生殖器突起较雌鼠大，肛门和生殖器之间长毛。幼年鼠则主要靠肛门与生殖器的距离远近来判别，近的为雌性，远的为雄性。但这种方法对豚鼠和地鼠则用处不大。豚鼠和地鼠用手压迫会阴部，雄鼠有阴茎突起,雌鼠则无,可见阴道口呈"V"形。此外,可以通过乳头的出现来区分大、小鼠性别。雌性小鼠2～13日龄可见乳头的出现。雌性大鼠3日龄就可见乳头,12～15日龄更明显,此后两种鼠的乳头就被被毛遮掩。雌性豚鼠有阴道关闭膜(一种除了发情和分娩外,关闭阴道口的结构),用拇指和食指压迫生殖脊两侧使其上面部位轻轻张开,则该膜能暴露出来。当放松时,此膜可在肛门和尿道之间形成浅"U"形皱褶。发情高潮期,阴道关闭膜呈开孔状。

2.兔形目

与豚鼠区分方法相同。对初生仔兔及开眼仔兔,可观察其阴部孔洞形状和距离肛门远近:孔洞扁形,大小与肛门相同,距肛门近者为雌性;孔洞圆形而略小于肛门,距肛门远者为雄性。对幼兔,可用右手抓住兔的颈背部皮肤,左手以食、中指夹住尾巴,大拇指轻轻向上推开生殖器,局部呈"O"形,下为圆柱体者是公兔,局部呈"V"形,下端裂缝延至肛门者为母兔。3月龄以上家兔,只要看有无阴囊,便可区分公母。

3.食肉目

新生食肉目动物性别可用肛门与生殖器的距离加以区分。成年公犬睾丸下降于阴囊中,悬于会阴部下方,阴茎由耻骨下缘朝腹部方向延伸,至后腹壁开口。母犬的尿生殖道开口于肛门下方,较易观察识别。公猫的阴茎是向后的。

4.灵长目

区分灵长类动物性别较为困难。首先应检查其尿道开口,许多雌性动物有较大的阴蒂,其腹侧形成沟状通向尿道口,而雄性动物的尿道开口在阴茎头上。触摸阴囊内是否有睾丸是确定其雌雄的最可靠方法。

二、鸟类性别鉴定

禽鸟类在第二性征(肉冠、毛羽、发声)出现前,区分性别极为困难,但可通过孵出24 h内进行外翻泄殖腔鉴别。雄性中可观察到微小而能勃起的孔突上有输精管开口,但此法不仅要有丰富的经验,而且准确性常难以保证。对于有羽色伴性遗传的家禽可通过其孵出时的羽色加以区分。

三、鱼类性别鉴定

许多鱼从外形上不易区分其雌雄,但可通过繁殖期的颜色不同及第二性征加以区分。如麦穗鱼平时体侧呈灰黄色,到了生殖期雄性变成暗黑色。雄性马口鱼一到生殖季节,体色变为红蓝条相间。鱼类的第二性征是珠星(又称追星),是一种灰白色结节状的皮肤衍生物,用手抚摸感觉粗糙,一般在繁殖季节出现,雌性机体上出现得较多且粗壮,雄鱼少而小。珠星大多分布在头部吻端或胸鳍上。四大家鱼(草鱼、青鱼、鲢鱼、鳙鱼)的珠星分布在胸鳍上。

任务7　动物发情周期鉴定

掌握使用阴道涂片检查法判断雌鼠的发情周期;掌握母兔各种发情鉴定的方法,从而正确安排交配时间或人工授精,同时还有助于诊断生殖道各种生理变化。

一、小鼠阴道涂片检查法

(1)左手仰卧保定雌性小鼠,细棉签用生理盐水润湿后轻轻插入阴道约 0.5 cm,轻轻转动一下取出(图 2-27)。

图 2-27　小鼠阴道棉拭子采集

(2)将带有阴道分泌物的细棉签在载玻片上均匀涂抹,然后将涂片在空气中自然干燥。

(3)用碱性亚甲蓝染液染色 5 min 左右,用蒸馏水慢慢冲洗剩余染液,并使之干燥。

(4)在显微镜下观察阴道涂片的组织与细胞组成变化确定动情周期的不同阶段。

(5)结果判定方法如下:

①发情前期阴道涂片中有核上皮细胞占优势,它们有的是单个的,有的呈片状,并有少量白细胞(图 2-28)。

②发情期涂片中有很多无核的角化鳞状细胞,细胞大而扁平,边缘不整齐,视野中看不到或很少见白细胞与上皮细胞(图 2-29)。

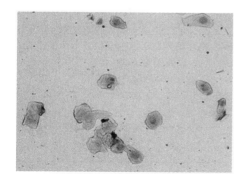

图 2-28　发情前期阴道细胞

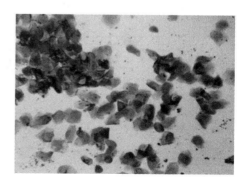

图 2-29　发情期阴道细胞

③发情后期阴道涂片中角化上皮细胞减少,出现许多白细胞及有核上皮细胞(图 2-30)。

④间情期阴道涂片中几乎全是白细胞,偶尔可见较小的有核扁平上皮细胞(图 2-31)。

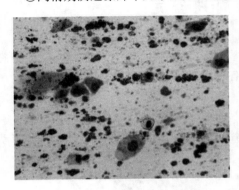

图 2-30　发情后期阴道细胞

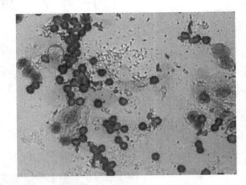

图 2-31　发情间期阴道细胞

6.操作注意事项

(1)抓取、保定小鼠以及采集小鼠阴道黏液时,要注意动作敏捷、轻柔,注意安全。

(2)涂片时避免滑擦或来回抹擦,以免压碎细胞。

二、兔外部行为观察法

注意观察母兔精神状态和行为表现,并结合其外阴部的黏膜状态等来判断其是否发情。

母兔发情时,表现为活跃,爱跑跳,脚爪刨地,顿足,食欲不振,采食量减少,常在饲槽或其他用具上摩擦下颌。性欲旺盛的母兔还有爬跨公兔或其他兔的行为。阴门及外生殖器可见黏膜湿润潮红。

【实操记录与评价】

动物/物品准备				
实操内容	考核标准	备注		小组评价
小鼠性周期鉴定	操作正确、熟练,判断及回答无误者评优,否则酌情扣分	通过观察小鼠阴道脱落细胞经涂片后的组织与变化及应注意事项评定		
家兔发情鉴定	操作正确、熟练,判断及回答无误者评优,否则酌情扣分	通过观察母兔的精神状态和行为表现,并结合其外阴部的黏膜状态及应注意事项等来评定		
总结				
考核人				

【岗位核心素养与工匠精神评价】

考核内容	考核标准	考核结果	感想记录
学习态度	积极参与,主动学习	☆☆☆☆☆	
精益求精	反复训练,精益求精	☆☆☆☆☆	
团队协作	小组分工协作,轮流分工	☆☆☆☆☆	
沟通交流	善于沟通,分享收获	☆☆☆☆☆	
自主探究	主动思考,分析问题	☆☆☆☆☆	
动物福利	爱护动物,建立动物福利意识	☆☆☆☆☆	
无菌意识	无菌意识贯穿始终	☆☆☆☆☆	
防护意识	对自己和他人的安全防护意识	☆☆☆☆☆	

项目三

动物给药技术

【知识目标】

项目三	内容	知识点	学习要求	自评
任务 1	大、小鼠灌胃	灌胃剂量 灌胃深度	熟悉 熟悉	☐ ☐
任务 2	其他动物经口给药	固体药物口服方法 其他动物胃管灌胃	了解 熟悉	☐
任务 3	皮下、皮内、肌内注射	皮肤组织结构 适合注射的肌肉位置	熟悉 熟悉	☐
任务 4	腹腔注射	腹腔解剖特点	熟悉	☐ ☐
任务 5	尾静脉注射	尾静脉解剖位置	熟悉	☐
	大鼠舌下静脉输液	舌下静脉解剖位置	熟悉	☐
	兔耳缘静脉注射	耳缘静脉解剖位置	熟悉	☐ ☐
	犬静脉注射	犬常用静脉解剖位置	熟悉	☐
任务 6	椎管内注射	椎管解剖结构及注射位置	了解	☐
任务 7	关节内注射	关节腔结构	了解	☐
任务 8	其他给药方法	浅表淋巴结分布	了解	☐

【技能目标】

项目三	内容	知识点	学习要求	自评
任务 1	大、小鼠灌胃	保定体位 灌胃技术	熟悉 熟练掌握	☐
任务 2	其他动物经口给药	固体药物给药 胃管灌胃技术	熟悉 掌握	☐
任务 3	皮下、皮内、肌肉注射	注射技术	熟练掌握	
任务 4	腹腔注射	腹腔注射技术	熟练掌握	

续表

项目三	内容	知识点	学习要求	自评
任务5	尾静脉注射	尾静脉注射技术	掌握	
	大鼠舌下静脉注射	舌下静脉注射技术	熟悉	
	兔耳缘静脉注射	兔耳缘静脉注射技术	熟练掌握	□
	犬静脉注射	犬常用静脉注射技术	掌握	
任务6	椎管内注射	硬膜外腔注射技术	了解	
任务7	关节内注射	关节腔注射技术	了解	
任务8	其他给药方法	淋巴结注射技术	了解	

自评:在学习过程中,学生可以按照学习要求在已经掌握的知识点"□"上打"√"。

【素质目标】

内容	素质要求	自评
劳动精神	对待工作一丝不苟,反复磨炼技能	
团队协作	小组内分工协作,各岗位轮训	
沟通交流	培养沟通能力,乐于分享收获	
自主探究	培养主动思考、发现问题、分析问题的能力	
动物福利	培养保护动物福利意识	
无菌素养	操作中无菌意识贯穿始终	
安全防护意识	培养注意安全防护的工作素养	

任务1　大、小鼠灌胃技术

液体药物或受试物经口给药时,通常有口服和灌胃两种方法。口服法适用于固体受试物或液体受试物的经口摄取,操作简单但是往往难以准确控制剂量。因此常使用灌胃技术,即用灌胃器将受试物直接灌注到动物的胃内。大、小鼠的灌胃是药理学、免疫学、生理学等多种学科的动物实验研究中最常用的受试物给予方法。

一、小鼠灌胃法

1.小鼠灌胃保定方法

左手固定小鼠,使之身体呈垂直或略向后仰,颈部拉直。

2.灌胃深度与剂量

将灌胃针(图3-1)安装在 1 mL 注射器上,吸取适量药液。小鼠胃容量

[视频学习6]
小鼠的灌胃

小,一次灌注剂量为 0.1～0.3 mL/10 g 体重。左手保定小鼠,右手持灌胃器,沿体壁外用灌胃针测量从口角至最后肋骨之间的长度,作为插入灌胃针的深度。

3.灌胃操作

灌胃针经小鼠口角插入口腔,与食管成一直线,轻轻转动灌胃针头刺激鼠的吞咽,再将灌胃针沿上腭壁缓慢插入食管 2～3 cm,当通过食管的膈肌部位时略有抵抗感。如动物正常呼吸且无异常挣扎行为,即可注入受试物。如遇阻力应抽出灌胃针重新插入。操作宜轻柔,防止损伤食管,如受试物误入气管内,动物会立即死亡。

4.小鼠灌胃技术要点

(1)动物要固定好;

(2)头部和颈部保持平展;

(3)进针方向正确;

(4)一定要沿着口角进针,再顺着食管方向插入胃内(图 3-2);

(5)进针不顺时决不可强行插入。

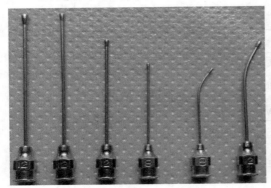

图 3-1　灌胃针外观

图 3-2　小鼠灌胃

二、大鼠灌胃法

1.大鼠灌胃保定方法

左手按徒手保定方式固定大鼠,使大鼠伸开两前肢,手掌握住大鼠背部。

2.灌胃深度与剂量

右手持灌胃器,沿体壁外用灌胃针测量从口角至最后肋骨之间长度,作为插入灌胃针的深度。将灌胃针安装在 1～2 mL 注射器上,吸取适量受试物。

[视频学习 7]
大鼠的灌胃

3.灌胃操作

将灌胃针从大鼠口角插入口腔内,然后用灌胃针压住其舌部,使口腔与食道成一直线,再将灌胃针沿上腭壁轻轻进入食道。注意,注入受试物前应先回抽注射器,无空气逆流(证明未插入气管)方可注入。大鼠一次灌胃量为 1～2 mL/100 g 体重。

4.大鼠灌胃的技术要点

(1)抓牢动物后使其头部和颈部保持一条直线。

（2）一定要沿着口角进针，再顺着食管方向插入胃内。

（3）进针不顺时决不可强行插入，否则会造成动物死亡。大鼠灌胃器可用5~10 mL的注射器接长6~8 cm、直径1~2 mm的灌胃针制成。液体受试物灌胃时，可用前端点焊成圆头的灌胃针。粉状受试物灌胃时，可用前端装有胶囊套管的灌胃针。灌胃前，先将粉状受试物装入胶囊，然后将装有受试物的胶囊塞入套管中灌胃（图3-3）。

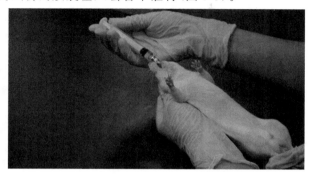

图3-3　大鼠灌胃

【实操记录与评价】

动物/物品准备			
实操内容	考核标准	操作记录	小组评价
小鼠灌胃	保定确实、头与躯干呈直线、药量合理、灌胃针插入深度正确		
大鼠灌胃	保定确实、头与躯干呈直线、药量合理、灌胃针插入深度正确		
教师指导记录			

【岗位核心素养与工匠精神评价】

考核内容	考核标准	考核结果	感想记录
学习态度	积极参与，主动学习	☆☆☆☆☆	
精益求精	反复训练，精益求精	☆☆☆☆☆	
团队协作	小组分工协作，轮流分工	☆☆☆☆☆	
沟通交流	善于沟通，分享收获	☆☆☆☆☆	
自主探究	主动思考，分析问题	☆☆☆☆☆	
动物福利	爱护动物，建立动物福利意识	☆☆☆☆☆	
无菌意识	无菌意识贯穿始终	☆☆☆☆☆	
防护意识	对自己和他人的安全防护意识	☆☆☆☆☆	

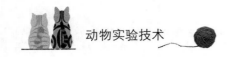

任务 2 其他动物经口给药

一、豚鼠经口给药

(一)固体药物的口服

把豚鼠置于实验台上,用左手从背部向头部握紧并保定动物,拇指和食指压迫左右口角迫使其张口。操作人员用镊子夹取固体药物,放在豚鼠舌根处,迅速闭合豚鼠口腔,观察其自行吞咽。吞咽后检查口腔内是否有药物残留。

(二)液体药物的投入

助手用左手保定豚鼠腰部和后肢,右手保定前肢。实验者将灌胃管沿豚鼠上腭壁轻轻插入食管。也可用木制开口器保持豚鼠口腔张开,然后将灌胃管经开口器中央孔插入胃内。开口器为木制、纺锤状,中央有一圆孔。

注意灌胃前要先回抽注射器,如注射器内有气泡说明灌胃管插入气道,必须拔出重插。证实回抽注射器无空气后,再慢慢注入药液。药液注入结束后再注入生理盐水 2 mL,将管内残留的药液冲出,以保证投药量的准确。

豚鼠灌胃管插入深度一般为 5 cm,一次灌胃量为 1.6～2.0 mL/100 g 体重。

二、兔灌胃技术

(一)家兔保定

徒手保定家兔灌胃需要两人合作。一种是助手就座,将家兔的后躯夹于两腿之间,左手抓住双耳和颈部皮肤固定头部,右手抓住两前肢固定前躯;另一种保定方式是将家兔固定于保定盒内。

(二)徒手保定灌胃操作

操作者将开口器横放在家兔上下颌之间,固定于舌之上,然后将 14 号导尿管经开口器中央孔,沿上腭壁慢慢插入食管 15～18 cm。在给受试物前先检验导尿管是否正确插入胃中,可将导尿管外口端放入清水杯中,有气泡逸出,应抽出重插,如无气泡逸出,证明已完全插入胃中,可注入受试物。为保证管内受试物全部进入胃内,受试物推完后再注入清水 10 mL,随后捏闭导尿管外口,抽出导尿管,取出开口器。成年家兔一次的最大灌胃剂量为 80～150 mL/只。

(三)保定盒保定灌胃

将家兔固定在木制的固定盒内,操作人员用左手虎口卡住并固定好兔嘴,右手取 14 号导尿管,由口右侧避开门齿,将导尿管慢慢插入。如插管正确,动物不挣扎。插入约 15 cm 时,已进入胃内,检查导尿管确实在食道中后,将受试物注入。

三、猫的经口给药

（一）液体药物的投入

猫的液体药物投入常用灌胃方法。猫的灌胃一般使用导尿管，配以开口器。助手保定猫，将开口器放入上、下腭之间，此时动物自然会咬住开口器，操作者用左手抓住动物咬住开口器的嘴，避免动物张口，然后右手取导尿管（14 号），由开口器中央孔插入。导尿管经口沿上腭后壁慢慢插入食管内。插时动作要轻，防止插入气管。导尿管插入后，将导尿管外端放入盛有清水的烧杯中，如有气泡则说明插入气道，应立即抽出重新插管，如无气泡，即表示已进入胃内。在导尿管口处连接装有药液的注射器，慢慢将药液灌入胃内。药液注入结束后再注入生理盐水 2 mL，将管内残留的药液冲出，以保证投药量的准确。

（二）固体药物的投入

对于较为驯服的猫可直接徒手给药。掰开猫上、下颌，用镊子将药物置于其舌根，让其自动吞咽。对反抗激烈的猫，可将药混入饲料中，让其自行吞服或配制成液体灌胃。

四、犬的经口给药

（一）液体药物的投入

可用开口器经口灌胃。犬的开口器可用木料制成长方形，长 10～15 cm，粗细应适合犬嘴，约 2～3 cm，中间钻一小孔，孔的直径为 0.5～1.0 cm。灌胃时将开口器放于动物上、下门齿之间，用绳将其固定，避免犬张口。灌胃方法同猫的操作。犬一次灌药量不能超过 200 mL，否则会引起动物恶心、呕吐。

（二）固体药物的投入

片剂、丸剂给药时常由饲养员徒手经口给药。给药时掰开上、下颌，用镊子将固体药物送入犬的舌根部，合起上、下颌，使犬咽下。投药前以水湿润口腔内部，使其容易咽下，如图3-4 所示。

图 3-4　犬固体药物口服

五、猴的经口给药

(一)液体药物的投入

液体药物在麻醉或不麻醉状态下均可进行投入。给药方法类似于犬、猫，一般经鼻和口腔插入胃管灌胃。但猴性情凶猛、力大，打开猴嘴时，需要特别注意安全。经口给药时，先压迫口角掰开猴嘴，把外径 5～7 mm 的橡皮管插入食管。经鼻给药时，托起猴下颌使其嘴紧闭，从鼻孔将外径 1.5 mm 的塑料管(涂上液状石蜡)慢慢插入食管内，特别注意不要插入气管。

(二)固体药物的投入

一般在非麻醉情况下投予片剂或胶囊。给药方法类似于狗、猫，但非麻醉情况下，需要特别注意安全。操作时，事先由助手固定好猴，实验者把左掌贴在猴的头顶部到脑后部的部位。用拇指及食指压迫猴的左右面颊，使其上、下腭的咬合处松开，然后用右手拿长镊子把固体药物送入猴的舌根部。迅速抽出镊子，把猴子下颌向上一推，使其闭上嘴，让猴自己咽下即可。

【实操记录与评价】

动物/物品准备			
实操内容	考核标准	操作记录	小组评价
家兔灌胃	保定确实、头与躯干呈直线、药量合理、胃管插入位置深度正确		
犬口服给药	保定确实、药物置于舌根、吞咽完全		
教师指导记录			

【岗位核心素养与工匠精神评价】

考核内容	考核标准	考核结果	感想记录
学习态度	积极参与,主动学习	☆☆☆☆☆	
精益求精	反复训练,精益求精	☆☆☆☆☆	
团队协作	小组分工协作,轮流分工	☆☆☆☆☆	
沟通交流	善于沟通,分享收获	☆☆☆☆☆	
自主探究	主动思考,分析问题	☆☆☆☆☆	
动物福利	爱护动物,建立动物福利意识	☆☆☆☆☆	
无菌意识	无菌意识贯穿始终	☆☆☆☆☆	
防护意识	对自己和他人的安全防护意识	☆☆☆☆☆	

任务 3 皮下、皮内、肌内注射

皮肤组织结构分为表皮层、真皮层和皮下组织(图 3-5)。表皮层位于最上层,由角质化复层鳞状上皮细胞构成,薄而透明。真皮层位于其下方,为以胶原纤维为主的致密结缔组织层,毛囊、皮脂腺、汗腺和神经末梢都位于真皮层。真皮层下为皮下组织,脂肪和毛细血管丰富。

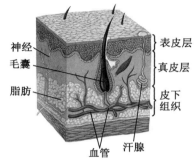

图 3-5 皮肤组织结构模式图

[视频学习 8]
小鼠的皮下注射

[视频学习 9]
犬的皮下注射

一、皮下注射

(一)注射部位

小鼠皮下注射时,通常选用颈背部的皮肤。大鼠皮下注射时,通常选择颈背部、左侧下腹部或后腿皮肤处。豚鼠皮下注射一般选择大腿内侧、背部、肩部等皮下脂肪少的部位,通常在豚鼠大腿内侧面注射。家兔的皮下注射一般选用背部和腿部皮肤。猫的皮下注射一般选用背部和腿部皮肤,有时选臀部皮肤。犬皮下注射时一般选用颈部及背部皮肤。由于猴的颈后、腰背部皮肤疏松,可选择进行皮下注射,另外其上眼睑、大腿内侧上 1/3 处及臂内侧也可以进行皮下注射。禽类皮下注射通常选取翼下部位。

(二)皮下注射操作

用酒精棉球对颈背部皮肤常规消毒,操作时用拇指和中指捏起小鼠背部皮肤,食指向下按压,形成三角形空腔,另一手持注射器,将针头斜面向上刺入三角空腔内,此时注射器针头有落空感且有游离空间,回抽注射器无回血,即可轻轻注入药液。注射后,缓慢拔出注射针,稍微用手指压一下针刺部位,以防止药液外涌,如图 3-6 所示。

图 3-6 大鼠皮下注射

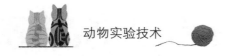

(三)技术要点与注意事项

(1)小鼠的体重较轻,体型也较小,按压在保定台上的时候,注意不要过于用力,以免造成小鼠窒息。小鼠皮下注射的剂量为 0.5～1 mL/只。

(2)皮下组织较疏松,注射时阻力较小,痛感不明显,但皮下组织血管丰富,应注意回抽注射器,确保针头没有刺入血管后方可注射。

(3)注意各种实验动物一次皮下注射药液量,如小鼠皮下一次注射量为 0.5～1.0 mL/只,大鼠、豚鼠不超过 1 mL/100 g 体重,家兔、犬、猫、猴为 1.0～3.0 mL/只,禽类可注射 0.3～0.5 mL/只。

二、皮内注射

皮内注射常用于进行各种受试物过敏试验,以观察局部反应、预防接种以及作为局部麻醉的先驱步骤。因为皮内注射后往往需要观察皮肤颜色变化,因此消毒时不应使用碘酊或碘伏。

(一)注射部位

皮内注射是将小量受试物注入表皮与真皮之间的方法,表皮与真皮之间组织密度较大,因此推注药液时阻力比较明显,注射后局部会产生明显的皮丘。小鼠、大鼠、豚鼠、家兔等常用实验动物的皮内注射常选择背部脊柱两侧的皮肤进行。

(二)注射方法

先将注射部位及其周围的被毛用弯剪剪去,然后用硫化钡或脱毛膏除毛,间隔 1 d 以后进行注射。注射时,用酒精棉球局部消毒。然后用左手将皮肤捏成皱襞,右手持注射器,使针头与皮肤成30°角刺入皮下,然后将针头向上挑起并稍刺入,即可注射。注射后,可见皮肤表面鼓起一小丘。同时因注射部位局部缺血,皮肤上的毛孔极为明显。有些雄性动物皮肤紧密,皮内注射时较雌性动物难度大,这一点,实验者应予以注意,如图3-7所示。

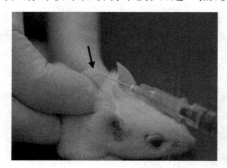

图 3-7　小鼠皮内注射

(注意观察箭头所指为皮丘形成)

[视频学习 10]

小鼠的皮内注射

[视频学习 11]

犬的皮内注射

(三)注意事项

(1)进针要浅,避免进入皮下。

(2)注射时会感到有很大的阻力,所以注入药液时要缓慢。

(3)当药液进入皮内时,可见到注射部位皮肤表面马上会鼓起,形成丘状隆起的小包,此小包如不很快消失,则证明药液注入皮内,注射准确。

(4)注射后保持2～5 min再拔出针头,否则药液会从针孔漏出。

(5)注意各种实验动物一次皮内注射药液量,如小鼠皮内一次注射量不超过0.05 mL,大鼠不超过0.1 mL,豚鼠为0.1 mL,家兔约为0.1 mL。

三、肌内注射

[视频学习12]
犬的肌内注射

(一)注射部位

因小鼠肌肉较少,故一般不做肌内注射。如实验必须做肌内注射时,选小鼠一侧后肢大腿外侧肌肉进行注射。大鼠一般也不做肌内注射,必要时,选后肢大腿内侧或外侧肌肉。豚鼠肌内注射部位一般是后肢大腿外侧肌肉。

家兔和猫的肌内注射一般选用臀部肌肉。犬的肌内注射一般选用臀部或大腿部的肌肉。猴常选用前肢肱二头肌和臀部肌肉进行肌内注射。禽类肌内注射常选取胸肌或腓肠肌注射。

(二)注射方法

操作者将实验动物臀部等注射部位被毛剪去(禽类拔去羽毛),用酒精棉球消毒后,右手持注射器,使注射针头与肌肉呈60°角一次性刺入肌肉中。注射之前,要先回抽注射器,无回血方可注入。

(三)注意事项

(1)在选用大腿肌肉和臀部肌内注射时应避免伤及坐骨神经,否则会导致后肢瘫痪。

(2)为防止受试物进入血管,在注入受试物之前应回抽针栓,如无回血,则可注射。

(3)注射完毕后,可用手轻轻按摩注射部位,帮助受试物吸收。

(4)进针时要用腕力迅速刺入肌肉,以减少动物的疼痛。

(5)注意各种实验动物一次肌内注射剂量,如小鼠一次注射剂量不超过0.1 mL,大鼠、豚鼠一次注射剂量不超过0.5 mL,家兔、猫、犬、猴一个部位一次注射剂量不超过2.0 mL。

(四)针头折断的原因与处置

针头折断常见于肌内注射时,主要是由于用力不当或将针全长刺入组织内,刺针时动物骚动,肌肉强烈收缩,以及针头原有损伤未经查出等。

折断的针头如位置较浅在,应立即用镊子或止血钳夹取;如位置较深,则应保持动物安静,实施局部麻醉或镇静后,切开局部皮肤和肌肉取出。如由于肌肉强烈收缩,或夹取不当,造成断针游走,不易寻找时,可应用X线检查定位,再以手术切开方法取出。

【实操记录与评价】

1. 皮下注射

动物/物品准备			
实操内容	考核标准	操作记录	小组评价
小鼠皮下注射	注射部位、刺入位置准确,体会皮肤质地与厚度		
大鼠皮下注射	注射部位、刺入位置准确,体会皮肤质地与厚度		
家兔皮下注射	注射部位、刺入位置准确,体会皮肤质地与厚度		
教师指导记录			

2. 皮内注射

动物/物品准备			
实操内容	考核标准	操作记录	小组评价
小鼠皮内注射	注射部位、刺入位置准确,体会注入阻力,观察皮丘形成		
大鼠皮下注射	注射部位、刺入位置准确,体会注入阻力,观察皮丘形成		
家兔皮下注射	注射部位、刺入位置准确,体会注入阻力,观察皮丘形成		
教师指导记录			

3. 肌内注射

动物/物品准备			
实操内容	考核标准	操作记录	小组评价
小/大鼠肌内注射	注射部位、刺入角度准确,回抽无血		
家兔肌内注射	注射部位、刺入角度准确,回抽无血		
教师指导记录			

【岗位核心素养与工匠精神评价】

考核内容	考核标准	考核结果	感想记录
学习态度	积极参与,主动学习	☆☆☆☆☆	
精益求精	反复训练,精益求精	☆☆☆☆☆	
团队协作	小组分工协作,轮流分工	☆☆☆☆☆	
沟通交流	善于沟通,分享收获	☆☆☆☆☆	
自主探究	主动思考,分析问题	☆☆☆☆☆	
动物福利	爱护动物,建立动物福利意识	☆☆☆☆☆	
无菌意识	无菌意识贯穿始终	☆☆☆☆☆	
防护意识	对自己和他人的安全防护意识	☆☆☆☆☆	

任务 4　腹 腔 注 射

在动物实验中,有些动物个体太小,不适合肌内注射或静脉注射,或者这两种途径的注射剂量有限;有些危重病例发生了循环障碍,静脉注射十分困难,腹膜的吸收速度很快,且可以大剂量注射,在这些情况下,一般对动物采取腹腔注射。

腹腔内有很多组织脏器,在腹腔注射时为了避免刺伤重要脏器(如肝脏、脾脏等)应选择腹腔中下部,并采用头低脚高的体位保定动物,这样腹腔内的脏器会因重力向膈肌方向移动,扩大腹腔中下部空间。

一、大、小鼠腹腔注射

(一)注射部位

小鼠在腹部两侧,大鼠在下腹两则。

(二)保定方法

大、小鼠的腹腔注射时,先固定好动物。保定小鼠时,用左手拇指和食指紧紧抓住颈背部两耳之间的松弛皮肤,手掌成杯状握鼠背,使得腹部皮肤伸展,同时用小指压住尾根。

保定大鼠时,用左手的大拇指、食指和中指从大鼠的前肢和头部后面抓住大鼠,既要紧又要轻柔,同时用身体抵住大鼠的两后肢使之固定,使腹部向上并伸展。

注射时,应使动物头部略低,腹部抬高(为避免刺破内脏,可将动物头部放低,尾部提高,使脏器移向膈肌处)。

[视频学习 13]
小鼠腹腔注射

[视频学习 14]
大鼠腹腔注射

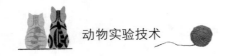
(三)注射方法

左手保定好动物,右手将注射器的针头(5 号)刺入皮肤。进针部位是距离下腹部腹中线稍向左或右 1 cm 的位置。针头先到达皮下,继续向前进针 3～5 mm,再以 45°角刺入腹肌,针尖通过腹肌后有突破感,抵抗力消失,回抽无血、无肠内容物。固定针尖,缓缓注入受试物。每次给小鼠、大鼠注射量应为 0.1～0.2 mL/10 g 体重,如图 3-8、图 3-9 所示。

图 3-8　小鼠腹腔注射

图 3-9　大鼠腹腔注射

二、豚鼠的腹腔注射方法

先固定好豚鼠使其仰卧固定并伸展,右手持注射器(带有 5 号针头)将针头刺入皮肤。从下腹部腹中线稍偏左或右处进针。针头到达皮下后,再向前进针 5～10 mm,以 45°角刺入腹腔,针尖通过腹肌后抵抗力消失。固定针尖不动,缓缓注入受试物。为避免刺破内脏,可将动物头部稍低,使脏器移向头部方向。豚鼠的一次注射量不超过 4 mL。

三、家兔的腹腔注射方法

家兔进行腹腔注射时,让助手固定好家兔,使其腹部朝上、头低腹高。操作者去毛并用酒精棉球消毒注射部位,右手将注射针(5 号)在距家兔后腹部的腹白线左侧或右侧 1 cm 处刺入皮下,然后再使针头向前推进 5～10 mm,以 45°角穿过腹肌,固定针头,缓缓注入受试物。

四、猫的腹腔注射方法

猫的腹腔注射部位同家兔。让助手抓住并固定动物,使其腹部向上、头向下,在后腹部约

1/3处腹中线略靠外侧(避开肝和膀胱)将注射针头(5号)刺入腹腔,然后将针筒回抽,观察是否插入脏器或血管,确定已插入腹腔后,固定针头,进行注射。

五、犬的腹腔注射方法

进行犬腹腔注射时,让助手抓住动物,使其前躯侧卧,后躯仰卧,将两前肢系在一起,两后肢分别向后外方转位,充分暴露注射部位,保定好头部。注射部位为脐和骨盆前缘连线的中间点,腹白线左侧或右侧边1～2 cm处。注射时,局部消毒,将注射针头(5号)垂直刺入皮肤,依次穿透腹肌及腹膜,当针头刺破腹膜时,顿觉无阻力,有落空感。回抽针栓观察是否插入脏器或血管,针头内无气泡及血液流出,也无脏器内容物溢出,在准确判定已插入腹腔时,可固定针头,进行注射。腹腔注射时的受试物必须加温至37～38 ℃,不然温度过低会刺激肠管,引起痉挛性腹痛。为利于吸收,注射的受试物一般选用等渗或低渗液。如发现膀胱内积尿时,应轻压腹部,促其排尿,待排空后再注射。犬一次可注入200～1 500 mL。

六、猪的腹腔注射方法

猪的腹腔注射通常选取自脐孔至两腰角所画出的三角区内,距腹白线左或右4～5 cm的部位进针。注射时,注意不要伤及内脏。

【实操记录与评价】

腹腔注射实操记录

动物/物品准备			
实操内容	考核标准	操作记录	小组评价
小、大鼠腹腔注射	保定体位、注射部位、刺入角度准确,回抽无血		
家兔腹腔注射	保定体位、注射部位、刺入角度准确,回抽无血		
教师指导记录			

【岗位核心素养与工匠精神评价】

考核内容	考核标准	考核结果	感想记录
学习态度	积极参与,主动学习	☆☆☆☆☆	
精益求精	反复训练,精益求精	☆☆☆☆☆	
团队协作	小组分工协作,轮流分工	☆☆☆☆☆	
沟通交流	善于沟通,分享收获	☆☆☆☆☆	
自主探究	主动思考,分析问题	☆☆☆☆☆	
动物福利	爱护动物,建立动物福利意识	☆☆☆☆☆	
无菌意识	无菌意识贯穿始终	☆☆☆☆☆	
防护意识	对自己和他人的安全防护意识	☆☆☆☆☆	

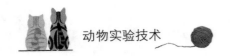

任务 5　静脉注射

一、尾静脉注射

大鼠、小鼠尾部皮肤被毛少,皮肤透明,静脉浅表,常用来静脉注射。尾静脉解剖位置如图 3-10 所示。

图 3-10　大鼠、小鼠尾部血管分布模式图

[视频学习 15]
小鼠的静脉注射

(一)小鼠尾静脉注射

小鼠的静脉注射一般采用尾部静脉注射法,小鼠尾部血管在背腹侧及左右侧均有集中分布,通常左右两侧的尾静脉是最常选取的注射部位,尾部两侧的尾静脉比较容易固定。

操作时先将小鼠固定在固定器内,使尾巴暴露,可以用酒精反复擦拭尾部皮肤使血管扩张,或用 45~50 ℃ 温水浸泡半分钟,达到软化角质、扩张血管的作用。

将小鼠尾部向左或向右捻转 90°,使一侧尾静脉朝上,用左手的食指和中指夹住尾根部,使静脉充盈,然后用拇指和无名指托起尾巴并拉直,右手持注射器,将针头斜面向上,针头与尾静脉平行或小于 30°角刺入静脉,此时可见注射器内回血,证明针头在静脉内,然后缓慢地注入药液,注入前松开夹住尾根的手指。药液注入时可见尾静脉颜色变浅,拔出针头将尾部向针眼方向弯折,挤压达到止血的目的。

实验中如需反复注射,应尽量从尾巴末端开始,然后逐渐向尾根的方向移动注射。

(1)注射部位　为大小鼠尾静脉下 1/4 处,此处皮肤较薄,易于进针。鼠尾静脉有 3 根,尾部背侧 1 根,尾部两侧各 1 根。尾部两侧的静脉比较容易固定。多在此处取血。

(2)注射方法　先将大小鼠置于固定器中,左手捏住尾部,用酒精擦拭尾部皮肤,或用 45~50 ℃ 温水浸润鼠尾,使之表皮软化,血管扩张。然后用左手拇指和食指捏住鼠尾两侧,使尾静脉充血,同时用中指从下托起鼠尾,用无名指和小指夹住鼠尾的末梢,右手持注射器从尾下 1/4 处平行角度刺入尾静脉,回抽有血即可注射,如图 3-11 所示。

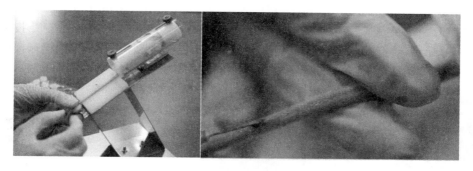

图 3-11　小鼠尾静脉注射（注意右图所示穿刺角度与位置）

（二）大鼠尾静脉注射

大鼠的尾静脉注射与小鼠的情况类似，在尾部背腹两侧及左右均有血管分布。因为每侧都有由动、静脉组成的伴型的血管通过，其中四根十分明显，背腹部各有一根较粗的动脉，左右两侧各有一根尾静脉，两侧的尾静脉比较容易固定，因此大鼠的尾静脉注射通常选用两侧的尾静脉。

大鼠尾部皮肤通常呈鳞片状角质化，所以将大鼠保定时可先用酒精棉球反复擦拭大鼠的尾部皮肤使血管扩张，并软化表皮角质。然后将尾部向左或者是右捻转，用食指和中指夹住尾根部的静脉近心端，使尾部静脉扩张，用拇指和无名指拉紧尾尖，使尾部拉直。然后左手持注射器，使针头与静脉平行，针尖斜面向上小于 30°角刺入皮肤，如图 3-12 所示。

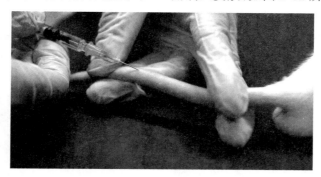

图 3-12　大鼠尾静脉注射

注意：大鼠通常选用尾下 1/5 部进针。刺入静脉后回抽可见回血，证明注射器针头在静脉内，这个时候就可以缓慢的推注药液，推注药液的时，压紧静脉的食指和中指略放松。注射完毕后将鼠的尾部向注射点的方向弯曲、挤压，达到止血的目的。大鼠的尾静脉注射一次剂量为每 100 g 体重 0.5～1 mL，推进速度通常为每秒 0.05～0.1 mL。当需要反复进行尾静脉注射时，应尽可能从尾的远心端开始，逐渐向尾的近心端方向移动。

二、大鼠舌下静脉注射

大鼠的舌下静脉较粗大，常可用于受试物的给药，注射时先将大鼠麻醉，仰卧保定，用细绳扣住门齿以固定大鼠头部并迫使大鼠张口。

用包裹棉花或纱布的镊子牵拉出大鼠的舌头,在舌面下垫一小块纱布,找到舌下静脉,注射器针眼向上平行向心刺入静脉,透过静脉壁直视针尖进入静脉内后,进行注射。拔出针头后以合适大小的干棉球填塞在舌下止血。口腔黏膜湿润,止血时间应延长,用干棉球按压注射部位进行止血,适当增加按压时间,达到止血的目的,如图 3-13 所示。

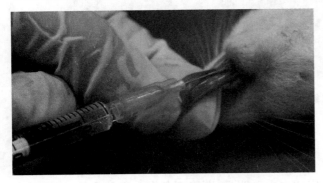

图 3-13　大鼠舌下静脉注射

[视频学习 16]
兔的静脉注射

三、家兔耳缘静脉注射

家兔耳郭血管浅表,被毛较少,易固定(图 3-14)。助手保定家兔头部,操作者将注射部位的毛拔去,用 75%酒精棉球消毒注射部位。用左手食指和中指夹住耳缘静脉近心端,使静脉充盈,拇指和无名指小指捏住静脉远心端并将耳郭绷紧拉平。右手持注射器(6 号针头),从静脉远心端刺入血管。此时可见注射器针头后方回血,回抽血液进入注射器说明针头在血管中,然后轻轻推注药液,推注时应无阻力,且可见静脉颜色变浅,周围皮肤不会隆起发白。如发现周围皮肤隆起发白说明药液注入到了皮下,应立即停止注射,重新进行静脉穿刺。拔出针头后要用无菌干棉球压迫针眼数分钟止血,如图 3-15 所示。

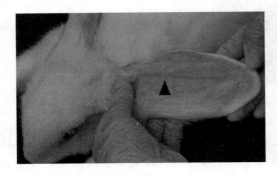

图 3-14　兔耳郭血管

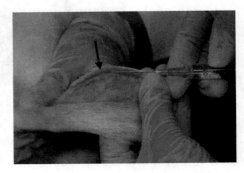

图 3-15　兔耳缘静脉注射

(三角所指为耳中动脉,箭头所指为耳缘静脉)

四、犬静脉注射

(一)犬前肢的头静脉注射

犬的静脉注射部位常用的有前肢内侧的头静脉,该静脉位于前肢内侧皮下,靠前肢内侧外沿行走。比格犬的前臂较直,静脉的走向也比较直、比较好固定。所以一般做静脉注射或采血时,前肢的头静脉是最常用的。

1. 注射部位

首先将前肢被毛去除,然后用酒精、碘伏按常规的消毒方法备皮消毒。用止血带扎住静脉近心端,触摸感知前肢头静脉的走向和深度,拉紧前肢皮肤,固定静脉,避免静脉在皮下刺入时静脉在皮下滑动。

2. 注射方法

在刺入的时候,注射器的进针方向要和血管的走向一致。注射剂的针头斜面向上,呈 30°角刺入皮下。当看到回血后放平注射器针头角度,减小刺入角度,打开止血带将药液缓缓注入静脉,用无菌棉签按压 2～5 min 进行止血,如图 3-16 所示。

[视频学习 17]
犬的静脉注射

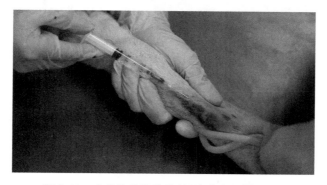

图 3-16　犬前肢头静脉注射(注意止血带位置)

(二)犬后肢隐静脉注射

后肢外侧小隐静脉注射。此静脉位于后肢腰部下 1/3 的外侧浅表皮下,由前侧方向后行走,是犬静脉内注射较常用的部位。操作时由助手将犬侧卧保定,剪去注射部位被毛,于股部绑扎止血带或由助手握紧股部,阻止血液回流可见此静脉,针头先向血管旁皮下刺入,再平行于血管刺入静脉,见回血则放松对静脉近心端的压迫,并使针尖顺血管推进少许,固定好针头,注入药物。因该静脉浅表易滑,应妥善固定,且针头不可刺入过深,如图 3-17、图 3-18 所示。

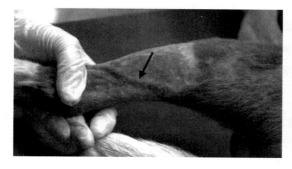

图 3-17　犬后肢小隐静脉(箭头所指)

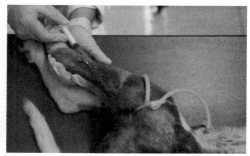

图 3-18　犬后肢小隐静脉注射

（三）犬颈静脉注射

犬的颈静脉比较粗大，位于颈部两侧的颈静脉沟中，犬颈静脉注射时不需要麻醉，助手可将犬进行侧卧保定，去除颈部被毛，并常规消毒，助手将犬颈部拉直，头部尽量后仰，采血者用左手拇指压住颈静脉入胸部位的皮肤，使颈静脉充盈，右手持注射器，针头平行血管方向向头侧刺入血管。注射器刺入静脉后可见回血，将注射器角度减小，水平向静脉内再穿刺入 2～3 mm，回抽可见血液，证明针头还在血管内，然后松开止血带并缓缓注入药液，如图 3-19 所示。

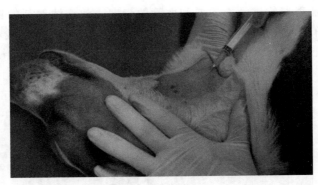

图 3-19　犬颈静脉注射

五、注射的并发症及其预防处理

注射法操作虽然简单，容易掌握，但是注射中如果马虎行事，也容易发生药液外漏、血管栓塞、针头折断、局部感染化脓等并发症。

（一）药液外漏

血管内注射时，如果针头刺入血管内就注射，或者针头刺入太浅、动物骚动造成针头脱出等，均可造成药液外漏。一般无刺激性的药液少量漏于皮下，机体可以吸收。如是水合氯醛、氯化钙、高渗盐水等强刺激性药液漏于皮下，不及时处理，可造成组织发炎、化脓、坏死。

进行血管内注射时，一定要确定刺入血管内后再注射药液。如发现药液外漏，应立即停止注射。若是强刺激性药液少量漏于皮下，可实行局部热敷，促其吸收。大动物可从另一侧静脉采 10～20 mL 血液，注于患部皮下。自体血液有缓解疼痛、消炎的作用。如果大量强刺激性药液外漏，应立即在注射部剪毛、剃毛、消毒后，平行静脉切开皮肤，而后用高渗液引流。

（二）血管栓塞

血管栓塞是由于将空气与药液一起大量注入血管内而造成的。血管栓塞发生于重要器官，如脑、心脏时，可引起动物迅速死亡，因此，在进行血管内注射时，一定要将注射器或注射胶管中的空气排净，油类制剂不能进行血管内注射。

（三）感染化脓

注射部位的感染化脓，主要是由于消毒不严格、误用刺激性药液进行肌内注射、注射部位选择不当、动物啃咬等。

　　注射部位感染,尤其是厌氧菌感染是非常危险的并发症。因此,严格无菌操作,仔细检查注射的药液,是预防感染化脓的关键。一旦感染,应给予抗生素治疗,局部要及时切开,以排出脓汁和坏死组织。

【实操记录与评价】

1.尾静脉注射

动物/物品准备			
实操内容	考核标准	操作记录	小组评价
小鼠尾静脉注射	保定确实、穿刺位置和深度正确,注射成功		
大鼠尾静脉注射	保定确实、穿刺位置和深度正确,注射成功		
教师指导记录			

2.大鼠舌下静脉注射

动物/物品准备			
实操内容	考核标准	操作记录	小组评价
舌下静脉注射	保定确实、舌下静脉位置准确、穿刺角度深度正确,注射成功、止血正确		
教师指导记录			

3.兔耳缘静脉注射

动物/物品准备			
实操内容	考核标准	操作记录	小组评价
兔耳缘静脉注射	保定确实、耳郭拉平、消毒正确、穿刺角度深度正确,注射成功、止血正确		
教师指导记录			

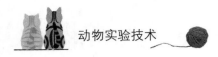

4.犬静脉注射

动物/物品准备			
实操内容	考核标准	操作记录	小组评价
前肢头静脉注射	保定确实、扎止血带正确、消毒正确、穿刺角度深度正确,注射成功、止血正确		
后肢隐静脉注射	保定确实、扎止血带正确、消毒正确、穿刺角度深度正确,注射成功、止血正确		
颈静脉注射	保定体位正确、消毒正确、穿刺角度深度正确,注射成功、止血正确		
教师指导记录			

【岗位核心素养与工匠精神评价】

考核内容	考核标准	考核结果	感想记录
学习态度	积极参与,主动学习	☆☆☆☆☆	
精益求精	反复训练,精益求精	☆☆☆☆☆	
团队协作	小组分工协作,轮流分工	☆☆☆☆☆	
沟通交流	善于沟通、分享收获	☆☆☆☆☆	
自主探究	主动思考,分析问题	☆☆☆☆☆	
动物福利	爱护动物,建立动物福利意识	☆☆☆☆☆	
无菌意识	无菌意识贯穿始终	☆☆☆☆☆	
防护意识	对自己和他人的安全防护意识	☆☆☆☆☆	

任务6 椎管内注射

椎管内注射就是将药物注射入硬膜外间隙或蛛网膜下腔的技术。通常用于麻醉或镇痛药物的给药。其中硬膜外腔注射安全性更好,更常被采用。椎管注射常用部位是最后椎与第一荐椎的间隙。触摸时最后腰椎棘突和第一荐椎棘突之间有一明显凹陷,皮肤下可触及棘上韧带。解剖位置如图 3-20 和图 3-21 所示。

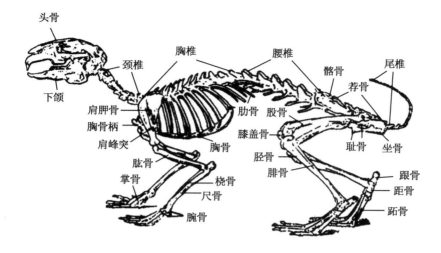

图 3-20　家兔骨骼图

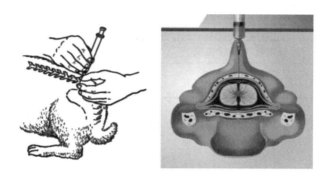

图 3-21　硬膜外腔注射示意图

（左图为解剖位置,右图为椎管示意图）

一、家兔椎管内注射

将家兔麻醉后摆成自然俯卧式,尽量使其尾向腹侧屈曲。用剪毛剪剪去第七腰椎周围被毛并用 3% 碘酊消毒。干燥后再用 75% 乙醇将碘酊擦去(操作者的手也应消毒)。用腰椎穿刺针头(6 号注射针)插入第七腰椎间隙(第七腰椎与第一荐椎之间)。当针头到达椎管内时(蛛网膜下隙),可见到兔的后肢颤动,即证明穿刺针头已进入椎管。这时不要再向下刺,以免损伤脊髓。若没有刺中,不必拔出针头,以针尖不离脊柱中线为原则,将针头稍稍拔出一点,换个方向再刺,当证实针头在椎管内,固定针头,将药液注入。一般注射量为 0.5~1.0 mL/只。

二、小脑延髓池注射

将犬麻醉后使其头部尽量向胸部屈曲,左手触摸到第 1 颈椎上方凹陷即枕骨大孔为穿刺点持连接注射器的穿刺针(7 号针头,将针尖磨钝)由凹陷正中平行于犬嘴方向刺入(图 3-22),

深度＜2 cm,进入延髓池后可感到针头无阻力,且可听见轻微的"咔嚓"声,注射器内可见清亮的脑脊液回流,先按注入药物的体积抽出相当体积的脑脊液,以保持脑脊髓腔内原有的压力,一般抽出 2～3 mL,然后注入药液,如图 3-22 所示。

图 3-22　犬小脑延髓池注射位置

【实操记录与评价】

1. 椎管注射

动物/物品准备			
实操内容	考核标准	操作记录	小组评价
骨骼名称填图	名称正确,椎管注射位置标记正确(在图 3-23 中填写)		
椎管注射	保定正确(屈曲腰椎)		
	备皮消毒位置正确		
	穿刺位置正确(正中)		
	穿刺深度正确		
	脑脊液压力保持正确		
教师指导记录			

在图 3-23 中填写划线部位骨骼名称,并标记椎管给药常用位置。

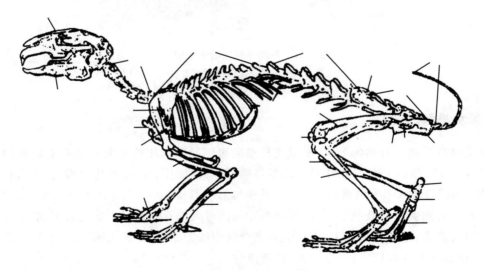

图 3-23　家兔骨骼名称填充图

2.小脑延髓池注射

动物/物品准备			
实操内容	考核标准	操作记录	小组评价
小脑延髓池注射	备皮消毒正确		
	穿刺位置准确		
	脑脊液压力保持正确		
教师指导记录			

【岗位核心素养与工匠精神评价】

考核内容	考核标准	考核结果	感想记录
学习态度	积极参与,主动学习	☆☆☆☆☆	
精益求精	反复训练,精益求精	☆☆☆☆☆	
团队协作	小组分工协作,轮流分工	☆☆☆☆☆	
沟通交流	善于沟通、分享收获	☆☆☆☆☆	
自主探究	主动思考,分析问题	☆☆☆☆☆	
动物福利	爱护动物,建立动物福利意识	☆☆☆☆☆	
无菌意识	无菌意识贯穿始终	☆☆☆☆☆	
防护意识	对自己和他人的安全防护意识	☆☆☆☆☆	

任务7 关节内注射

关节腔内注射药物是治疗骨、关节疾病临床常用的一种治疗方法。例如,应用玻璃酸钠注射液进行关节腔内注射治疗骨性关节炎;应用链霉素关节腔内注射治疗结核性关节炎等等。但是,能否掌握正确的关节腔内注射技术,是保证药物疗效、缓解症状的关键。

膝关节的关节腔体积较大,因而也是临床上常用的进行关节腔抽吸和注射治疗的关节。膝关节腔注射通常采用髌上注射和髌下注射两种入路。

家兔做关节腔内注射时,将家兔麻醉后仰卧位固定于兔固定台上。剪去关节部位被毛,消毒后用左手从下方和两旁将关节固定,在髌韧带附着点外上方约0.5 cm处进针。针头从前上方向后下方倾斜刺进,直至针头遇阻力变小为止,然后针头稍后退,以垂直方向推到关节腔中。针头进入关节腔时,通常有类似刺破薄膜的感觉,表示针头已进入关节腔内,即可注入药物,如图3-24所示。

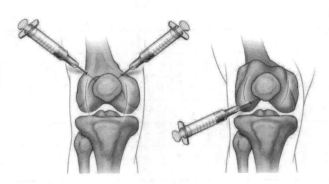

图 3-24 髌上注射（左）和髌下注射（右）两种入路示意图

【实操记录与评价】

1.关节内注射

动物/物品准备			
实操内容	考核标准	操作记录	小组评价
髌骨保定	保定确实、备皮消毒正确		
关节腔注射	髌骨上方注射位置准确		
	髌骨下方注射位置正确		
教师指导记录			

【岗位核心素养与工匠精神评价】

考核内容	考核标准	考核结果	感想记录
学习态度	积极参与,主动学习	☆☆☆☆☆	
精益求精	反复训练,精益求精	☆☆☆☆☆	
团队协作	小组分工协作,轮流分工	☆☆☆☆☆	
沟通交流	善于沟通、分享收获	☆☆☆☆☆	
自主探究	主动思考,分析问题	☆☆☆☆☆	
动物福利	爱护动物,建立动物福利意识	☆☆☆☆☆	
无菌意识	无菌意识贯穿始终	☆☆☆☆☆	
防护意识	对自己和他人的安全防护意识	☆☆☆☆☆	

任务 8　其他给药方法

一、眼部给药

(一)角膜给药

由助手抓住豚鼠,在其左眼角滴入麻醉剂(一般使用 2% 盐酸可卡因)。5 min 后,助手将已麻醉的豚鼠平卧桌面,左眼向上,头部面对操作者,固定好动物。操作者手持注射器,针头由眼角巩膜连接处的眼球顶部斜刺入,用力刺入约 3 mm 深后,暂停(由于眼球的转动,角膜可能转到下眼睑内)。待眼球恢复原位后,再用力刺入,达到实验要求的深度后缓缓推注药液。一次注入量为 5 μL。若针头刺入正确,注入的药液应在角膜上形成直径 2～3 mm 的浑浊。拔出针头后不需做任何处理。

(二)眼结膜给药

常用于家兔和雏鸡。家兔点眼法进行药物刺激性实验的操作步骤是:将药液生理盐水各 0.05～0.1 mL,分别滴入左右眼结膜囊内(或注入眼球结膜下),观察结膜有无充血、水肿、眼分泌物增多、能否恢复等情况。给雏鸡点眼则常用于接种鸡的一些疫苗,具体方法是左手轻握鸡体,其食指与拇指固定住小鸡的头部,右手吸取药液,滴入鸡的眼睛。当该方法用于评价治疗眼疾药物时,常用大小鼠、家兔或犬进行实验,每次每侧眼睛滴 1～2 滴。滴眼给药时,药瓶或滴管的尖端不要触及实验动物眼睛,以免引起不适或造成创伤。

二、脚掌内注射

脚掌内注射即向动物脚掌皮下注射,常用于接种。要注意脚掌内注射液中不能使用弗氏完全佐剂,否则会造成脚掌肿胀、溃烂坏死。以豚鼠为例,脚掌内注射操作要点如下:

助手保定豚鼠,由跗关节处捏住豚鼠一侧后肢,使脚掌向上,洗净脚掌,特别是脚趾间,消毒脚掌和脚趾间,用 7 号针头注射器刺入脚掌皮下,注入药物。

三、直肠给药

灌肠即直肠内给药,多用于观察药物对直肠黏膜的刺激性。

(1)操作要点　由助手保定兔使其蹲卧于实验台,将兔头部和前肢夹于腋下,一手拉起兔尾,露出肛门,用另一手握住兔后肢,操作者在灌肠管头部涂液状石蜡,将灌肠管由肛门插入,深 7～9 cm,灌肠管外端接上注射器注入药物,给药后适量用生理盐水将管内残留药物冲入直肠,且在肛门内保留片刻后拔出。

(2)灌肠器械　14 号导尿管或灌肠用胶皮管。

四、淋巴结内注射

(1)操作要点　由助手保定豚鼠将其后肢翻向背侧,操作者一手将后肢膝关节握于手掌内,在膝关节背侧弯曲窝内,用拇指和食指触摸固定腘窝淋巴结,消毒注射部位皮肤后针头直接刺入淋巴结,当药液注入时固定淋巴结的拇指和食指可感觉到淋巴结肿胀。

(2)注射器械　6 号针头,0.25～1 mL 注射器。

【实操记录与评价】

1.淋巴结注射

动物/物品准备			
实操内容	考核标准	操作记录	小组评价
腘淋巴结注射	保定确实、备皮消毒正确		
	腘淋巴结位置准确		
教师指导记录			

2.脚掌内注射

动物/物品准备			
实操内容	考核标准	操作记录	小组评价
豚鼠脚掌内注射	保定确实、脚掌消毒正确		
	刺入位置准确		
教师指导记录			

3.直肠给药

动物/物品准备			
实操内容	考核标准	操作记录	小组评价
家兔灌肠	保定确实		
	灌肠管正确注入		
教师指导记录			

【岗位核心素养与工匠精神评价】

考核内容	考核标准	考核结果	感想记录
学习态度	积极参与,主动学习	☆☆☆☆☆	
精益求精	反复训练,精益求精	☆☆☆☆☆	
团队协作	小组分工协作,轮流分工	☆☆☆☆☆	
沟通交流	善于沟通,分享收获	☆☆☆☆☆	
自主探究	主动思考,分析问题	☆☆☆☆☆	
动物福利	爱护动物,建立动物福利意识	☆☆☆☆☆	
无菌意识	无菌意识贯穿始终	☆☆☆☆☆	
防护意识	对自己和他人的安全防护意识	☆☆☆☆☆	

项目四

动物的麻醉与镇痛技术

【知识目标】

项目四	内容	知识点	技能要求	自评
任务 1	全身麻醉	常用吸入全麻药物	熟悉	□
		非吸入全麻药物种类与给药方法	熟悉	□
任务 2	局部麻醉	常用局麻药物	熟悉	□
		给药方法	熟悉	□
		浸润麻醉方法	掌握	□
		硬膜外麻醉方法	掌握	□
任务 3	麻醉苏醒与护理	麻醉风险	熟悉	□
		麻醉意外的抢救	熟悉	□
任务 4	镇痛	疼痛评价方法	熟悉	□
		常用镇痛药物	熟悉	□

【技能目标】

项目四	内容	知识点	技能要求	自评
任务 1	全身麻醉	气管插管技术	熟悉	□
任务 2	局部麻醉	浸润麻醉方法	熟悉	□
		硬膜外麻醉方法	熟悉	□
任务 3	麻醉苏醒与护理	麻醉意外的抢救方法	熟悉	□

自评:在学习过程中,学生可以按照学习要求在已经掌握的知识点"□"上打"√"。

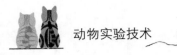

动物实验技术

【素质目标】

目标内容	素质要求	自评
劳动精神	对待工作一丝不苟,反复磨炼技能	☐
团队协作	小组内分工协作,各岗位轮训	☐
沟通交流	培养沟通能力,乐于分享收获	☐
自主探究	培养主动思考、发现问题、分析问题的能力	☐
动物福利	培养保护动物福利意识	☐
无菌素养	操作中无菌意识贯穿始终	☐
安全防护意识	培养注意安全防护的工作素养	☐

任务 1　全身麻醉

麻醉是指用药物或非药物方法使机体或机体一部分暂时失去感觉,以达到无痛的目的,多用于手术或某些疾病的治疗。实验动物麻醉作为保证实施手术操作成功及完成科研项目全过程数据收集的关键环节,是临床手术及科研项目研究过程中必不可少的。

近代麻醉学始于 1846 年。美国波士顿麻省总医院 William Morton 医师将乙醚首次成功地用于临床麻醉,开创了近代麻醉学的新纪元,并促进了外科、妇产科等手术学科的发展。经历了 150 多年的沧桑巨变,麻醉学已经发展为一门具有扎实基础理论和丰富临床实践经验的现代新兴学科。

我国麻醉学起步较晚,仅有 50 多年的历史,从 20 世纪五六十年代起步,经历了 80 年代的发展,至 90 年代学科水平已有明显提高。在几代人的努力下,我国麻醉学已在医学教研方面取得了巨大成就。1989 年 1 月,卫生部 12 号文件将麻醉学确定为二级临床学科,促进了学科的迅速发展,有些医院麻醉科在仪器设备、医疗水平和人才培养方面已逐步接近发达国家的水平。当代麻醉学包括临床麻醉、急救复苏、重症监测和疼痛治疗四大部分,随着电子科技和计算机技术的发展与应用,以及相关学科如药理学、生理学、免疫学、分子生物学和外科手术技术的进步,麻醉学已有许多重大变革,如智能麻醉机、高级呼吸机、全能监护仪、新型静脉麻醉药物、可控性麻醉药物给予技术、信息化管理系统等正不断投入临床使用,提高了麻醉质量,保障了病人安全。

对实验动物进行麻醉的目的是,消除实验过程中引起的痛苦和不适,确保实验动物和操作人员的安全及动物实验的顺利进行,只有这样研究的结果才是准确、可靠的。麻醉在实验动物研究中也在不断推广应用,已经在犬、猴、兔等多种常用实验动物中使用,并针对不同的品种、日龄、生理状态和实验目的摸索出了一套可靠、实用的麻醉方法。

一、全身麻醉

全身麻醉是利用麻醉药物对中枢神经系统产生暂时的抑制作用,使动物丧失意识而不感疼痛,但是仍保持延髓(呼吸、心血管运动中枢)和平滑肌组织的功能。这种麻醉称为全身麻醉。

根据麻醉药物进入体内的途径不同,全身麻醉又可分为吸入性麻醉和非吸入性麻醉。

(一)吸入性全身麻醉药物及给药方法

吸入性麻醉是将挥发性液体麻醉药或气体麻醉药经呼吸道吸入体内,从而产生麻醉作用的方法。常见的药物有安氟醚、异氟醚、氧化亚氮等。吸入性麻醉药的特点是安全范围大,肌肉能完全松弛,对肝和肾的毒性较小,麻醉的诱导期和苏醒期较短,麻醉深度易于掌握,而且麻醉后恢复比较快。吸入性麻醉剂必须使用带有挥发罐的麻醉机给药(图4-1、图4-2)。

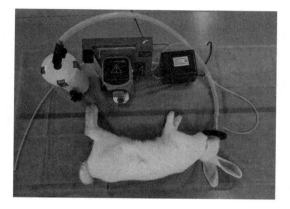

图 4-1 兔吸入麻醉

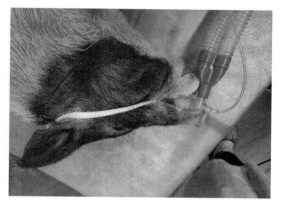

图 4-2 小型猪气管插管

1.安氟醚

安氟醚为无色透明液体,无明显刺激性气味,化学性质稳定,遇空气、紫外线、碱石灰不分解,对金属、橡胶无腐蚀作用。临床使用浓度下不燃、不爆。常用浓度为0.5%～2%,麻醉诱导的短时间内可达4%。安氟醚全麻效能高,强度中等;对中枢神经系统的抑制与剂量有关;对循环系统有抑制作用;对呼吸道无明显刺激,不增加气道分泌,可扩张支气管,较少引起咳嗽、喉痉挛;对呼吸有明显的抑制作用,强于其他吸入性麻醉剂。不良反应:安氟醚对呼吸、循环的抑制作用较强,应控制吸入浓度,防止麻醉过深;可轻度抑制肾功能。

2.异氟醚

异氟醚是安氟醚的同分异构体,理化性质与安氟醚相似,但在任何温度下的蒸气压均高于安氟醚。化学性质非常稳定,临床使用浓度下不燃、不爆,暴露于日光或与碱石灰接触也不分解,不腐蚀金属,有轻微刺激气味。常用浓度为0.5%～1.5%,麻醉诱导时可达3%。优点是对循环影响小,毒性低;除镇痛作用较差、价格昂贵外,对肝脏、肾脏等实质器官功能影响小,适用性很强。不良反应:不良反应少而轻,但过量仍可引起呼吸、循环衰竭;对呼吸道有一定的刺激性,诱导期可有咳嗽、屏气。图4-3为异氟醚呼吸麻醉机。

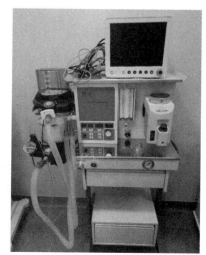

图 4-3 异氟醚呼吸麻醉机

3.氧化亚氮

氧化亚氮俗名笑气,为无色、带有甜味、无刺激性的气体,常温常压下为气态,通常在高压下为液态,贮于钢瓶中以便运输。无燃烧性,化学性质稳定,与碱石灰、金属、橡胶等均不起反应。氧化亚氮在血液中溶解度很低,故诱导、苏醒均很迅速。镇痛作用很强,全麻效能低,一般与含氟全麻药合用。优点是毒性低、镇痛作用强;诱导和苏醒快;无刺激性和可燃性;对肝、肾、胃肠道无明显副作用。不良反应:氧化亚氮是唯一能吸入高浓度的全麻药,诱导期可达80%,容易引起缺氧现象。

许多因素影响各种吸入麻醉药的效能和效价。各药的效能由最小肺泡气浓度(MAC)来反映。MAC,即钳夹动物趾头,50%动物不发生痛反应时肺泡中麻醉药的浓度。MAC越小,麻醉药的效能越大。不同吸入麻醉药的诱导和维持浓度见表4-1。

表4-1　不同吸入麻醉药的诱导和维持浓度　　　　　　　　　　　　　　%

麻醉药	诱导浓度	维持浓度	MAC(大鼠)
安氟醚	3～5	1～3	—
异氟醚	4	1.5～3	1.38
氧化亚氮	—		250

(二)非吸入性全身麻醉药物、给药途径及给药方法

非吸入麻醉是将某种全身麻醉药通过皮下、肌肉、静脉或腹腔等途径注入动物体内而产生麻醉作用的方法。其特点是操作简便,不需要特殊的麻醉装置,一次给药可维持较长时间,麻醉过程较平稳,动物无挣扎现象,因此是目前临床上常用的麻醉方法。缺点是苏醒较慢,麻醉深度和使用剂量较难掌握。常用药物包括巴比妥类的衍生物,如苯巴比妥钠、戊巴比妥钠和硫喷妥钠等,还有氯胺酮、芬太尼、水合氯醛等。根据麻醉药进入体内的途径不同,分为静脉内麻醉、肌肉内麻醉、内服麻醉、直肠内麻醉、腹腔内麻醉等。

1.苯巴比妥钠

苯巴比妥钠作用持久,应用方便,在普通麻醉用量情况下对于动物呼吸、血压和其他功能无多大影响。通常在实验前0.5～1 h用药。使用剂量及方法:根据动物体重,犬、猫腹腔注射80～100 mg/kg,静脉注射70～120 mg/kg;兔腹腔注射150～200 mg/kg;鸽肌内注射300 mg/kg。

2.戊巴比妥钠

戊巴比妥钠为中效巴比妥类药物。一次给药的麻醉有效时间可延续3～5 h,十分适合一般实验要求。给药后对动物循环和呼吸系统无显著抑制作用,用时配成1%～3%生理盐水溶液,静脉或腹腔注射后很快就可进入麻醉期。使用剂量和方法:根据动物体重,犬、猫、兔静脉注射30～35 mg/kg,腹腔注射40～45 mg/kg,皮下注射40～50 mg/kg;鼠类静脉或腹腔注射35～50 mg/kg;鸟类肌内注射50～100 mg/kg。

3.硫喷妥钠

硫喷妥钠为淡黄色粉末,有硫臭,易吸水,装在安瓿瓶中保存。其水溶液不稳定,故必须在临用时配制,常用浓度 1%～5%。其配制溶液在 0～4 ℃冰箱中保存,可置 7 d,在室温则只可保存 24 h。此药静脉注射,药液迅速进入脑组织,诱导快,动物很快麻醉,但苏醒也很快,一次给药的麻醉时效仅维持 30～60 min。在时间较长的实验过程中,可重复注射,以维持一定的麻醉深度。此药对胃肠道无副作用,但对呼吸有一定抑制作用,注射时必须缓慢。使用剂量和方法:根据动物体重,犬、猫静脉注射 20～25 mg/kg;兔静脉注射 7～10 mg/kg,静脉注射以 15 s 注射 2 mL 左右的速度进行;小白鼠 1%溶液腹腔注射 0.1～0.3 mL/只,大白鼠 0.6～0.8 mL/只。

4.巴比妥钠

使用剂量和方法:根据动物体重,犬静脉注射 225 mg/kg;猫、兔腹腔注射 200 mg/kg;鼠皮下注射 200 mg/kg;鸽腹腔或肌内注射 182 mg/kg。

5.迪施宁(丙泊酚注射液)

迪施宁为静脉全麻药,用于麻醉和镇静的诱导与维持。迪施宁注射液常可辅助用于脊髓和硬膜外麻醉,并与常用的术前用药、神经肌肉阻断药、吸入麻醉药和止痛药配合使用。使用剂量和方法见表 4-2。

表 4-2　丙泊酚注射液使用剂量和方法

合并给药方法	添加或稀释液	制备方法	剂量
用前混合均匀	5%葡萄糖静脉注射液	可以将 1 份丙泊酚与少于 4 分的 5%葡萄糖静脉注射液混合(V/V),若需在 PVC 袋中混合的,先从满袋的输液中抽出一定量的注射液,然后加入等量的丙泊酚	犬:5～7.5 mg/kg 体重;猪:2.5～3.5 mg/kg 体重;灵长类:7.5～12.5 mg/kg 体重
用前混合均匀	0.5%或 1%盐酸利多卡因注射液(无防腐剂)	20 份丙泊酚与少于 1 份的 0.5%或 1%盐酸利多卡因注射液混合(V/V)	
通过 Y 管合并给药	5%葡萄糖静脉注射液	通过 Y 管联结给药	
通过 Y 管合并给药	0.9%氯化钠静脉注射液	通过 Y 管联结给药	
通过 Y 管合并给药	4%葡萄糖盐水(含 0.18%氯化钠)注射液	通过 Y 管联结给药	

6.氯胺酮

氯胺酮为苯环己哌啶的衍生物,溶于水,微溶于乙醇,pH 3.5～5.5。该麻醉剂注射后可以很快使动物进入浅睡眠状态,但不引起中枢神经系统深度抑制,一些保护性反射仍然存在,所以,麻醉的安全性相对较高,是一种镇痛麻醉剂。它主要是阻断大脑联络路径和丘脑反射到大脑皮质各部分的路径,一般多用于犬、猫等动物的基础麻醉和啮齿类动物的麻醉。本品能迅速通过胎盘屏障,影响胎儿,所以应用于怀孕的动物时必须慎重。

7.水合氯醛

水合氯醛的作用特点与巴比妥类药物相似,能起到全身麻醉作用,是一种安全有效的镇静

催眠药。其麻醉量与中毒量很接近,所以安全范围小,使用时要注意。其副作用是对皮肤和黏膜有较强的刺激作用。

8.其他非吸入麻醉药

军事医学科学院军事兽医研究所研制的实验动物麻醉剂新药速眠新(846合剂)和吉林大学动物医学院研制的速麻安2号注射液可以使动物平稳进入麻醉状态,产生强效中枢性镇静、镇痛和肌肉松弛作用,在实验动物外科手术中应用广泛。不同动物的全身麻醉剂用量与用法见表4-3至表4-7。

表4-3 速眠新的用法用量

麻醉药名称	动物种类	给药途径	给药剂量/(mL/kg)	维持时间
速眠新	普通家犬	im	0.1～0.15	动物平稳进入麻醉状态,麻醉诱导期和苏醒期恢复期无兴奋现象。注射后5～10 min产生强效中枢性镇静、镇痛和肌松作用。麻醉期可达3～4 h,中毒或催醒可中速静脉注射与速眠新等容的苏醒灵4号注射液
	比格犬	im	0.04～0.08	
	猴	im	0.1～0.2	
	猫	im	0.3～0.5	
	兔	im	0.2～0.3	
	大鼠	im	0.05～0.01	
	小鼠	im	0.005～0.01	
速麻安2号	犬	im	0.03～0.05	麻醉时间可达40～50 min,麻醉过量或中毒可用等量的特效拮抗剂苏醒解救
	兔、鸡	im	0.1～0.15	
	大鼠	im	0.08～0.15	
	小鼠	im	0.01/20 g	

注:im,肌内注射。

常见不同的动物全身麻醉药物使用剂量和用法如下表4-4至4-7所示。

表4-4 犬常用麻醉药用法用量

药物	剂量及用法	作用	麻醉时间/min	睡眠时间/min
α-氯醛糖	80 mg/kg,iv	浅麻醉	360～600	持续睡眠
氯胺酮/美托咪定	2.5～7.5 mg/kg,im+40 μg/kg,im	中度麻醉	30～45	60～120
氯胺酮/塞拉嗪	5mg/kg,iv+1～2 mg/kg,iv	中度麻醉	30～60	60～120
甲乙炔巴比妥	4～8 mg/kg,iv	外科麻醉	4～5	10～20
戊巴比妥	20～30 mg/kg,iv	外科麻醉	30～40	60～240
异丙酚	5～7.5 mg/kg,iv	外科麻醉	5～10	15～30
硫戊巴比妥	10～15 mg/kg,iv	外科麻醉	5～10	15～20
硫喷妥钠	10～20 mg/kg,iv	外科麻醉	5～10	20～30
乌拉坦	1 000 mg/kg,iv	外科麻醉	360～480	持续睡眠

注:iv,静脉注射;im,肌内注射。

表 4-5　猪常用麻醉药物注射药

药物	剂量/(mg/kg),用法	作用	麻醉时间/min	睡眠时间/min
阿法沙龙/阿法多龙	6,im,然后 2,iv	制动,外科麻醉	5~10	10~20
阿扎哌隆＋美托咪酯	5,im＋3.3,iv	浅中度麻醉	30~40	60~90
氯胺酮	10~15 im	镇静,制动	20~30	60~120
氯胺酮/乙酰普吗嗪	22,im＋1.1,im	浅麻醉	20~30	60~120
氯胺酮/地西泮	10~15,im＋0.5~2,im	制动/浅麻醉	20~30	60~90
氯胺酮/美托咪定	10,im＋0.08,im	制动/浅麻醉	40~90	120~240
氯胺酮/咪达唑仑	10~15,im＋0.5~2,im	制动/浅麻醉	20~30	60~90
甲乙炔巴比妥	5,iv	外科麻醉	4~5	5~10
戊巴比妥	20~30,iv	外科麻醉	20~30	60~120
异丙酚	2.5~3.5,iv	外科麻醉	5~10	10~20
硫戊巴比妥	6~9,iv	外科麻醉	5~10	10~20
替来他明	2~4,im	制动	20~30	60~120
	6~8,im	浅麻醉	20~30	90~180
替来他明＋赛拉嗪	2~7,im＋0.2~1,im	浅中度麻醉	30~40	60~120

注:iv,静脉注射;im,肌内注射。

表 4-6　灵长类实验动物常用麻醉注射药

药物	剂量/(mg/kg),用法	作用	麻醉时间/min	睡眠时间/min
阿法沙龙/阿法多龙	10~12,iv	外科麻醉	5~10	10~20
	12~18,im	制动,麻醉	10~20	30~50
氯胺酮/地西泮	15,im＋1,im	外科麻醉	30~40	60~90
氯胺酮/赛拉嗪	10,im＋0.5,im	外科麻醉	30~40	60~120
甲乙炔巴比妥	10,iv	外科麻醉	4~5	5~10
戊巴比妥	25~35,iv	外科麻醉	30~60	60~120
异丙酚	7.5~12.5,iv	外科麻醉	5~10	10~15
硫喷妥钠	15~20,iv	外科麻醉	5~10	10~15

注:iv,静脉注射;im,肌内注射。

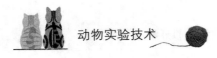

表 4-7　不同动物全麻药用法用量

麻醉剂	动物	给药途径	剂量/(mg/kg)	常用浓度	维持时间
戊巴比妥钠	犬、猫、兔	静脉	1.0	3%	2～4 h,中途加上 1/5 量,可维持 1 h 以上,麻醉力强,易抑制呼吸
		腹腔、皮下	1.4～1.7	3%	
	大、小鼠、豚鼠	腹腔	2.0～2.5	2%	
	鸟类	肌肉	2.5～5.0	2%	
异戊巴比妥钠	犬、猫、兔	静脉	0.8～1.0	5%	4～6 h
		肌肉、腹腔	0.8～1.0	10%	
		直肠	1.0	10%	
	鼠类	腹腔	10	10%	
氨基甲酸乙酯 (乌拉坦)	犬、猫、兔	静脉、腹腔	2.5～3.3	30%	2～4 h,应用安全,毒性小,主要适用小动物的麻醉
		直肠	5.0	30%	
	大、小鼠、豚鼠	肌肉	7.0	20%	
	鸟类	肌肉	6.3	2.0%	
	蛙类	皮下淋巴结	2～3	20%	
硫喷妥钠	犬、猫、兔	静脉、腹腔	1.3～2.5	2%	15～30 min,麻醉力强,宜缓慢注射,维持注射剂量按情况掌握
	大鼠	静脉、腹腔	5.0～10	1%	
巴比妥钠	犬	静脉	1～1.2	20%	4～6 h,麻醉诱导期较长,深度不易控制
	猫	腹腔	4.0	5%	
		口服	4.0	10%	
	兔	腹腔	4.0	5%	
	鸽	腹腔、肌肉	6.1	3%	
	鼠类	皮下	2	10%	
苯巴比妥钠	犬、猫	腹腔、静脉	2.2～3.0	3.5%	4～6 h,麻醉诱导期较长,深度不易控制
	兔	腹腔	4.3～6.0	3.5%	
	鸽	肌肉	6.0	5%	

二、气管插管技术

气管插管是吸入麻醉时常用的基本技能。气管插管技术是将一支特制的导管通过口腔或鼻腔经声门插入气道的方法,从而保证呼吸道通畅,便于通气供氧或吸入麻醉气体等。

1.适应证

对于自主呼吸停止的动物,要通过呼吸机进行呼吸时,需要进行气管插管,如胸腔手术的动物,以及呼吸困难、缺氧、上呼吸道狭窄等。在进行超声波洗牙、口腔检查治疗时也需要进行气管插管,避免异物进入气道引发异物性肺炎。

2.插管步骤

插管前动物应进行诱导麻醉和咽部表面麻醉,助手将动物俯卧保定,将动物头后仰,使口腔、咽喉和气管处于同一直线,用纱布包裹舌,将舌从口角一侧拿出,如图4-4所示。

操作者左手持喉镜,沿舌背缓缓插入咽部,在舌根部轻轻压下会厌软骨,此时可见声门。待声门开放时右手持气管插管迅速插入气管内。拔出管芯,退出喉镜。

检查气管插管外口是否有气体进出,是否与呼吸动作一致,观察动物黏膜颜色。听诊动物两侧肺部呼吸音是否一致。上述都正常后,从气管插管外口端向气囊中注入相应量的空气,用来封闭导管和气管壁之间的空隙。

术后,先将气囊内空气抽出,然后轻轻将导管拔出。拔出后观察动物呼吸情况,以及口腔黏膜颜色。

图 4-4　犬气管插管操作

3.注意事项

插管操作要轻柔,气管插管的直径应以能容易通过声门裂为度,不可选择太粗的导管或大力插入气道,避免损伤气管。也不可选择太细的导管,避免影响呼吸,或导管与气管壁之间的空隙封闭不全,使麻醉气体泄漏。

导管尖端通过声门后应再插入5～6 cm,但不要插入单侧支气管。

4.术后护理

注意保持气道通畅,对于口腔和气道的分泌物应及时清除。

【实操记录与评价】

动物/物品准备			
实操内容	考核标准	操作记录	小组评价
全身麻醉(吸入麻醉)	诱导麻醉正确 喉镜使用正确 气管插管技术正确		
教师指导记录			

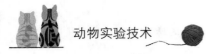

【岗位核心素养与工匠精神评价】

考核内容	考核标准	考核结果	感想记录
学习态度	积极参与,主动学习	☆☆☆☆☆	
精益求精	反复训练,精益求精	☆☆☆☆☆	
团队协作	小组分工协作,轮流分工	☆☆☆☆☆	
沟通交流	善于沟通,分享收获	☆☆☆☆☆	
自主探究	主动思考,分析问题	☆☆☆☆☆	
动物福利	爱护动物,建立动物福利意识	☆☆☆☆☆	
无菌意识	无菌意识贯穿始终	☆☆☆☆☆	
防护意识	对自己和他人的安全防护意识	☆☆☆☆☆	

任务2　局部麻醉

局部麻醉是利用某些药物有选择性地暂时阻断神经末梢、神经纤维以及神经干的冲动传导,从而使其分布或支配的相应局部组织暂时丧失痛觉。其特点是动物保持清醒,对重要器官功能干扰轻微,麻醉并发症少,是一种比较安全的麻醉方法。适用于大、中型动物各种短时间的实验。

一、局部麻醉药与应用方法

常用的局部麻醉药有盐酸普鲁卡因、盐酸利多卡因和盐酸丁卡因。

(一)盐酸普鲁卡因

盐酸普鲁卡因为对氨苯甲酸酯,是无刺激性的局部麻醉剂,麻醉速度快,注射后 1～3 min内就可产生麻醉,可以维持 30～45 min。普鲁卡因对皮肤和黏膜的穿透力较弱,需要注射给药才能产生局麻作用,它可使血管轻度舒张,易被吸收入血而失去药效。为了延长其作用时间,常在溶液中加入少量肾上腺素(每 100 mL 加入 0.1%肾上腺素 0.2～0.5 mL)能使麻醉时间延长 1～2 h。常用 1%～2%盐酸普鲁卡因溶液阻断神经纤维传导,剂量应根据手术范围和麻醉深度而定。猫、犬的局部麻醉用 0.5%～1%盐酸普鲁卡因注射。普鲁卡因的副作用:在大量药物被吸收后,表现出中枢神经系统先兴奋后抑制。这种副作用可用巴比妥类药物预防。

(二)利多卡因

利多卡因常用于表面麻醉、浸润麻醉、传导麻醉和硬脊膜外腔麻醉。利多卡因的化学结构与普鲁卡因不同,它的效力和穿透力比普鲁卡因强 2 倍,作用时间也较长。阻断神经纤维传导及黏膜表面麻醉浓度为 1%～2%。

(三)丁卡因

丁卡因化学结构与普鲁卡因相似,但其能穿透黏膜,作用迅速,1～3 min 发生作用,持续

60~90 min。其局麻作用比普鲁卡因强 10 倍,吸收后的毒性作用也就相应加强。3 种常用局部麻醉药特点的比较见表 4-8。

表 4-8　三种常用局麻药物比较

项目	普鲁卡因	利多卡因	丁卡因
组织渗透性	差	好	中等
作用显效时间	中等	快	慢
作用维持时间	短	中等	长
毒性	低	略高	较高
用途	多用于浸润麻醉	多用于传导麻醉	多用于表面麻醉

二、实验中局部麻醉药物及方法的选择

局部麻醉法的发展,给外科手术创造了极为有利的条件。不但简单的小手术,就是较复杂的一些大手术如开腹、胃切开等也可在局部麻醉下进行。有时在全身麻醉过程中往往也需要局部麻醉的配合。根据给药途径和操作方法的不同,局部麻醉又分为表面麻醉、局部浸润麻醉、区域阻滞麻醉和硬膜外麻醉。

(一)表面麻醉方法

将局部麻醉药滴、涂布或喷洒于黏膜表面,利用麻醉药的渗透作用,使其透过黏膜并阻滞在神经末梢而产生麻醉作用,称表面麻醉。多用于眼结膜与角膜以及口、鼻、直肠、阴道黏膜的麻醉。做结膜与角膜麻醉时,可用 0.5% 丁卡因或 2% 利多卡因溶液。做口、鼻、直肠、阴道黏膜麻醉时,可用 1%~2% 丁卡因或 2%~4% 利多卡因溶液。间隔 5 min 用药 1 次。

(二)局部浸润麻醉方法

将局部麻醉药沿手术切口线皮下注射或深部分层注射,阻滞周围组织中的神经末梢而产生麻醉,称局部浸润麻醉。可按手术需要,选用直线浸润、菱形浸润、扇形浸润、基部浸润等方式。常用 0.25%~1% 盐酸普鲁卡因溶液。注意勿将麻醉药直接注入血管,以免产生毒性反应。也可采用低浓度麻醉药,逐层组织麻醉后方可进行手术。麻醉药液浓度小,且随切口流出或被纱布吸走,不易引起机体中毒。为减少药物的吸收和延长麻醉时间,可加入适量的肾上腺素。

(三)区域阻滞麻醉方法

将局部麻醉药,注射到神经干周围,使其所支配的区域失去痛觉而产生麻醉,称为区域阻滞麻醉。该法可使少量麻醉药产生较大区域的麻醉。常用 2%~5% 盐酸普鲁卡因或 2% 盐酸利多卡因。

(四)硬膜外麻醉方法

将局部麻醉药注射到硬膜外腔,阻滞脊神经的传导,使其所支配的区域无痛而产生麻醉,称硬膜外麻醉。其适应证为犬、猫的后肢手术,难产救助以及尾部、会阴、阴道、直肠与膀胱的

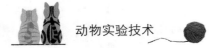
手术,但在休克、脊柱肿块与骨折、脊髓疾病、腰部感染性皮肤病时禁用。注射部位于L7~S1,S3~Cy1,Cy1~2。犬、猫的硬膜外腔麻醉,以腰、荐椎间隙最为常用。犬、猫麻醉,伏卧于检查台上,动物两后肢向前伸曲并被一助手固定,腰背弓起。其注射点位于两侧髂骨翼内角横线与脊柱正中轴线的交点,在该处最后腰椎棘突顶和紧靠其后的相当于腰荐孔的凹陷部。穿刺部剪毛、消毒后,以大约45°角向前方刺入套管针头,可感觉弓间韧带的阻力,至感觉阻力突然消失,证实刺入硬膜外腔后,抽出针芯,缓慢注入麻醉药液,常用2%盐酸利多卡因、2%甲哌卡因、0.5%丁哌卡因。按动物枕部至腰荐部的长度,使用剂量为每10 cm 0.3~0.5 mL,相当于每千克体重0.15~0.2 mL。其有效麻醉时间分别为60 min、120 min和180 min。犬、猫的最大剂量分别为6 mL和1 mL。

三、常用复合麻醉方法

在实验动物临床实践中,对于较简单的手术或者病情较轻的动物,往往只采用单一的麻醉方法即能取得较好的麻醉效果。然而,对于较复杂的手术,单一的麻醉方法往往难以达到目的,故多采用复合麻醉的方法。

(一)局部麻醉的复合

在神经传导阻滞麻醉或椎管内麻醉时,为了增强麻醉效果,可采用复合局部浸润麻醉。另外,为了避免某种局部麻醉药的毒性作用,可同时应用两种麻醉药的混合溶液,以便充分利用各自不同的药理特性,相互弥补其不足。既能使麻醉效果迅速出现,又能延长麻醉作用时间;既能增强麻醉效果,又能降低其毒性作用。例如,用盐酸普鲁卡因和丁卡因混合溶液或者盐酸普鲁卡因和利多卡因混合溶液等。

(二)局部麻醉和全身麻醉的复合

此法是在局部麻醉前,先进行肌肉内注射硫喷妥钠;或在全身麻醉后,再进行局部麻醉。如在全身麻醉下进行胸腔、腹腔或其他手术时,在敏感区施行局部浸润麻醉或神经传导阻滞麻醉,以减少刺激向中枢神经的传导。

(三)全身麻醉的复合

全身麻醉的复合方法较多,常应用于动物医学临床,其方法包括气管内吸入麻醉剂+肌肉或静脉注射麻醉剂的复合,经静脉给入两种或两种以上麻醉剂的复合、静脉给入麻醉剂+肌肉松弛剂的静脉复合麻醉等。全身麻醉的复合药物较多,常用的吸入麻醉剂有安氟醚、异氟醚、氧化亚氮等;常用的静脉麻醉药物有安神镇静类、镇痛类、肌肉松弛类等。

肌肉松弛药在全身麻醉时的复合应用,是临床上较广泛应用的方法。肌肉松弛药不仅可使肌肉松弛,便于麻醉和手术操作,而且可减少全身麻醉药的用量,降低全麻药对机体的不良影响,增加麻醉和手术的安全性。因此,即使是在浅麻醉下,也可完成复杂的手术。肌肉松弛药可分为非去极化药物、去极化药物和双向作用药物。非去极化药物作用在神经终板,与运动终板膜的胆碱受体结合,阻止了随正常神经冲动所释放的乙酰胆碱对运动终板所起的去极化作用,因而肌肉呈松弛状态。常用药物有筒箭毒碱、琥珀酰胆碱等。去极化药物如氯化琥珀酰胆碱,其作用则类似乙酰胆碱,可使神经终板的去极化作用延长,肌肉先抽搐后麻痹松弛。双向作用药物如氨酰胆碱,开始是出现去极化作用,而后出现非去极化作用,肌肉松弛作用既迅速又持久。"神经安定镇痛术"简称NLA,是近来常用的一种复合麻醉法。用神经安定药氟哌利多和镇痛药芬太尼,按照50∶1的比例混合起来的一种合剂,称依诺伐。NLA 是将该合剂与其他全身麻醉药(如氧化亚氮等)进行复合麻醉的一种方法。

任务3　麻醉的复苏与意外事故的处理

一、麻醉的风险

由于实验动物品种之间存在差异,结合不同的实验目的、实验动物种类、日龄及健康情况等因素进行综合考虑,决定选用的麻醉方法和麻醉剂。但是,仍不可避免地会发生一些紧急情况,比如在实验进行中因麻醉方法选择不合适或麻醉过量可导致动物血压急剧下降甚至测不到,呼吸不规则甚至呼吸停止、心脏停搏等临床死亡症状。这就要求在实验动物麻醉过程中特别注意各种麻醉药的剂量和给药途径,应准确按体重计算麻醉剂量,由于动物存在个体差异,文献介绍的剂量仅能作为参考。在麻醉药物注射时,应缓慢,并随时观察动物的肌肉紧张性、角膜反射、呼吸频率、夹痛反应等指标。动物麻醉后体温降,要注意保温。一旦麻醉过量,应根据不同情况,及时采取措施。

在动物麻醉过程中,剂量掌握十分重要。麻醉过深会导致动物死亡,过浅又不能获得满意的麻醉效果,麻醉时可以参考以下判定指标(表4-9)。

表4-9　麻醉深度判定指标

项目	浅麻醉	中麻醉(最佳麻醉)	深麻醉
呼吸方式	不规则(因痛反射呼吸数可增加)	规则的胸腹式呼吸,呼吸数、换气量减少	腹式(横膈)呼吸,换气量明显减少
循环系统表现	频低,血压下降(因痛反射可致心搏数增加)	血压、心搏数一定	心搏数减少,血压下降
眼的表现	有眼球运动,眼睑、对光反射眼球向内下方,瞳孔收缩,结膜露出,流泪	眼球位于中央或靠近中央、眼睑反射迟钝,对光反射亦迟钝,瞳孔稍开大	眼睑对光,角膜反射消失,瞳孔散大,角膜干燥
口腔反射	咽下、咽喉头反射尚有	无	无
肌松弛	有	腹肌明显	腹肌异常运动
其他表现	流涎,出汗,分泌多,排便、排尿	内脏牵引引起的迷走神经反射、收缩反射消失	

二、麻醉意外的抢救

(一)呼吸停止

呼吸停止可出现在麻醉的任何一期。如兴奋期,呼吸停止具有反射性质。在深度麻醉期,呼吸停止是由于延髓麻醉的结果,或由于麻醉剂中毒时组织中血氧过少所致。

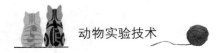

1. 临床症状

呼吸停止的临床主要表现是胸廓呼吸运动停止,黏膜发绀,角膜反射消失或极低,瞳孔散大等。呼吸停止的初期,可见呼吸浅表、频数不等而且间歇。

2. 治疗方法

必须立即停止进入麻醉药,先打开动物口腔,拉出舌头到口角外,应用5% CO_2 和60% O_2 的混合气体间歇性人工呼吸,同时注射温热葡萄糖溶液、呼吸兴奋药、心脏急救药。

3. 呼吸兴奋药

此类药物作用于中枢神经系统,对抗因麻醉过量引起的中枢性呼吸抑制,常用的有尼可刹米、戊四氮、美解眠(贝美格)等。

(1)尼可刹米 又名可拉明,人工合成品。直接兴奋呼吸中枢,使呼吸加深加快,安全范围较大,适合于各种原因引起的中枢性呼吸衰竭。每次用量0.25~0.5 g,静脉注射。大剂量使用可致血压升高、心悸、心律失常、肌颤等。

(2)戊四氮 为延髓兴奋药,选择性直接作用,能兴奋呼吸及血管运动中枢,对抗巴比妥类及氯丙嗪等药物过量所致的中枢性呼吸衰竭,对呼吸中枢作用迅速而有力,是呼吸中枢抑制的急救药。每次用量0,1 g,静脉注射或心内注射。可以重复使用,但大剂量可导致惊厥。

(3)美解眠 与戊四氮相似,作用较短,安全范围较戊四氮宽。主要用于巴比妥类和水合氯醛中毒的解救。每次用量50 mg,静脉缓慢注射。过量使用可引起肌肉抽搐和惊厥。

(二)心跳停止

在吸入麻醉时,麻醉初期出现的反射性心跳停止,通常是由于剂量过大的原因。还有一种情况,就是手术后麻醉剂所致的心脏急性变性,心功能急剧衰竭所致。

1. 临床症状

呼吸和脉搏突然消失,黏膜发绀。心跳停止的到来可能无预兆。

2. 治疗方法

立即停止进入麻醉药物,未气管内插管的应立即插管。吸入麻醉的应通过气囊排出气体麻醉剂,以便减浅麻醉;静脉麻醉的将麻醉药倒掉并换成盐水或葡萄糖等液体维持静脉通道。同时迅速采取心脏按压并注射心脏抢救药。心脏按压方法:用掌心(小动物用指心)在心脏区有节奏地敲击胸壁,其频率相当于该动物正常心脏收缩次数。

3. 心脏抢救药

(1)肾上腺素 用于提高心肌应急性,增强心肌收缩力,加快心率,增加心脏排血量。用于心搏骤停急救,每次0.5~1 mg,静脉注射、心内或气管内注射。肾上腺素也有一定的复跳作用,用于治疗窦缓、室颤等。氟烷麻醉中毒时禁用。

(2)碳酸氢钠 是纠正急性代谢性酸中毒的主要药物。首次给药用5%碳酸氢钠按1~2 mL/kg注射。对于心脏停搏的动物,可于首次注射肾上腺素以后立即静脉给药,因为酸中毒的心肌对儿茶酚胺反应不良。

（三）抢救方法

1. 针刺

针刺人中穴对抢救兔效果较好。对犬用每分钟几百次频率的脉冲电刺激膈神经效果较好。

2. 注射

注射强心剂：可以静脉注射 0.1% 肾上腺素 1 mL，必要时直接心脏内注射。当动物注射肾上腺素后，心脏起搏心跳无力时，可从静脉或心腔内注射 1% 氯化钙 5 mL。

注射呼吸中枢兴奋药：可从静脉注射尼可刹米，每只动物一次注射 25% 的尼可刹米 1 mL。

注射高渗葡萄糖液：一般常采用经动物股动脉逆血流加压，快速、冲击式地注入 40% 葡萄糖溶液。

3. 人工呼吸

可采用双手压迫动物胸廓进行人工呼吸，如有呼吸机，可行气管内插管后，再连接呼吸机进行辅助呼吸。一旦见到动物自动呼吸恢复，即可停止人工呼吸。

任务 4　镇　　痛

一、镇痛的概念与原理

镇痛，顾名思义为缓解疼痛之意。目前认为，明显有效地缓解实验动物术后疼痛，是术后麻醉苏醒期处理的重要内容之一。疼痛的危害在于：因为制动和肌肉痉挛可以导致肌肉废用和萎缩，而且明显影响动物对水和食物的摄入。

术后给予止痛药治疗，有助于恢复正常活动，常用的镇痛药有非甾体类消炎药和阿片类止痛药两种。阿片类制剂已被广泛用于动物，根据其相对于特异性阿片受体的激活来分类，临床上最重要的是 μ 和 k 受体，多数该类药物是 μ 受体的激动剂。

二、疼痛的评价

动物疼痛的研究建立在比较生物学的基础上，其假说基于能引起人类疼痛的情况也会引起动物疼痛。这样，在检查动物时会把有些具体的临床症状解释为疼痛的表现。某些会引起人类疼痛的操作，可能并不引起动物疼痛，但它们会表现出似乎与疼痛有关的行为。

疼痛的评价非常重要，因为它不仅支持可以更多地使用镇痛药，而且还在于它要求更为恰当地使用这些药。个体对疼痛的反应也不尽相同，因此建立一个简便的疼痛评价方法，可以使止疼药治疗适应于每种动物个体的需求。

关于动物疼痛的评价可以选择以下一些生理变量对特异性动物模型进行衡量。

（1）活动性（activity）　疼痛时动物的活动性通常会减低，表现为大多数实验动物喜欢躲在笼子的角落里;有时动物也会表现出烦躁不安、紧张;动物走动时,其姿势和步态改变,尤其在肢体疼痛时表现最明显。

(2)外观(appearance) 动物可能会弓起背躲在角落里,疼痛使梳理活动减少,从而导致皮毛蓬乱、肛门污秽,还会使眼睛、鼻子和嘴周围覆盖一层分泌物。

(3)性情(temperament) 动物体验到疼痛时,性情常发生改变。原先驯服的动物会表现为好斗、咬人和抓人,或者原先对饲养员兴趣十足、活泼好动的动物会变得非常淡漠,甚至躲避饲养员,试图挣脱束缚。

(4)声音(vocalization) 急性疼痛可能会引起动物吼叫,触摸疼痛的动物也会引起类似的反应。尖叫是一种异常行为,可能还会伴有撕咬饲养员或逃跑企图。动物疼痛时很少会持续地吼叫,只有犬会持续地嚎叫和呜咽,羊和牛会长声嘶鸣。

(5)饮食(feeding behaviour) 动物感到疼痛时,对水和食物的摄入量会减少,严重疼痛会导致摄食饮水的完全停止。饮食减少引起脱水,在临床上表现为皮肤弹性丧失、皮肤易被捏起拉高和黏膜干燥。

(6)生理变化(alteration in physiological variables) 疼痛常可引起呼吸形式和频率的改变。胸部手术后,呼吸幅度减弱现象相当常见。疼痛还会影响心血管系统,导致心率增加。严重的疼痛甚至会引起循环衰竭(休克),伴有肢端苍白、发冷、外周脉搏减弱。

三、镇痛药的使用

重视术后处理可以显著地增加动物术后苏醒速度,而且术后镇痛有助于缩短术后苏醒时间。常用镇痛药的应用见表 4-10 和表 4-11。

表 4-10　小型实验动物非甾体类抗炎镇痛药推荐剂量　　　　　　　　　　mg/kg

药物	小鼠	大鼠	豚鼠	兔
阿司匹林	120,po	100,po	87,po	100,po
卡洛芬	—	5,sc	—	1.5,po,bid
双氯芬酸(双氯灭痛)	8,po	10,po	2.1,po	—
氟尼辛	2.5,sc,q 12 h	2.5,sc,q 12 h		1.1,sc,q 12 h
布洛芬	30,po	15,po	10,im,q 4 h	10,im,q 4 h
吲哚美辛(消炎痛)	1,po	2,po	8,po	12.5,po
酮洛芬	—	—	—	3,im
对乙酰氨基酚	200,po	200,po	—	—
吡罗昔康	3,po	3,po	6,po	—

注:q,用药间隔;qd,每日 1 次;bid,每日 2 次;po,口服;iv,静脉注射;im,肌内注射;sc,皮下注射

表 4-11　大型实验动物非甾体类抗炎镇痛药推荐剂量　　　　　mg/kg

药物	猪	绵羊	灵长类动物	犬	猫
阿司匹林	—	50～100 po,q 6～12 h	20 po,q 6～8 h	10～25, po,q 8 h	10～25 po,q 48 h
卡洛芬	2～4,iv 或 sc,qd	—	—	4,sc 或 iv,qd 1～2 bid,po,7 d	4,sc 或 iv
氟尼辛	1～2,sc 或 iv,qd	2,sc 或 iv,qd	2～4,sc,qd	4,iv 或 im,q 12 h 1,po,3 d	2～4,sc,qd 共 5 d
布洛芬	—	—	—	10,po,qd 或 2,sc,iv 或 im,qd,共 3 d	—
酮洛芬	—	—	—	1,po,qd,5 d	1,sc,qd,3 d 1,po,qd,5 d
对乙酰氨基酚	—	—	—	15,po,q 6～8 h	禁用
吡罗昔康	—	—	—	300 μg/kg	—

注:q,用药间隔;qd,每日 1 次;bid,每日 2 次;po,口服;iv,静脉注射;im,肌内注射;sc,皮下注射

【实操记录与评价】

动物/物品准备			
实操内容	考核标准	操作记录	小组评价
全身麻醉(注射麻醉)	全麻药物使用正确 剂量计算正确 麻醉深度判断正确 麻醉监护正确		
局部麻醉	浸润麻醉位置正确 硬膜外麻醉位置正确 麻醉药物剂量计算正确 局麻方法正确		
麻醉意外抢救	模拟麻醉意外抢救操作正确		
教师指导记录			

【岗位核心素养与工匠精神评价】

考核内容	考核标准	考核结果	感想记录
学习态度	积极参与,主动学习	☆☆☆☆☆	
精益求精	反复训练,精益求精	☆☆☆☆☆	
团队协作	小组分工协作,轮流分工	☆☆☆☆☆	

续表

考核内容	考核标准	考核结果	感想记录
沟通交流	善于沟通、分享收获	☆☆☆☆☆	
自主探究	主动思考,分析问题	☆☆☆☆☆	
动物福利	爱护动物,建立动物福利意识	☆☆☆☆☆	
无菌意识	无菌意识贯穿始终	☆☆☆☆☆	
防护意识	对自己和他人的安全防护意识	☆☆☆☆☆	

项目五

动物血液样本采集技术

【知识目标】

项目五	血液样本采集	知识点	目标要求	自评
任务 1	常见实验动物采血部位与对应采血量	采血部位	熟悉	☐
		采血量	熟悉	☐
	造成溶血的原因和预防措施	溶血原因	掌握	☐
		预防措施	掌握	☐

【技能目标】

项目五	内容	知识点	技能要求	自评
任务 2	小鼠常用采血技术	尾静脉采血	熟练掌握	☐
		眼眶静脉丛采血	熟练掌握	☐
		下颌静脉采血	熟练掌握	☐
		心脏采血	熟练掌握	☐
		腹主动脉采血	熟悉	☐
任务 3	大鼠常用静脉采血	舌下静脉	熟练掌握	☐
		阴茎静脉	熟悉	☐
		颈动脉	熟悉	☐
任务 4	豚鼠常用采血技术	后肢跖静脉采血	熟悉	☐
		心脏采血	熟悉	☐
		耳中动脉	熟悉	☐
		颈动脉	熟悉	☐
任务 5	犬、猫常用采血技术	前肢头静脉	熟练掌握	☐
		后肢隐静脉	熟练掌握	☐
		颈静脉	熟练掌握	☐
		股动脉	熟悉	☐

续表

项目五	内容	知识点	技能要求	自评
任务6	兔常用采血技术	耳缘静脉	熟练掌握	□
		耳中动脉	熟练掌握	□
任务7	猪的静脉采血技术	前腔静脉	熟练掌握	□
		耳缘静脉	熟练掌握	□
任务8	鸡静脉采血技术	心脏采血	熟练掌握	□
		翅下静脉	熟练掌握	□

自评:在学习过程中,学生可以按照学习要求在已经掌握的知识点"□"上打"√"。

【素质目标】

目标内容	素质要求	自评
劳动精神	对待工作一丝不苟,反复磨炼技能	
团队协作	小组内分工协作,各岗位轮训	
沟通交流	培养沟通能力,乐于分享收获	
自主探究	培养主动思考、发现问题、分析问题的能力	
动物福利	培养保护动物福利意识	
无菌素养	操作中无菌意识贯穿始终	
安全防护意识	培养注意安全防护的工作素养	

任务1　常见实验动物采血剂量

一、常见实验动物采血部位对应采血量

实验动物的采血方法很多,按采血部位的不同可分为尾部采血、耳部采血、眼部采血、心脏采血、大血管采血等。选择什么部位采血与使用何种采血方法,需视动物种类、检测目的、试验方法及所需血量而定。不同动物采血部位与采血量见表5-1。

二、采血方法的选择注意事项

(一)方法选择

主要决定于实验目的、所需血量以及动物种类。需血量较少,如检验项目为红、白细胞计数、血红蛋白的测定,血液涂片以及酶活性微量分析法等,可刺破组织取毛细血管的血。需血量较多时通常采用静脉采血。

表 5-1　不同动物采血部位与采血量对照表

采血量	采血部位	动物种类
少量	尾静脉	大鼠、小鼠
	阴茎静脉	大鼠
	耳缘静脉	兔、犬、猫、猪、羊
	眼底静脉丛	兔、大鼠、小鼠
	舌下静脉	大鼠
	冠、脚、蹼皮下静脉	鸡、鸭、鹅
中量	后肢外侧皮下小隐静脉	犬、猴、猫
	前肢内侧皮下头静脉	犬、猴、猫
	耳中央动脉	兔
	颈静脉	犬、猫、兔
	心脏	大鼠、小鼠、豚鼠
	断头	大鼠、小鼠
	翼下静脉	禽类
	颈动脉	禽类
大量	股动脉、颈动脉	犬、猴、猫、兔
	心脏	犬、猴、猫、兔
	颈动脉、颈静脉	羊

（二）采血时注意事项

（1）采血场应有充足的光线；室温夏季最好保持在 25～28 ℃，冬季保持在 15～20 ℃为宜。

（2）采血用具及采血部位一般需要进行消毒。

（3）采血用的注射器和试管必须保持清洁干燥。

（4）若需抗凝全血，在注射器或试管内需预先加入抗凝剂。

（三）常用实验动物的最大安全采血量和最小致死采血量

常用实验动物的最大安全采血量和最小致死采血量可参考表 5-2 所示。

表 5-2　常用实验动物的最大安全采血量和最小致死采血量

动物品种	最大安全采血量/mL	最小致死采血量/mL
小鼠	0.2	0.3
大鼠	1	2
豚鼠	5	10
兔	10	40
狼犬	100	500
猎犬	50	200
猴	15	60

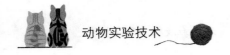

三、溶血原因与预防措施

(一)原因分析

1. 麻醉药的影响

考虑操作的可行性和动物福利,除心脏取血、摘眼球取血、舌下静脉取血、阴茎静脉取血和需要切开皮肤的取血(颈静脉取血、腹腔内的某些血管取血、股静脉取血等)需要麻醉以外,其他的取血方式不麻醉,尽量避免麻醉对血液的影响,但很多药物经过体内代谢能诱导肝药酶系统,个别动物在麻醉后会出现血尿现象

2. 采血针头

塑料针头和金属针头对细胞有明显不同的影响,塑料针头的内壁和外壁一样光滑,对细胞损伤小。金属针头内壁明显粗糙,因此会破坏部分红细胞。如果针头较粗,相对而言内壁接触的血细胞的比例小,损伤也少。目前绝大多数实验使用金属针头,所以建议采血时根据血管直径尽可能选择内径粗、长度短的针头。

3. 采血速度过快

采血时回抽速度过快压力过大时,导致血液流速变大,提高红细胞与针头内壁的摩擦。采血速度越快,红细胞与针头内壁碰撞越明显,红细胞损伤越大。

4. 注射器和容器不干燥或不清洁

当试管中混有水或其他造成渗透压发生改变的物质时,如动物的毛发等,都会引起红细胞破裂而发生溶血。

5. 接触酒精

消毒时的酒精未干燥就进行采血,酒精接触到红细胞会造成红细胞破裂溶血。

6. 将血液注入容器时,未取下针头或注入速度过快

血液注入容器时不取下针头会让血液再次通过针头内壁,使红细胞在针头内部发生摩擦,增大溶血概率。此外注入速度过快,也是导致溶血的原因之一。用力推出时还会产生大量气泡,造成泡沫与血液一同注入试管,混有泡沫的血液样本,因含有空气,放置一段时间后泡沫破裂或迅速干燥,造成血细胞的破坏而发生溶血。注射器与针头连接不好,采血时注射器漏气,也会将气体与血液一同吸入而产生气泡,进而发生溶血。

7. 采血技术

采血时穿刺位置不准确,造成针尖在血管中穿来穿去造成血肿,在血肿的地方进行采样会导致溶血。

8. 强烈震荡或离心速度过大

抗凝管内的血液样本在保存或运送中发生强烈震荡或离心速度过大,会由于红细胞破裂而发生溶血。

9. 血液样本保存温度不当

血液保存温度过高或将全血冷冻,导致红细胞破裂而发生溶血。红细胞在冰点下会形成

冰晶,导致溶血。

10.血液遭细菌污染

当血液被溶血性细菌污染后,可能造成红细胞膜的分解而导致溶血。

11.血样未及时送检

未及时送检的血样由于保存不当,如温度过高或过低、细菌污染等原因造成溶血。

12.真空管采血压力不平衡

由于真空管是负压采血,当采集量不足时,血液中的气压大于外界气压,血液中气体溢出,使血细胞破裂而发生溶血。

(二)预防溶血的措施

(1)原则上尽量让血液自然流出,一次性把血液收集入容器,减少周转次数。

(2)尽量使用没有溶血作用的麻醉剂或药品。

(3)选用直径较大,长度较短的针头进行采血,采血速度应缓慢,回抽压力不可过大,回抽速度不可过快。

(4)使用质量合格的一次性注射器和试管,应保证注射器和试管的内壁干燥清洁。

(5)注意无菌操作,杜绝细菌污染,采血时应规范备皮消毒,剪掉被毛,等待酒精干燥后再采血,尽量不让血液接触到酒精等异物。

(6)血液注入容器时,应先取下针头,让血液顺着管壁缓缓流下,尽量不要产生气泡,采血前应将针头和注射气紧密连接,防止漏气产生气泡。

(7)加强技能训练,尽量一针见血,减少动物挣扎和应激反应。

(8)采血时要轻拿轻放,转运时应动作轻柔,避免剧烈震动.

(9)血样应及时送检,如不能及时送检,应妥善保存,一般可保存在 4 ℃冰箱中,不可将全血冷冻,并且要注意血液的无菌操作,避免细菌污染。

(10)使用真空管采集时一定要注意采集量,要保证采血管内外气压平衡。

(11)离心速度应控制在 3 000 r/min 以内,离心 10～15 min 即可。

任务2　小鼠常用采血技术

[视频学习 18]
尾尖采血

一、小鼠尾尖采血

尾尖采血的方法主要用于大鼠、小鼠。此方法可反复多次采血,但每次采血量不大,包括剪尾、切开尾静脉、针刺尾静脉和尾静脉采血方法。

(一)剪尾法

首先,把动物保定或麻醉,将尾巴置于 45～50 ℃热水中,浸泡数分钟,也可用酒精棉球反复擦拭,使尾部血管扩张,酒精干燥后,剪去尾尖(小鼠 1～2 mm,大鼠 5～10 mm)。血液会自尾尖流出,让血液滴入试管或直接用吸管吸取;如需多次采血,每次采血时,可将鼠尾剪去很小一段,取血后,先用棉球压迫止血并立即用 6% 液体火棉胶涂于尾巴伤口上,使伤口处形成火棉胶薄膜,保护伤口。

（二）切开尾静脉法

切开尾静脉就是交替切割尾静脉取血。每次采血时，用一锋利的刀片在单侧鼠尾切破一段静脉，静脉血即由伤口流出，每次可取 0.3～0.5 mL，2 条尾静脉可交替切割，并自尾尖渐向尾根方向切割。此法在进行大鼠采血时，可在较长的一段时间内连续取血，采血量较多。

（三）针刺尾静脉法

固定动物，消毒后在尾尖部向上数厘米处用拇指和食指抓住，对准尾静脉用注射针刺入后立即拔出，采集流出血液。采血后用局部压迫、烧烙等方法进行止血。

（四）尾静脉采血

尾静脉采血即使用注射器穿刺尾静脉进行采血。操作时，先将动物固定在固定器内或扣在烧杯中，使其尾巴外露，如图 5-1 所示。

尾部用 45～50 ℃的温水浸泡半分钟或用酒精棉球擦拭使血管扩张，同时使表皮角质软化，然后将尾部向左或向右捻转 90°，使一侧尾静脉朝上，以左手拇指和食指捏住鼠尾上下，使静脉充盈，用中指和环指从下面托起尾巴，右手持注射器，使针头与静脉平行（小于 30°），从尾下 1/4 处进针刺入静脉，即可采血，注意回抽时不能太快。采血完毕后拔出针头，把尾巴向针孔侧弯曲以止血，或者用干棉球压迫止血。如需反复采血，应尽可能从尾巴末端开始，以后向尾根部方向移动。

[视频学习 19]
尾静脉采血

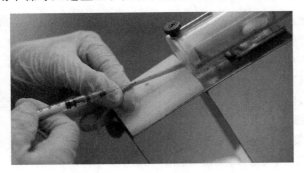

图 5-1　小鼠尾静脉采血

[视频学习 20]
眼眶静脉丛采血

二、眼眶静脉丛采血

眼眶静脉丛采血，首先将小鼠浅麻醉，采血侧眼睛向上保定小鼠，然后左手拇指、食指从背部较紧地握住小鼠或大鼠的颈部（应注意小鼠口色，不可长时间抓握，防止动物窒息）。然后用左手拇指、食指从背部紧握住小鼠的颈部皮肤，取血时左手拇指及食指轻轻压迫颈部两侧，使头部静脉血液回流困难，采血侧眼球充分外突，眼眶静脉充血，然后将折断后的玻璃毛细管断端，将采血管与面部呈 45°由眼内角在眼睑与眼球之间向喉头方向刺入，轻轻撵转，刺破静脉丛血管，可见血液自动流入采血管，向下倾斜毛细管，将血液滴入采血管内，然后拔除毛细管。为防止术后穿刺孔出血，用消毒纱布压迫眼球 30 s 止血，如图 5-2 所示。

图 5-2　小鼠眼眶静脉丛采血

三、小鼠下颌静脉采血

采血前用眼科剪剪除一侧胡须（避免发生溶血），然后保定好小鼠，露出小鼠一侧的下颌，拉紧下颌部的皮肤，颌下静脉丛血管位于下颌骨后方咬肌边缘，常规消毒后用注射器针头迅速刺入下颌静脉丛血管，拔出针头后血液即流出，用采血管收集血液。采血结束后，用棉签按压止血即可，如图 5-3 所示。

图 5-3　小鼠下颌静脉采血

四、心脏采血

大鼠、小鼠因心脏搏动快，心腔小，位置较难确定，故较少采用心脏采血。操作时，将大鼠、小鼠仰卧固定在鼠板上，剪去胸前区部位的被毛，用碘伏、酒精消毒皮肤。在左侧第 3～4 肋间用左手食指摸到心尖搏动处，右手持带有 4～5 号针头的注射器，选择心尖搏动最强处穿刺。当针穿刺入心脏时，血液由于心脏搏动的力量自动进入注射器。兔、豚鼠、犬、猫较常用心脏采血，基本方法同大鼠、小鼠的心脏采血，但操作更容易。上述心脏采血方法用于不限制采血为动脉血还是静脉血时，当实验要求采取动脉或静脉血时需要用以下方法。

[视频学习 21]
大鼠心脏采血

（一）左心室采血

经腹左心室采血，采的是左心室的动脉血液。操作时，小鼠浅麻醉仰卧保定，在剑状骨突胸肋角处，左侧肋角处进针，贴着胸骨的位置水平进针，进针可见注射器后方跳血，轻轻抽拉活塞，可见采取的血液为鲜红色，此注射刺入的采血部位为左心室的动脉血（图 5-4）。

（二）右心室采血

小鼠的心脏采血，经腹右心室采血，采的是右心室的静脉血液。小鼠浅麻醉仰卧保定，沿腹中线的胸骨柄后方，贴胸骨后向胸腔进针，可见针头后方跳血，轻轻向后抽动注射器，可见暗红色血液被抽出，此时采集的是右心室的静脉血（图 5-5）。

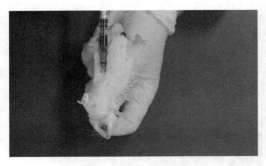

图 5-4　小鼠左心室采血

图 5-5　小鼠右心室采血

五、腹主动脉采血

此法适合于小鼠、大鼠等实验动物大量采血时使用。

操作时,先用麻醉剂对动物进行深麻醉,然后将动物仰卧位固定在固定台上,从耻骨联合至胸骨柄剪开腹壁,暴露腹腔。开腹时要尽可能减少出血。打开腹腔后,将肠管推向一侧,用手指轻轻分开脊柱前的脂肪,暴露出腹主动脉(腹主动脉为粉红色,有搏动,并行的暗红色的血管为静脉)。

在腹主动脉远心端结扎,再用血管夹阻断腹主动脉近心端,然后在两阻断点之间向远心端方向平行刺入,松开近心端的阻断夹,立即采血。也可直接用注射器向近心端抽血。由于动脉压力较大,所以不用力或稍用力抽取注射器活塞即可,切莫用力快速抽取,防止抽血过快引起溶血。采血时,要注意保持动物安静。若动物躁动,要停止采血,追加麻醉。

【实操记录与评价】

动物/物品准备			
实操内容	考核标准	操作记录	小组评价
小鼠剪尾取血	消毒正确、剪尾正确、避免溶血操作		
小鼠尾静脉采血	保定确实、穿刺位置和深度准确、采出血液 0.05 mL		
大鼠尾静脉采血	保定确实、穿刺位置和深度准确、采出血液 0.1 mL		
小鼠眼眶静脉丛采血	保定正确、采血侧眼球不随意转动、毛细管刺入位置准确、采出 0.05 mL 血液		
小鼠下颌静脉采血	剪去一侧胡须、保定确实、头部不随意活动、穿刺位置准确(颌下静脉丛)		

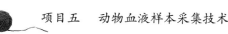

续表

实操内容	考核标准	操作记录	小组评价
心脏采血	麻醉后仰卧保定,左心穿刺位置正确,血液为动脉血,右心穿刺位置正确,血液为静脉血		
小鼠腹主动脉采血	深度麻醉,仰卧保定,剪开腹壁正确找到腹主动脉,穿刺腹主动脉采出 0.2 mL 血液		
教师指导记录			

【岗位核心素养与工匠精神评价】

考核内容	考核标准	考核结果	感想记录
学习态度	积极参与,主动学习	☆☆☆☆☆	
精益求精	反复训练,精益求精	☆☆☆☆☆	
团队协作	小组分工协作,轮流分工	☆☆☆☆☆	
沟通交流	善于沟通,分享收获	☆☆☆☆☆	
自主探究	主动思考,分析问题	☆☆☆☆☆	
动物福利	爱护动物,建立动物福利意识	☆☆☆☆☆	
无菌意识	无菌意识贯穿始终	☆☆☆☆☆	
防护意识	对自己和他人的安全防护意识	☆☆☆☆☆	

任务 3　大鼠常用采血技术

大鼠尾静脉采血、心脏采血方法同上一节中小鼠采血操作。除此以外大鼠常用的采血方法还有舌下静脉采血、阴茎静脉采血和颈动脉采血。

一、舌下静脉采血

大鼠的舌下静脉较粗大,常可用于受试物的采血,注射时先将大鼠麻醉,仰卧保定,注意保定好大鼠的头部,然后再拉出舌头,暴露舌下静脉,然后用注射器沿舌下静脉方向水平刺入,用左手持固定舌尖部拉出舌头,右手持连有 4 号针头的注射器,在舌下静脉近中部向舌头基底部方向进针,刺入舌下静脉血管,使针头与血管平行。见到回血后即可抽出血液(图 5-6)。

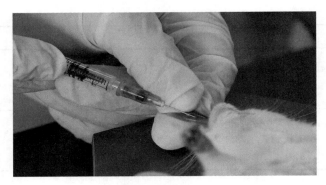

图 5-6　大鼠舌下静脉采血

　　口腔黏膜湿润,止血时间应延长,用干棉球按压注射部位进行止血,适当增加按压时间,达到止血的目的。

二、阴茎静脉采血

　　阴茎静脉采血在大鼠等动物中是常用的方法。将雄性大鼠麻醉后仰卧或侧卧保定。翻开包皮,用手轻轻拉出阴茎,可见背侧的阴茎静脉非常粗大明显,沿静脉直接刺入采集血液即可,如图 5-7 所示。

三、颈动脉采血

　　颈动脉采血法可采集大鼠或小鼠大量动脉血液。操作时,将动物麻醉,仰卧位固定。以颈正中线为中心进行消毒。剪开颈部皮肤,将颈部肌肉用无钩镊子钝性分离推向两侧,暴露气管,即可看到平行于气管的粉红色搏动的颈动脉。分离出一段颈动脉,结扎远心端,并在近心端预置一条缝线(结扎用),在缝线处用动脉阻断钳夹紧动脉,然后在结扎线和近心端缝线之间用眼科剪刀做"T"或"V"形剪口,并将一端剪成斜面的塑料导管经切口处向心脏方向插入少许。结扎近心端缝线,将血管与塑料管固定好,将塑料管的另一端放入采血的容器中。缓慢松开动脉夹,血液便会流出,如图 5-8 所示。

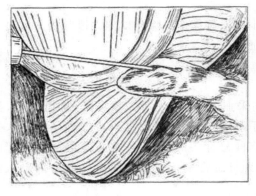

图 5-7　大鼠阴茎静脉采血

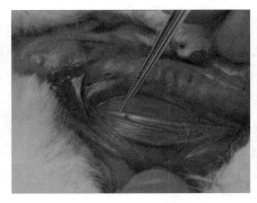

图 5-8　颈动脉位置

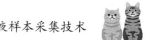

【实操记录与评价】

动物/物品准备			
实操内容	考核标准	操作记录	小组评价
大鼠舌下静脉采血	麻醉后头部保定正确,熟练找到舌下静脉位置,穿刺舌下静脉并采集0.1 mL血液		
大鼠阴茎静脉采血	麻醉后头部保定正确,熟练找到舌下静脉位置,穿刺舌下静脉并采集0.1 mL血液		
教师指导记录			

【岗位核心素养与工匠精神评价】

考核内容	考核标准	考核结果	感想记录
学习态度	积极参与,主动学习	☆☆☆☆☆	
精益求精	反复训练,精益求精	☆☆☆☆☆	
团队协作	小组分工协作,轮流分工	☆☆☆☆☆	
沟通交流	善于沟通,分享收获	☆☆☆☆☆	
自主探究	主动思考,分析问题	☆☆☆☆☆	
动物福利	爱护动物,建立动物福利意识	☆☆☆☆☆	
无菌意识	无菌意识贯穿始终	☆☆☆☆☆	
防护意识	对自己和他人的安全防护意识	☆☆☆☆☆	

任务4 豚鼠常用采血技术

豚鼠常可选用后肢跖静脉采取静脉血或采用心脏采血。动脉采血可选择耳中央动脉或颈动脉采血方法。

一、后肢跖静脉采血

后肢跖静脉即足背跖骨间静脉,豚鼠后肢足背的跖静脉较为明显,可在少量取血时使用。

操作时,助手一手保定动物头部和前肢,另一只手将豚鼠右后肢或左后肢膝关节伸直送到采血者面前,采血者将豚鼠足背用酒精消毒,找出背中足静脉(跖静脉),以左手的拇指和食指拉住豚鼠的趾端,右手拿注射针水平刺入静脉,回抽注射器采血,注意不要过于用力抽吸,避免溶血。拔针后立即用纱布或棉花压迫止血。可反复取血,两后肢交替使用。

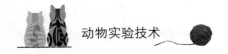

二、心脏采血

豚鼠心脏采血适用于中量或大量取血。

操作时,助手保定豚鼠头部和后肢,并将身体拉直。操作者剪去豚鼠第4~6肋间的被毛,用手触摸找到心跳最明显的位置,用酒精棉球进行消毒。操作者一手抵住豚鼠另一侧躯干,另一手持注射器垂直于心跳最明显处进针,见到跳血后回抽采血,注意回抽不可过快。拔出注射器后用干棉球按压止血。

三、耳中央动脉采血

豚鼠耳中央动脉采血适用于少量采集动脉血。

操作时,由助手保定豚鼠身体,操作人员用酒精棉球消毒豚鼠耳郭,用手术刀尖轻轻划破耳中动脉处皮肤,血液即溢出,用玻璃毛细管吸取血液并置于收集管中备用。吸取完毕后立即用干棉球压迫止血。注意压迫时间要延长,避免持续出血。

四、颈动脉采血

豚鼠颈动脉采血适用于大量采集动脉血。

操作时,将豚鼠麻醉后仰卧保定。咽部皮肤用脱毛膏(剂)进行脱毛,消毒皮肤。然后用手术刀切开咽部皮肤,钝性分离颈部一侧肌肉,暴露单侧颈动脉。用注射器水平刺入动脉采血。采血后需在穿刺点两侧进行结扎止血或进行长时间按压直至完全止血。最后,缝合颈部皮肤。

【实操记录与评价】

动物/物品准备			
实操内容	考核标准	操作记录	小组评价
豚鼠后肢跖静脉采血	保定确实,准确找到跖静脉,穿刺跖静脉并采血0.1 mL		
豚鼠耳中动脉采血	保定确实,准确找到耳中动脉,刺破动脉毛细管采集动脉血,正确止血		
教师指导记录			

【岗位核心素养与工匠精神评价】

考核内容	考核标准	考核结果	感想记录
学习态度	积极参与，主动学习	☆☆☆☆☆	
精益求精	反复训练，精益求精	☆☆☆☆☆	
团队协作	小组分工协作，轮流分工	☆☆☆☆☆	
沟通交流	善于沟通，分享收获	☆☆☆☆☆	
自主探究	主动思考，分析问题	☆☆☆☆☆	
动物福利	爱护动物，建立动物福利意识	☆☆☆☆☆	
无菌意识	无菌意识贯穿始终	☆☆☆☆☆	
防护意识	对自己和他人的安全防护意识	☆☆☆☆☆	

任务5 犬、猫常用采血技术

犬、猫四肢较修长，血管浅表、平直，故犬、猫最常使用前肢的头静脉或后肢的隐静脉进行静脉采血，通常可采集少量至中量的血液。当需要大量采血时还可使用颈静脉采血。此外，当需要进行动脉血采集时，通常可以使用颈动脉或股动脉进行采集。

一、犬、猫前肢头静脉采血

犬的静脉注射部位常用的为前肢内侧的头静脉，该静脉位于前肢内侧皮下，靠前肢内侧外沿行走。比格犬的前臂较直，静脉的走向也比较直，比较好固定。所以一般做静脉注射或采血时，前肢的头静脉是最常用的，如图5-9所示。

[视频学习22]
犬前肢头静脉采血

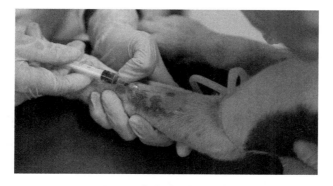

图5-9 犬前肢头静脉采血

首先将前肢被毛去除，用酒精、碘伏以常规消毒方法消毒。用止血带扎住静脉近心端，触摸感知前肢头静脉的走向和深度，拉紧前肢皮肤，固定静脉，避免静脉在针刺入时在皮下滑动。

在刺入的时候,注射器的进针方向要和血管的走向一致。注射器的针头斜面向上,以30°角刺入皮下。当看到回血后放平注射器针头,减小刺入角度,打开止血带,回抽注射器。采集适量血液。拔出针头并用无菌棉签按压2～5 min进行止血。

注意,当需要进行反复采血时,应先从远心端开始刺入,逐次向近心端进行,本方法适用于一次采集较多血量,可多次采集。

二、犬、猫后肢隐静脉采血

小隐静脉在后肢胫部下1/3的外侧面浅表皮下,走向由前侧向后。将犬侧卧保定,把注射部位毛剪去,先用碘酒,后用酒精擦抹消毒皮肤。助手用手紧握股部或扎止血带,压迫血管,使静脉不回流,此时可见到充盈的小隐静脉,右手持连有5号针头的注射器,将针头向血管旁皮下先刺入,而后与血管平行刺入静脉(图5-10)。见到回血后,回抽注射器采集适量血液。注意要很好地固定静脉,因为静脉只隔一层皮肤,浅而易滑动,注射时针头不可刺入过深,方向一定要与血管平行。

[视频学习23]
犬后肢隐静脉采血

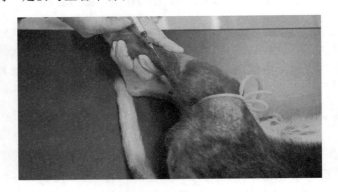

图5-10　犬后肢小隐静脉采血

三、犬、猫颈静脉采血

犬、猫的颈静脉比较粗大,位于颈部两侧的颈静脉沟中,颈静脉采血时不需要麻醉动物。助手可将动物进行侧卧保定,剪去颈部被毛(范围约3 cm×10 cm)并常规消毒,助手将动物颈部拉直,头部尽量后仰,采血者用左手拇指压住颈静脉入胸部位的皮肤,使颈静脉充盈,右手持注射器,针头平行血管方向向头部方向刺入血管。由于此静脉在皮下易于滑动,针刺时除用左手固定好血管外,刺入要准确。取血后要注意压迫止血。本法一次可采血较多。注射器刺入静脉后可见回血,将注射器角度减小,水平向静脉内再刺入2～3 mm,回抽可见血液,证明针头在血管内,然后松开压迫的手指,抽出血液,如图5-11所示。

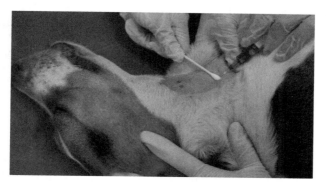

图 5-11　犬颈静脉采血

四、犬、猫股动脉采血

将动物麻醉后仰卧保定于手术台上。触摸腹股沟处股动脉搏动位置，剪去被毛，并常规消毒。沿腹股沟切开皮肤，钝性分离皮下结缔组织和肌肉，暴露股动脉，在穿刺点的近心端和远心端分别预置结扎线。先结扎远心端动脉，使动脉充盈，然后用注射器穿刺股动脉采血，采集完成后立即将近心端动脉结扎，在确定无出血后整复周围肌肉和结缔组织，对皮肤进行缝合。

犬比较配合的情况下，也可不麻醉，将犬仰卧保定于手术台上，伸展后肢向外拉直，暴露腹股沟在腹股沟三角区搏动处剪去被毛，消毒皮肤，用左手中指、食指探摸股动脉搏动部位的血管并固定血管，右手持注射器刺入血管，当见到回血后，抽取适量血液，采集完成后，迅速拔出针头，用干棉球压迫止血 2～3 min。

【实操记录与评价】

动物/物品准备			
实操内容	考核标准	操作记录	小组评价
犬前肢头静脉采血	保定确实，备皮消毒正确，扎止血带位置力度合理，静脉穿刺位置、角度和深度正确，采集血液 1 mL		
犬后肢小隐静脉采血	保定确实，备皮消毒正确，扎止血带位置力度合理，静脉穿刺位置、角度和深度正确，采集血液 1 mL		
教师指导记录			

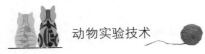
考核内容	考核标准	考核结果	感想记录
学习态度	积极参与，主动学习	☆☆☆☆☆	
精益求精	反复训练，精益求精	☆☆☆☆☆	
团队协作	小组分工协作，轮流分工	☆☆☆☆☆	
沟通交流	善于沟通、分享收获	☆☆☆☆☆	
自主探究	主动思考，分析问题	☆☆☆☆☆	
动物福利	爱护动物，建立动物福利意识	☆☆☆☆☆	
无菌意识	无菌意识贯穿始终	☆☆☆☆☆	
防护意识	对自己和他人的安全防护意识	☆☆☆☆☆	

任务6　兔常用采血技术

兔耳郭大，被毛稀少，耳部血管浅表明显，因此兔采血最常耳部的血管。耳缘静脉可采集中等血量，且可反复采取。兔耳中动脉粗大，分支少，适合进行少量至中量动脉血采集。

一、耳缘静脉采血

操作时，将兔固定于兔盒内或由助手固定，选静脉较粗且清晰的耳朵，拔去采血部位的被毛，消毒。为使血管扩张，可用手指轻弹或用酒精涂擦血管局部，也可用电灯照射加热，用6号针头沿耳缘静脉远心端刺入血管，如图5-12所示。也可以用刀片在血管上切一个小口，让血液自然流出，取血后，用棉球压迫止血。

图5-12　兔耳缘静脉采血

[视频学习24]
兔耳缘静脉采血

二、耳中动脉采血

将家兔装入固定器内，露出头部。将耳郭中动脉部位的被毛去除，酒精棉球消毒采血部位的皮肤。操作者一手捏住动脉远心端使动脉充盈，另一手持注射器沿血管方向，水平进针，看见回血后抽出适量血液。注意不可过快抽拉注射器,避免血管壁突然压力下降,造成针头贴壁阻塞血液回流。采血完毕后,立即用干棉球按压止血,注意要适当延长压迫时间,直至完全止血。

三、颈动脉采血方法

颈动脉采血法可采集大量动脉血液。操作时,将兔麻醉,仰卧位固定。以颈正中线为中心进行消毒(兔在消毒前须剃毛)。剪开颈部皮肤,将颈部肌肉钝性分离推向两侧,暴露气管,即可看到平行于气管的粉红色的搏动的颈动脉。分离出一段颈动脉,结扎远心端,并在近心端预置一条缝线(结扎用),在缝线处用动脉阻断钳夹紧动脉,然后在结扎线和近心端缝线之间用眼科剪刀作"T"或"V"形剪口,并将一端剪成斜面的塑料导管经切口处向心脏方向插入少许长度。结扎近心端缝线,将血管与塑料管固定好,将塑料管的另一端放入采血的容器中。缓慢松开动脉夹,血液便会流出。

【实操记录与评价】

动物/物品准备			
实操内容	考核标准	操作记录	小组评价
兔耳缘静脉采血	保定确实,耳郭拉平,备皮消毒正确,静脉穿刺角度和深度正确,采集血液 1 mL		
兔耳中动脉采血	保定确实,耳郭拉平,备皮消毒正确,静脉穿刺角度和深度正确,采集动脉血液 1 mL,止血正确		
教师指导记录			

【岗位核心素养与工匠精神评价】

考核内容	考核标准	考核结果	感想记录
学习态度	积极参与,主动学习	☆☆☆☆☆	
精益求精	反复训练,精益求精	☆☆☆☆☆	
团队协作	小组分工协作,轮流分工	☆☆☆☆☆	
沟通交流	善于沟通,分享收获	☆☆☆☆☆	
自主探究	主动思考,分析问题	☆☆☆☆☆	
动物福利	爱护动物,建立动物福利意识	☆☆☆☆☆	
无菌意识	无菌意识贯穿始终	☆☆☆☆☆	
防护意识	对自己和他人的安全防护意识	☆☆☆☆☆	

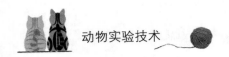

任务 7　猪常用采血技术

猪耳郭较大,耳静脉明显,操作比较简便,适合少量静脉采血。如需中量采血时可使用前腔静脉采血。

一、耳静脉采血

操作时,如果猪比较小可不麻醉,由助手侧卧保定猪并固定头部,一只手捏住一侧耳静脉近心端,使静脉充盈。操作者消毒耳部皮肤,一手拉平耳部,另一手持注射器,沿耳静脉方向水平进针,看到回血后回抽注射器,采集适量血液。采血后用干棉球按压止血。如果猪体型较大,可进行麻醉后侧卧保定,然后进行采集。

二、前腔静脉采血

猪前腔静脉是汇集头部、颈部、前肢静脉血液流入心房之前的一段血管,用右手触摸胸骨柄最高点至第一肋骨间 1 cm 处,在第一对肋骨间的胸腔入口处的气管腹侧面,由左右两侧颈静脉和腋静脉在胸前口汇合形成。不同体型的猪前腔静脉深度不同,要注意选择针头长度适宜的注射器。

对于体重较小的仔猪或小型猪(小于 20 kg),可不做麻醉,由两名助手仰卧保定小猪,将小猪两前肢与躯干垂直牵拉开,使锁骨窝明显凹陷(图 5-13)。操作者消毒凹陷处皮肤,持注射器从凹陷处向胸骨体下方进针,边进针边回抽,有回血后即可抽出血液(图 5-14)。

对于体重较大的猪,可用保定绳固定猪,使猪的头颈向上、向右侧扬起,操作者从锁骨窝凹陷处向气管方向、胸骨前下方刺入,边刺入边回抽,当看到回血时说明已进入前腔静脉。采血后用干棉球按压皮肤止血。

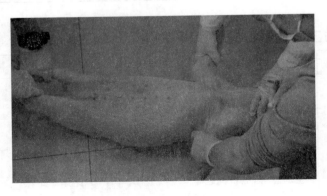

图 5-13　小型猪前腔静脉采血保定

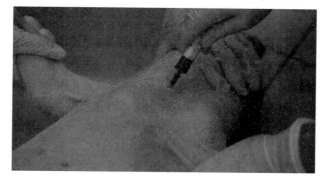

图 5-14　小型猪前腔静脉采血

【实操记录与评价】

动物/物品准备			
实操内容	考核标准	操作记录	小组评价
猪耳静脉采血	保定确实,耳郭拉平,备皮消毒正确,静脉穿刺角度和深度正确,采集血液 2 mL		
猪前腔静脉采血	保定体位正确,备皮消毒正确,静脉穿刺角度和深度正确,采集血液 2 mL		
教师指导记录			

【岗位核心素养与工匠精神评价】

考核内容	考核标准	考核结果	感想记录
学习态度	积极参与,主动学习	☆☆☆☆☆	
精益求精	反复训练,精益求精	☆☆☆☆☆	
团队协作	小组分工协作,轮流分工	☆☆☆☆☆	
沟通交流	善于沟通,分享收获	☆☆☆☆☆	
自主探究	主动思考,分析问题	☆☆☆☆☆	
动物福利	爱护动物,建立动物福利意识	☆☆☆☆☆	
无菌意识	无菌意识贯穿始终	☆☆☆☆☆	
防护意识	对自己和他人的安全防护意识	☆☆☆☆☆	

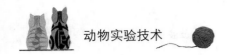

任务8 鸡常用采血技术

鸡是常用的禽类实验动物,采血方法较多,通常少量采血可使用针刺鸡冠或肉髯取血。中量取血常选择翅下静脉,大量取血时可选择心脏采血。

一、鸡心脏采血

(一)侧卧采血法

助手右手抓住鸡双腿,左手握住两翅膀,使鸡右侧卧,左侧面向上,放在桌子上。采血者自龙骨突起前缘引一直线到翅基,再由此中点向髋关节引一直线,此线前 1/3 和中 1/3 的交界处有一凹陷,即是心脏采血进针部位。或者寻找由胸骨走向肩胛部的皮下大静脉,心脏约在该静脉的分支下侧,有时用食指触摸可感觉到心脏跳动。用酒精消毒后,以碘酊标记采血部位。7 号针头刺入时,如触及胸骨可稍拔出,针头向右偏一点避开胸骨,再将针头向里刺入,边刺边抽动活塞,若刺入心脏,便有血液涌入注射器,术毕,局部按压止血,如图 5-15 所示。

[视频学习 25]
鸡的心脏采血

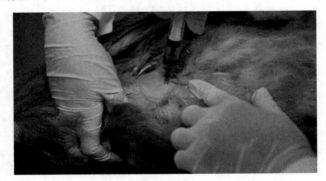

图 5-15　鸡侧卧保定心脏采血

(二)仰卧采血法

助手将鸡仰卧保定,鸡头部朝向采血者,并使颈部及两腿伸展,拔去胸上部少许羽毛,用手指在胸骨上方、嗉囊下方摸到一凹窝,局部常规处理,右手持注射器,自胸骨上方凹窝斜向前下方心脏方向,与鸡躯体呈 45°刺入,边刺边抽动活塞,若刺入心脏,便有血液涌入注射器。

二、翅下静脉采血

助手左手抓住鸡的两后肢,右手抓住鸡的两翅,使鸡侧卧保定。操作者适当拔除鸡翅膀下的羽毛,暴露翅下静脉部的皮肤,助手用拇指压迫翅根部的静脉近心端,使静脉充分充盈。常规消毒后,操作者沿静脉方向水平或低于 30°角刺入静脉,回血后缓缓回抽,吸取所需血量后拔出针头,用干棉球按压止血(图 5-16)。

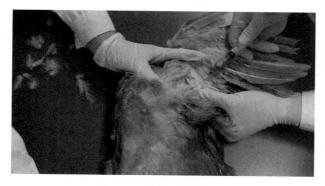

图 5-16　鸡翅下静脉采血

[视频学习 26]
鸡翅下静脉采血

【实操记录与评价】

动物/物品准备			
实操内容	考核标准	操作记录	小组评价
鸡心脏采血	保定体位正确,备皮消毒正确,静脉穿刺角度和深度正确,采集血液 1 mL		
鸡翅下静脉采血	保定体位正确,备皮消毒正确,静脉穿刺角度和深度正确,采集血液 1 mL		
教师指导记录			

【岗位核心素养与工匠精神评价】

考核内容	考核标准	考核结果	感想记录
学习态度	积极参与,主动学习	☆☆☆☆☆	
精益求精	反复训练,精益求精	☆☆☆☆☆	
团队协作	小组分工协作,轮流分工	☆☆☆☆☆	
沟通交流	善于沟通,分享收获	☆☆☆☆☆	
自主探究	主动思考,分析问题	☆☆☆☆☆	
动物福利	爱护动物,建立动物福利意识	☆☆☆☆☆	
无菌意识	无菌意识贯穿始终	☆☆☆☆☆	
防护意识	对自己和他人的安全防护意识	☆☆☆☆☆	

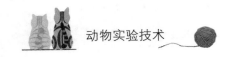

拓展：血液样品的处理及注意事项

一、血清及血浆制备

(一)几种常用血液抗凝剂的配制及使用方法

1. 肝素

肝素的抗凝血作用很强。肝素能抑制凝血酶的活力，阻止血小板凝聚，从而使血液不发生凝固。纯品肝素 10 mg 能抗凝 65～125 mL 血液，肝素制剂的纯度高低及保存时间长短不等，抗凝效果也不一样。一般纯度不高，或是过期的，应用时剂量应增 2～3 倍。可配成 1% 肝素生理盐水溶液，用时取 0.1 mL 于试管内，100 ℃ 下烘干，每管能抗凝 5～10 mL 血液。也可将抽血注射器用配好的肝素湿润一下管壁，直接抽血至注射器内使血液不凝固。给动物全身抗凝时，一般剂量为：大鼠 3.0 mg/250 g 体重，兔 10 mg/kg 体重，犬 5～10 mg/kg 体重。由于肝素可改变蛋白质等电点，当用盐析法分离蛋白质做分类测定时，不可采用肝素。市售的肝素钠溶液每毫升含肝素 12 500 U，相当于 100 mg。

2. 草酸盐合剂

称取草酸铵 1.2 g、草酸钾 0.8 g、甲醛 1.0 mL，用蒸馏水加至 100 mL 即为草酸盐合剂。每毫升血加草酸盐合剂 0.1 mL（相当于草酸铵 1.2 mg，草酸钾 0.8 mg）。根据取血量将一定量的草酸盐合剂加入玻璃容器内烤干备用，如取 0.5 mL 于试管中，烘干后每管可使 5 mL 血不凝固。草酸的作用在于能够沉淀血凝过程中所需的钙离子，而达到抗凝目的。草酸铵能使血细胞略微膨大，而草酸钾能使血细胞略微缩小，因此草酸铵与草酸钾按 3∶2 比例配制，可使血细胞体积保持不变，加甲醛则能防止微生物在血中繁殖。此抗凝剂最适于做红细胞比积测定。用时注意添加量应适中，不能过多，以免妨碍血滤液的制取。草酸盐合剂不适用于血液内钙或钾的测定，也不能用于血液非蛋白氮测定。

3. 柠檬酸钠

常配成 3%～5% 水溶液，也可以直接加粉剂，每毫升血加 3～5 mg，即可达到抗凝目的。柠檬酸钠可使钙失去活性，防止凝血。但其抗凝作用较差，碱性较强，不宜用于化学检验，仅可用于红细胞沉降速度测定。急性血压测定实验使用 5%～6% 柠檬酸钠溶液。

4. 氟化钠

每毫升血加 6 mg 氟化钠即可达到抗凝目的。若为防止糖酵解或防止微生物繁殖，则每毫升血只需加 0.5 mL 甲醛即能达到保存的目的。氟化钠和草酸一样可以使钙沉淀而达到抗凝的目的。

5. 草酸钾

每毫升血需加 1～2 mg 草酸钾。配制成 10% 水溶液，每管加 0.1 mL 则可使 5～10 mL 血不凝。一般如做微量检验，用血量较少，可配制成 2% 水溶液，每管加 0.1 mL 草酸钾可使 1～2 mL 血液不凝。

（二）血清的分离与制备

取血后,应尽快地分离血清,否则易溶血。程序如下:将装有血液的瓶子放在室温或37 ℃温箱中(约1 h),使其充分凝固,然后置4 ℃下过夜。以1 500 r/min离心30 min,吸取上部清亮的血清。如需进行免疫方面的实验,则需无菌技术吸出上层清亮的血清置于灭菌瓶内。将血清分装于灭菌小瓶,贮存于-20 ℃或-70 ℃冰箱,或加0.1%叠氮钠或0.01%硫柳汞后,贮存于4 ℃冰箱。

（三）血浆的制备

采血时,使用肝素或柠檬酸钠抗凝,充分混合,以3 000~4 000 r/min离心10 min,其上层液即为血浆。

二、血标本保存的注意事项

血标本应避光保存,保存容器以玻璃、聚氯乙烯和聚四氟乙烯制品为宜。低温下保存的样品不能在室温下慢慢熔解,而应放在25~37 ℃水浴中短时间快速熔解,充分混匀,恢复到室温后校正总量。血液标本必须避免重复地冻结熔解,否则会使血液成分改变。血清一般保存于4~6 ℃冰箱或冰冻保存数天,多数成分是比较稳定的。全血不得冰冻,因红细胞在冰点下受到物理作用的改变不可逆,将会溶血,影响测定结果。需用全血或血浆的检验项目必须用抗凝瓶盛血液标本,于4~6 ℃冰箱中保存。全血在保存期间如发现界限不清,血浆与红细胞层交界处有松散的红色,表示有轻度溶血,红色增多则是溶血加重,不能再使用。

血液中特别不稳定的成分,如氨、胆红素、酸性磷酸酶、CO_2等在采血后必须立即进行检验。血液中具有生物活性的酶在不同温度下,活性时间也不尽相同。多数酶保存时间越长,活性降低的可能性越大。如磷酸肌酸酶在4 ℃保存24 h,失活47%;20 ℃保存24 h,失活70%。全血在保存过程中钾、氨、乳酸含量会增加,二氧化碳含量会减少。不同温度下,血液化学成分稳定时间见表5-3,不稳定的血清化学成分稳定时间见表5-4。

表5-3　不同温度下血液化学成分稳定时间

成分	室温(20 ℃)/d	冷藏(4 ℃)/d	冰冻(-18 ℃)
钾	14	60	1年
钠	14	60	1年
钙	1	3	1周
镁	7	14	1个月
铁、铜	7	14	数月
氯化物	7	30	数月
总蛋白质	7	30	数月
白蛋白	7	30	数月
尿素、残余氮	1	7	数月
肌氨酸酐	3	7	数月
尿酸	3	4	数月

续表5-3

成分	室温(20 ℃)/d	冷藏(4 ℃)/d	冰冻(−18 ℃)
谷草转氨酶	3	7	1个月
谷丙转氨酶	1	3	14 d
淀粉酶、脂肪酶	2	21	数月
胆汁素酯酶	1	7	数月
葡萄糖	1	7	1个月
胆固醇	7	21	数月

表 5-4   不稳定的血清化学成分稳定时间

成分	室温(20 ℃)	冷藏(4 ℃)	冰冻(−18 ℃)	原因
氯	不能存放	1 h	1 d	
酸性磷酸酶	不能存放	1～2 h	90 d	空气中 CO_2 使血清 pH 升高,使酶失去活性
碱性磷酸酶	24 h	24 h	180 d	pH 升高
乳酸脱氢酶	7 d	72 h	不能存放	低温不稳定
胆红素	不能存放	48 h	30 d	光分解
脂蛋白	24 h	72 h	不能存放	冰冻时脂蛋白分解,游离胆固醇酯化
胆固醇酯	不能存放	72 h	60 d	测定值偏高
磷脂质	24 h	7 d	60 d	有机磷分解,无机磷产生
肌酸磷酸激酶	24 h	72 h	60 d	—SH 化合物影响酶的稳定性

三、影响检测结果的因素

1.采血时间

动物实验中,检测生化指标时应在禁食(不禁水)4～12 h 后采血,如检测血糖、血脂、游离脂肪酸、肝功及肾功能检查等,进食多会影响血液生化指标。有些重复检查指标需在同一时间采血检查,如 ACTH,血浆皮质醇,血清 Fe、Cu、F、Zn,血清胆红素,白细胞等,因为这些指标在一日之内的不同时间有生理性的高低波动。

2.采血血管

动物血液可由静脉、毛细血管、动脉等采集。不同血管采集的血液对多数检查指标影响不大,但也有一些指标会受影响,如血糖、血清乳酸及丙酮酸值的静脉血和毛细血管血有一定差异,血氧饱和度、二氧化碳分压在动脉血和静脉血之间有明显差异,血糖、血清乳酸也有差异。

3.密闭方式

血液暴露于空气后,二氧化碳会迅速逸出并吸收氧气提高血氧饱和度,从而引起血液 pH 和细胞内外一系列成分的改变。所以,测定 pH 及气体的血液样品要求以密闭方式采血。

项目六

实验动物其他样本采集技术

【知识目标】

项目六	内容	知识点	学习要求	自评
任务1	尿液采集技术	膀胱解剖位置 尿液检查的内容 尿液样本处理注意事项	熟悉 熟悉 了解	□ □ □
任务5	脑脊液采集技术	椎管解剖结构 小脑延髓池解剖位置	熟悉 熟悉	□ □

【技能目标】

项目六	内容	知识点	技能要求	自评
任务1	尿液采集技术	大、小鼠尿液收集 兔膀胱穿刺 公犬导尿 母犬导尿	掌握 掌握 掌握 掌握	□ □ □ □
任务2	腹水采集技术	小鼠腹水采集	掌握	□
任务3	胸腔积液采集技术	兔胸水采集	熟悉	□
任务4	骨髓采集技术	小鼠骨髓采集	熟悉	□
任务5	脑脊液采集技术	腰椎脑脊液采集 小脑延髓池采集	掌握 熟悉	□ □
任务6	消化液的采集技术	小鼠胃液采集	掌握	□
任务7	精液、乳汁、粪便采集技术	粪便采集	熟悉	□

自评:在学习过程中,学生可以按照学习要求在已经掌握的知识点"□"上打"√"。

【素质目标】

目标内容	素质要求	自评
劳动精神	对待工作一丝不苟,反复磨炼技能	
团队协作	小组内分工协作,各岗位轮训	
沟通交流	培养沟通能力,乐于分享收获	
自主探究	培养主动思考、发现问题、分析问题的能力	
动物福利	培养保护动物福利意识	
无菌素养	操作中无菌意识贯穿始终	
安全防护意识	培养注意安全防护的工作素养	

任务 1　尿液采集技术

尿常规是医学检验"三大常规"项目之一,不少肾脏病变早期就可以出现蛋白尿或者尿沉渣中有有形成分。对于某些全身性病变以及身体其他脏器影响尿液的疾病,如糖尿病、血液病、肝胆疾病、流行性出血热等的诊断,尿常规也有很重要的参考价值。同时,尿液的化验检查还可以反映一些疾病的治疗效果及预后。尿常规检验能有效评估健康状况,广泛应用于泌尿系统疾病的诊治与疗效评估、临床用药的安全监护和相关职业疾病的辅助诊断。

一、尿常规检验项目及临床意义

(一)尿颜色

正常尿液为淡黄色,不同动物尿液质地有区别,大鼠、小鼠、犬、猫的正常尿液为澄清的淡黄色,兔等草食动物尿液呈黄色、略浑浊。

深茶色尿见于胆红素尿,如肝细胞性黄疸、阻塞性黄疸等;红色尿见于血尿,如泌尿系统结石、肿瘤、感染(包括结核)等;啤酒样至酱油色尿见于血红蛋白尿;乳白色尿见于乳糜尿、脓尿,常见于丝虫病或尿内含有大量无机盐类结晶。

(二)尿透明度

尿液透明度下降、混浊多见于尿酸盐结晶、乳糜尿、脓尿、血尿。

(三)尿比重(相对密度)

尿比重增高见于高渗性脱水,尿液浓缩;急性肾炎、高热、心功能不全造成的少尿;尿增多时见于糖尿病。尿比重降低见于慢性肾小球肾炎、肾功能不全、尿崩症、大量饮水等。

(四)尿 pH

食肉目动物尿液多为酸性,草食动物尿液通常是碱性,服用氯化铵等酸性药物可使尿液呈酸性。酸性尿见于糖尿病性酸中毒、饥饿、严重腹泻、呼吸性酸中毒、发热等。碱性尿见于剧烈呕吐、持续性呼气过度、尿路感染等。

（五）尿蛋白

生理性蛋白尿属功能性、体位性及摄食性。病理性蛋白尿又可分为肾前性蛋白尿，见于发热、心功能不全、缺氧、恶性肿瘤、多发性骨髓瘤等。轻度蛋白尿：可见于肾小管及肾小球病变的非活动期，肾盂肾炎、体位性蛋白尿。中度蛋白尿：可见于肾炎、高血压、肾动脉硬化、多发性骨髓瘤。重度蛋白尿：可见于急性或慢性肾小球肾炎及红斑狼疮性肾炎、肾病综合征等。

（六）尿葡萄糖

尿内葡萄糖阳性见于糖尿病、肾性糖尿病、甲亢、内服或注射大量葡萄液、应激等。

（七）尿血

尿红细胞呈阳性，当镜下可见大量红细胞时称血尿。血型不合时的输血、严重烧伤或感染、恶性疟疾以及某些药物或毒物所致炎症可引起血尿。各种溶血性贫血发作时可能出现血红蛋白尿。

（八）尿胆红素

尿胆红素阳性见于肝外阻塞性黄疸，如胆总管结石、胆囊肿瘤等；肝内阻塞性黄疸，如肝癌、肝脓疡及毛细胆管炎；以及肝实质损害，即急性肝炎、慢性活动性肝炎及肝硬化。

（九）尿胆原

尿胆原正常结果为弱阳性。当尿液检查中尿胆原阴性时，提示完全阻塞性黄疸。增高时提示溶血性黄疸、肝细胞性黄疸、心力衰竭、败血症、恶性疾患及肝实质性病变（如肝炎）等。

（十）尿酮体

糖尿病并发酸中毒时尿酮体可呈强阳性，此外长期饥饿、营养不良、剧烈运动后也可呈阳性反应。

（十一）尿沉渣显微镜细胞学检查

（1）红细胞增多　见于肾结核、肾结石、肾盂肾炎、肾肿瘤或外伤、急性和慢性肾小球肾炎、肾移植术后。

（2）白细胞增多　见于肾盂肾炎、膀胱炎、尿路感染、前列腺炎、肾肿瘤、肾结核及肾小球肾炎等。

（3）上皮细胞增多　可见大量的鳞状上皮细胞同时伴有较多的红细胞、白细胞，见于尿路炎症，小圆上皮细胞指示肾小管或尿路深层病变。

（十二）尿沉渣显微镜管型检查

（1）透明管型　肾脏有轻度或暂时性功能改变，如剧烈运动、高热和心功能不全时，尿中可见少量透明管型；肾脏有实质性病变时，可见多量透明管型。

（2）红细胞管型　见于急性肾小球肾炎、急性肾小管坏死、肾出血及肾移植急性排异反应。

（3）白细胞管型　见于肾脏有化脓性炎症，如急性肾盂肾炎、间质性肾炎等。

（4）颗粒管型　见于肾器质性病变，如慢性肾炎、药物中毒引起的肾小管损伤。

（5）蜡样管型　见于重症肾小球肾炎、慢性肾炎晚期，它的出现提示肾脏有长期且严重的病变。

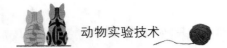

(6)脂肪管型　是肾上皮细胞脂肪变性的产物,见于慢性肾炎及类脂性肾病等。

该项检查正常结果为:无或偶见透明管型。

二、尿液样品的处理及注意事项

(一)尿液的收集

(1)应尽可能地留取新鲜尿,较浓缩,条件恒定,便于对比。

(2)应使用清洁无菌容器收集尿液。

(3)尽可能避免粪便等异物混入。

(4)应及时送检,以免细菌繁殖、细胞溶解等。

(5)尿胆原等化学物质可因光分解或氧化而减少,因此应尽快送检。

(二)尿液的防腐与保存

1.冷藏

防腐剂随检验目的而定,一般置于 4 ℃冰箱可保存 6 h。

2.甲醛

用于管型细胞检验的防腐,每 100 mL 尿加入 400 g/L 的甲醛 0.5 mL。由于甲醛具有还原性,不适用于尿糖等化学成分检查。

3.甲苯(或二甲苯)

用于尿糖、尿蛋白检验的防腐,每 100 mL 尿加入甲苯 0.5 mL。

4.麝香草酚

用于尿中化学成分及细菌检验的防腐,每 100 mL 尿加入量为 0.1 g。

(三)检验后尿标本的处理

标本检验后,必须经过消毒处理后才能排入下水道内。所用盛尿容器及试管等须在 30～50 g/L 漂白粉澄清液或 100 g/L 次氯酸钠钾液中浸泡 2 h,也可用 5 g/L 过氧乙酸浸泡 30～60 min,再用清水冲洗干净。

三、尿液采集技术

(一)大、小鼠尿液采集

1.刺激采集尿液

大鼠和小鼠膀胱容量小,当抓取保定后,轻轻刺激会阴部就会发生排尿,用采集管收集尿液即可少量采集尿液。

2.连续采集尿液

(1)大鼠和小鼠的留尿法　在小动物的毒理实验中,常常收集 24 h 或某特定时间内的尿液。为此常用代谢笼配上粪尿分离漏斗收集尿液,此装置除支架外均用玻璃或有机玻璃制成,便于清洗。该装置主要包括圆形有机玻璃笼罩,带孔的圆玻璃底盘,供饮水和食料的装置,锥形集尿漏斗和粪尿分离器等,如图 6-1 所示。动物置于代谢笼内,粪尿分离漏斗的侧口接一只 150～200 mL 的集尿容器收集尿液。一般 5～6 h 内,平均每只小鼠可收集到 0.4～0.5 mL 的尿液。如留尿前给予灌胃,每克体重灌液 0.02 mL,则尿液可增至 0.7～0.8 mL。未经水负荷的正常大鼠,每小时排尿量约为 0.5 mL/100 g 体重。

猫和兔连续集尿装置的组成部分与大鼠的基本相同。但代谢笼常用铁丝和搪瓷制成。集尿的容器要大一些。

(2)连续收集尿液的注意事项

①尿液收集器必须保证粪尿分开,防止粪便污染尿液。标本容器必须洁净,其容量视动物而定。

②标本收集后,须在新鲜时进行检验,若需放置时间较久,则须存放在冰箱中或加入适当的防腐剂。

③分析尿中金属离子时,代谢笼等应避免使用金属材料,最好用聚乙烯材料的集尿容器。

④为了满足实验所需尿量,在收集尿液前,可灌喂适量的水及青菜。

图 6-1 代谢笼结构

(二)膀胱穿刺采尿

膀胱穿刺采集尿液就是经皮肤用穿刺针刺入膀胱采集尿液的方法,此法具有快速、方便和没有尿道损伤的优点。

1.穿刺位置

操作时,先麻醉实验动物,将其仰卧保定于实验台上,剃去下腹部正中线区域被毛,在耻骨联合上方消毒皮肤。操作者左手消毒,触摸并轻轻捏住以固定膀胱,右手持事先准备好的 10 mL 注射器,在耻骨联合上方膀胱位置,如果是公犬则在耻骨联合上方、接近包皮 3 cm 处,沿腹中线经皮刺入。

2.穿刺方法

刺入皮肤后针头应稍改变一下角度,以免造成贯通创,穿刺后从皮肤漏尿。刺入时应慢慢深入,边刺入边抽吸,以抽出尿液为度。如一次抽不出尿液,需拔出针头重新刺入。抽到尿液后用左手固定针头,取下针筒,连接尿袋或采集管。采集完成后,轻轻拔出针头,按压针孔片刻,如图 6-2 所示。

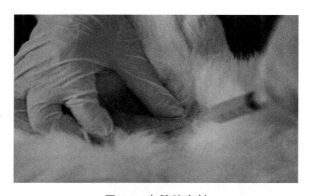

图 6-2 兔膀胱穿刺

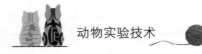
(三)导尿法

导尿法是使用无菌导尿管从尿道口插入膀胱引出尿液的方法。导尿管插入时需要轻柔，避免损伤尿道上皮，导尿操作要注意避免污染，造成下泌尿道感染。

1. 公犬导尿

公犬常用导尿管型号为 4-10Fr，质地为硬聚丙烯材料、橡胶、硅胶等材质，头端封闭圆滑，头端后方有开口，用于导出尿液。导尿管需要有一定硬度和柔韧性。根据装置时间不同也可选择具有双腔的导尿管，双腔导尿管头端可冲入相应剂量的无菌生理盐水，形成膨大，卡在膀胱内，避免导尿管长时间放置滑落出膀胱。导尿管尾端可连接注射器或尿袋收集尿液，如图 6-3 所示。

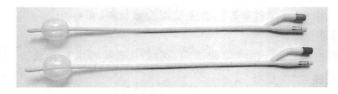

图 6-3　双腔导尿管

（1）导尿工具

①无菌导尿管；

②无菌润滑剂（常用利多卡因凝胶，除有润滑作用外还有表面麻醉作用，减少动物刺激性反应）；

③外科用刷洗剂（如氯己定溶液）和无菌生理盐水，用来冲洗尿道口黏膜；

④大小适宜的注射器针筒或尿袋，用来收集尿液；

⑤医用胶布或缝针、缝线。

（2）操作方法

公犬麻醉或镇静，仰卧或侧卧保定。消毒公犬尿道外包皮周围皮肤，助手将包皮口打开，用氯己定冲洗干净包皮内分泌物，用手推出阴茎露出尿道口。

操作者先用利多卡因凝胶润滑导尿管头端，然后由尿道口徐徐插入，一般均无阻力。插入深度约 22～26 cm，可根据动物大小而定，一般中等犬插入 24 cm 合适，如图 6-4 所示。

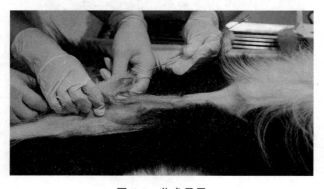

图 6-4　公犬导尿

当导尿管插入膀胱时,可见尿液立即从管中流出,证明插入正确。然后再进入少许即可用医用胶布固定导尿管,尾端连接注射器或尿袋。

如需长时间保留导尿管,可使用双腔导尿管,按照上述步骤,在导尿管进入膀胱后,从尾端注入相应数量的无菌生理盐水,使导尿管头端膨大并卡在膀胱内,然后用结扎线结扎固定导尿管末端,必要时可将导尿管末端缝合在躯干皮肤上。

注意,若需长时间反复取样的实验,为避免尿液标本污染和实验犬尿道逆行感染,导尿管末端应按无菌技术要求保护,不开放时应用无菌敷料包扎夹闭。

2．母犬导尿

母犬尿道口位于阴道腹侧的一个结节突起中,导尿时需要了解母犬尿道口解剖位置,如图6-5所示。

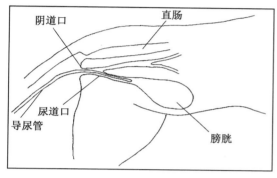

图6-5　母犬尿道口位置示意图

图6-6　母犬开膣器观察尿道口位置

母犬的导尿,取一根长约27 cm,内径0.25～0.30 cm的硬制导尿管,用红霉素软膏或利多卡因凝胶润滑导尿管头端,注意不要堵塞导尿管的开口。用小号的开膣器扩开阴道口,在阴道口内2～3 cm的腹侧,可见尿道口(图6-6),将导尿管从尿道口轻轻插入10～12 cm,此时可见尿液从导尿管流出,用注射器连接导尿管末端抽取尿液。没有开膣器的情况下,也可左手戴无菌手套将食指探入阴道口,触摸到尿道口后,另一手持导尿管沿着左手食指下插入尿道。

如需长时间采集尿液,可将导尿管结扎后缝合固定在外阴部皮肤上,固定导尿管时可用血管钳将导尿管夹闭,阻止尿液外流。导尿管末端可通入玻璃量器或尿袋,用来收集并记录尿量。

【实操记录与评价】

动物/物品准备				
实操内容	考核标准		操作记录	小组评价
兔膀胱穿刺采尿	麻醉后仰卧保定,备皮消毒位置正确(耻骨联合上方),穿刺位置、手法正确			
公犬导尿	导尿物品准备完全,犬保定正确,冲洗正确,导尿管插入正确,导出尿液			

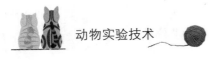

续表

动物/物品准备			
母犬导尿	导尿物品准备完全,犬保定正确,冲洗正确,导尿管插入正确,导出尿液		
教师指导记录			

【岗位核心素养与工匠精神评价】

考核内容	考核标准	考核结果	感想记录
学习态度	积极参与,主动学习	☆☆☆☆☆	
精益求精	反复训练,精益求精	☆☆☆☆☆	
团队协作	小组分工协作,轮流分工	☆☆☆☆☆	
沟通交流	善于沟通,分享收获	☆☆☆☆☆	
自主探究	主动思考,分析问题	☆☆☆☆☆	
动物福利	爱护动物,建立动物福利意识	☆☆☆☆☆	
无菌意识	无菌意识贯穿始终	☆☆☆☆☆	
防护意识	对自己和他人的安全防护意识	☆☆☆☆☆	

任务2 腹水采集技术

腹水为腹腔积液的简称,采取的腹腔内液体可供实验室检查,腹腔积液的颜色、透明度、蛋白质含量、细胞成分等都具有重要的临床意义。采集腹水时大动物通常选择站立保定,犬、猫、兔等动物可选择平卧位或侧卧位。

一、小鼠腹水采集

选取腹水明显的小鼠,一只手将小鼠仰卧保定,腹部放低,使腹水在下腹部集中。另一手持注射器,在腹股沟与腹中线间腹部膨大处进行穿刺,注意穿刺速度不可太快,以免刺中内脏组织。腹水较多时,腹腔压力大,可见腹水自动进入注射器中,轻轻回抽即可收集腹腔积液。

二、大型实验动物腹水采集

犬、猫、兔等大动物采集腹水时可将动物站位保定,这时腹腔内液体会因重力集中在下腹部,可见下腹部腹围明显增大。选择液体低水位的位置,局部皮肤去被毛、消毒。用无菌止血钳小心提起皮肤,右手持小针头或穿刺套管针沿下腹部靠腹壁正中线处轻轻垂直刺入,注意不可刺入太深,以免损伤内脏。针头有落空感后,说明穿刺针已刺入腹膜腔,用左手固定穿刺针,缓慢抽取腹水。

三、抽取腹水的注意事项

(1)穿刺针刺入时不宜过深,以防刺伤肠管或腹腔脏器。穿刺位置应准确,保定要正确。

(2)抽取腹水时如遇到引流不畅,可将穿刺针稍做移动或将体位稍变动。

(3)抽取腹水不可速度过快,也不可一次抽出大量腹水,以免造成腹腔压力骤减,外周血压下降而引起动物晕厥或死亡。

(4)穿刺过程中应随时注意动物的反应,观察呼吸、脉搏和黏膜颜色变化,当发现有特殊变化时,应停止操作,并进行适当处理。

(5)当腹腔过度紧张时,穿刺容易刺入肠管,肠内容物被误认为是腹腔积液,造成误诊,因此穿刺时应特别注意鉴别抽出的液体质地。此外,穿刺时还应注意防止空气进入腹腔。

任务3 胸腔积液采集技术

胸水是胸腔积液的简称。胸腔积液可以由多种原因造成,采取胸水进行实验室检验具有重要的临床意义。胸腔穿刺法收集胸腔积液,可麻醉动物后进行穿刺,也可处死动物,剖开胸腔采集胸腔积液。

一、小鼠胸水采集

操作者一手抓取小鼠仰卧保定,头部向上,用酒精棉球消毒胸部皮肤。另一手持注射器在胸腔下缘,紧贴肋骨前缘的肋间进针,当针头穿过肋间肌时有明显的落空感,即可抽取胸水。

二、大动物胸水采集

操作时,实验动物取立位或麻醉后半卧位固定,局部皮肤去被毛、消毒、穿刺针头与注射器之间接三通连接装置,实验人员以左手拇指、食指绷紧局部皮肤,右手握穿刺针于实验动物腋后线第11～12肋间隙穿刺,也可在胸壁近胸骨左侧缘第4～5肋间隙穿刺。穿刺时垂直进针,到达肋间肌时产生一定阻力,当阻力消失、有落空感时,说明已刺入胸腔,用左手固定穿刺针,打开三通连接装置,缓慢抽取胸腔积液。

三、胸水采集注意事项

(1)穿刺针应紧贴肋骨前缘,否则容易损伤肋间神经。

(2)操作中要严防空气进入胸腔,要保持胸腔负压。否则会造成气胸,引起动物呼吸困难。

(3)穿刺时要注意进针深度,防止刺破肺脏,造成肺部损伤或气胸。穿刺时如有出血,应充分止血并改变位置重新穿刺。

(4)排出积液时要注意缓慢进行,不可排出过快,同时注意动物呼吸、脉搏和黏膜颜色变化。如遇针孔堵塞,可用针芯疏通。

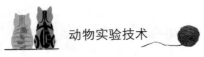

【实操记录与评价】

动物/物品准备			
实操内容	考核标准	操作记录	小组评价
小鼠腹水采集	保定动作正确,穿刺位置、手法正确		
家兔胸水采集	保定动作正确,穿刺位置、手法正确		
教师指导记录			

【岗位核心素养与工匠精神评价】

考核内容	考核标准	考核结果	感想记录
学习态度	积极参与,主动学习	☆ ☆ ☆ ☆ ☆	
精益求精	反复训练,精益求精	☆ ☆ ☆ ☆ ☆	
团队协作	小组分工协作,轮流分工	☆ ☆ ☆ ☆ ☆	
沟通交流	善于沟通,分享收获	☆ ☆ ☆ ☆ ☆	
自主探究	主动思考,分析问题	☆ ☆ ☆ ☆ ☆	
动物福利	爱护动物,建立动物福利意识	☆ ☆ ☆ ☆ ☆	
无菌意识	无菌意识贯穿始终	☆ ☆ ☆ ☆ ☆	
防护意识	对自己和他人的安全防护意识	☆ ☆ ☆ ☆ ☆	

拓展:浆膜腔穿刺液检查

　　动物的胸腔、腹腔、心包腔等统称浆膜腔。在正常情况下仅有少量液体,主要起润滑作用,以减轻两层浆膜相互摩擦,通常量较少,一般不易采集到。在病理情况下,浆膜腔内液体的产生和吸收平衡遭到破坏,过多的液体在腔内积聚形成积液,这些积液随部位不同而分为胸腔积液(简称胸水)、腹腔积液(简称腹水)和心包腔积液等。浆膜腔积液检查的主要目的是区分积液性质是漏出液还是渗出液。

　　浆膜腔积液标本由胸腔穿刺术、腹腔穿刺术或心包穿刺术分别采集。送检标本最好留取中段液体于消毒试管或消毒瓶内,为防止出现凝块、细胞变性、细菌破坏自溶等,应及时送验及检查。

一、浆膜腔积液的性质

　　区分积液的性质对疾病的诊断和治疗具有重要意义,按浆膜腔积液性质和病因,一般分为漏出液和渗出液两类。

（一）漏出液（transudate）

为非炎症性积液，其常见形成原因为：

（1）血管内胶体渗透压下降，如肾病伴蛋白大量丢失、重度营养不良、晚期肝硬化、重症贫血等。

（2）毛细血管流体静脉压升高，如静脉回流受阻（静脉栓塞、肿瘤压迫）、充血性心功能不全和晚期肝硬化等。

（3）淋巴回流受阻，如淋巴管被血丝虫阻塞或者淋巴管被肿瘤所压迫等。

（4）水、钠潴留，可引起细胞外液增多，常见于晚期肝硬化、充血性心力衰竭和肾病等。

（5）肉仔鸡腹水征。

（二）渗出液（exudate）

凡由各种炎症或其他原因如恶性肿瘤导致血管通透性增加而引起的积液称为渗出液，多为炎症性积液。其形成的常见原因有：

（1）细菌感染　感染时由于病原微生物的毒素、缺氧以及炎症介质作用使血管内皮细胞受损，血管通透性增加，以致血管内大分子物质如白蛋白甚至球蛋白和纤维蛋白原都能通过血管壁而渗出。在渗出过程中，还有各种细胞成分的渗出。当血管严重受损时，红细胞也外溢，因此炎性渗出液中也可含有红细胞。

（2）恶性肿瘤　恶性肿瘤细胞产生血管活性物质，使毛细血管通透性增加，大量血浆蛋白及红细胞渗出，易引起血性浆膜腔积液。

（3）其他原因　见于外伤、寄生虫病，浆膜受到异物如胆汁、胰液、胃液等刺激也可引起类似渗出液的积液。漏出液与渗出液的区别见表6-1。

（三）显微镜检查

1.细胞计数

细胞计数时应把全部有核细胞（包括间皮细胞）都列入细胞计数中。

（1）红细胞计数　对漏出液和渗出液无多大意义。但当积液中红细胞计数大于 $0.1 \times 10^{12}/L$ 时应考虑可能是恶性肿瘤、肺栓塞或创伤所致，也要考虑结核病或穿刺损伤的可能。

（2）白细胞计数　白细胞计数对渗出液和漏出液的鉴别有参考价值。胸腔积液以白细胞计数 $1.0 \times 10^6/L$ 为界时，80%以上漏出低于此值，80%以上渗出液却高于此值，但两者常有重叠，因而白细胞计数的可靠性也不强。

2.白细胞分类

穿刺液应在抽出后立即低速离心沉淀，用沉淀物涂片，经瑞氏染色后进行分类。漏出液中细胞较少，以淋巴细胞及间皮细胞为主。渗出液则细胞较多。各种细胞增加的临床意义如下：

（1）中性分叶核粒细胞增多　常见于化脓性渗出液、结核性浆膜腔炎早期的渗出液中；心包积液中中性粒细胞增加见于细菌性心内膜炎。

（2）淋巴细胞增多　主要提示慢性炎症，如结核、病毒感染、肿瘤或结缔组织病所致的渗出液，少数淋巴细胞也可出现于漏出液中。

表 6-1　漏出液与渗出液的区别

项目	漏出液	渗出液
病因	非炎症	炎症、肿瘤
外观	淡黄	不定,可为黄色、血色、脓性、乳糜样
透明度	透明、偶见微混浊	多为混浊
相对密度	<1.015	>1.018
凝固	不凝	常自凝
黏蛋白试验	阴性	阳性
pH	>7.4	<6.8
蛋白质定量	<25 g/L	>30 g/L
积液总蛋白/血清总蛋白	<0.5	>0.5
葡萄糖	>3.3 mmol/L	可变化,常<3.3 mmol/L
LD	<200 U/L	>200 U/L
积液 LD/血清 LD	<0.6	>0.6
细胞总数	常<100×10^6/L	常>500×10^6/L
白细胞分类	以淋巴细胞及间皮细胞为主	根据不同病因而异,一般炎症急性期以中性粒细胞为主,慢性期以淋巴细胞为主
癌细胞	未找到	可找到癌细胞或异常染色体
细菌	未找到	可找到病原菌
常见疾病	充血性心力衰竭、肝硬化和肾炎伴低蛋白血症	细菌感染、原发性或转移性肿瘤、急性胰腺炎等

（引自《兽医临床病理学》,刘思当,2003）

（3）嗜酸性粒细胞增多　常见于超敏反应、寄生虫病所致的渗出液以及结核性渗出液的吸收期。另外,多次反复穿刺刺激、人工气胸、手术后积液、间皮瘤等,积液中嗜酸性粒细胞亦增多。

（4）间皮细胞增多　提示浆膜受刺激或受损,浆膜上皮脱落旺盛,多见于淤血、恶性肿瘤等。间皮细胞经瑞氏染色后,大小为 15～30 μm,圆形、椭圆形或不规则形,核在中心或偏位,多为一个核,也可见两个或多个核者,均为紫色,胞质多呈淡蓝色或淡紫色,有时有空泡。间皮细胞在渗出液中可退变,使形态不规则,还有幼稚型间皮细胞,染色质较粗糙致密,但核仁不易见到,都应注意与癌细胞区别。

3．细胞学检查

怀疑恶性积液时,可用积液离心沉渣涂片或细胞玻片离心沉淀仪收集积液中细胞,做巴氏或 HE 染色镜检,镜检如见有多量形态不规则、细胞胞体大小不等、核偏大并可见核仁及胞质受色较深的细胞,应高度重视、认真鉴别。

4.病原学检查

（1）涂片细菌检查　如怀疑为渗出液,应将标本离心后取沉淀物涂片,做革兰氏染色找细菌,如怀疑为结核性积液,应做抗酸染色找抗酸杆菌。另外,还可以进一步进行细菌培养(除需氧菌和厌氧菌培养外,还应根据需要做结核菌培养)、药敏试验,甚至动物接种。

（2）真菌检查　真菌引起的浆膜腔积液可在显微镜下查找菌丝或芽孢,必要时进一步做真菌培养。

（3）寄生虫检查　可将乳糜样浆膜腔积液离心沉淀后,将沉淀物倒在玻片上检验有无寄生虫。

二、几种渗出液的鉴别

（一）脓性渗出液

黄色,混浊,含有大量中性粒细胞(常有变性坏死)和细菌。常见细菌有葡萄球菌、肺炎链球菌、链球菌、大肠埃希氏菌、铜绿假单胞菌等,由放线菌所致的渗出液浓稠、恶臭,可找到特有的菌块;由金黄色葡萄球菌引起者,积液稠厚而黄;链球菌引起者,积液多稀薄,呈淡黄色;铜绿假单胞菌引起者呈绿色;约 10% 积液有厌氧菌感染。通过细菌学检查,多能发现病原菌,一旦发现病原菌应及时做药敏试验。

（二）浆液性渗出液

蛋白质含量为 $30\sim50$ g/L(结核性渗出液有时可低于 30 g/L),积液抽出时呈半透明稍稠的液体,细胞数 500×10^{6}/L 左右,无细菌时葡萄糖与血中浓度相近似,常见于癌转移早期、结缔组织病。结核性胸(腹)膜炎时积液中葡萄糖降低。

（三）纤维性渗出液

因积液含较多纤维蛋白原常在浆膜腔内就已凝固,又可因组织坏死而促进纤溶。可分为浆液纤维性和脓性纤维性(化脓性感染并出现大量纤维蛋白时)液体。

（四）血性渗出液

血性胸水常见于内脏破裂、癌性和结核性病变。

三、关节腔穿刺液检查

关节腔为由关节面与滑膜围成的裂隙,内含滑膜液。滑膜液来自血管、毛细淋巴管的超滤液及滑膜细胞的分泌液,为无色或淡黄,黏稠或微碱性的液体,含有 96% 的水和 4% 的固体,相对密度为 1.010,pH 为 7.3 左右,含少量细胞。滑膜液可营养、润滑关节面,排除关节腔内废物,保护关节、增强关节效能。微生物进入关节腔一般比进入脑脊液容易,所以在感染过程中,关节受侵袭比较常见。关节发生炎症时,常累及滑膜,使滑膜液的化学组成、细胞成分均发生改变。滑膜液的变化可直接反应关节炎症的性质和程度,因而滑膜液的检查具有重要的临床意义。

（一）标本的采集和保存

滑膜液标本由穿刺获得。关节腔穿刺的适应征有:①原因不明的关节积液。②疑为感染性关节炎,寻找、鉴别病原菌。③区别感染关节炎和结晶性关节炎。④抽积液或向关节腔内注药,以达治疗目的。标本采集后应分别装入 3 个无菌试管中:第 1 管做微生物学检查及一般性状检查;第 2 管用肝素抗凝(每毫升滑膜液用 25 U 肝素钠)做细胞学及化学检查;第 3 管不加抗凝剂以观察有无凝固。同时记录抽出液量,不宜选用草酸盐和 EDTA 粉剂作抗凝,因为这些物质影响滑膜液的结晶检查。如果注射器中抽出液很少(仅几滴)时,应连同针头和注射器一起插入无菌橡皮塞中一并送检。采取标本后应注意及时送验及时检查。

(二)一般性状检查

(1)滑膜液量　正常关节腔内存有少量滑膜液,很难抽出。在关节发生炎症、外伤和化脓性感染时,滑膜液量会增多,而且较易采集。

(2)颜色　正常滑膜液多为淡黄色、透明、黏稠的液体,静置后不会凝固。轻度炎症时色泽变黄,此为漏出的红细胞崩解,血红蛋白游离出来所致。穿刺损伤的出血,可从注射器内液体分段不均一性得到证实。离心后上清液为深黄棕色是关节陈旧性出血。在严重细菌感染时,肉眼可见脓样液体,但在感染的早期滑膜液外观可以正常。

(3)透明度　正常滑膜液为透明清亮。混浊者可能与白细胞增多有关。还可能是大量结晶、脂肪小滴、纤维蛋白或块状的退化滑膜细胞形成的悬浮组织。可用"清""微混""混浊"等描述。

(4)黏稠度　正常滑膜液因含有丰富的透明质酸而有高度的黏稠性。关节炎症时,由于滑膜液中透明质酸聚合物被游离的溶解酶分离,又因炎症使滑膜液增多,致使透明质酸聚合物浓度被稀释,滑膜液黏稠性有不同程度的降低。一般用拉比试验检查其黏稠度,此法简便。患化脓性关节炎时,则滑膜液拉不出丝来。

(5)凝块形成　正常滑膜液不含纤维蛋白原和其他凝血因子,因此不会凝固。当炎症时,血浆中凝血因子渗出可形成凝块,凝块大小一般与炎症程度呈正比。

(6)石灰渣样渗出物　禽患尿酸盐沉积症(痛风)时,关节腔内可见石灰渣样渗出物。

(三)显微镜检查

滑膜液采集后,应立即进行检查。

1. 细胞计数

细胞少时应用 Fuchs-Rosenthal 计数板进行计数,当细胞多时可用生理盐水稀释后计数。若黏稠度高时,计数前可用透明质酸酶处理以降低黏稠度后再取标本。如存在大量红细胞而干扰白细胞计数时,应用 0.1 mol/L 盐酸液或含 10 g/L 白皂素的氯化钠液稀释以便破坏红细胞。正常滑膜液应无红细胞,白细胞参考范围为 $(200 \sim 700) \times 10^6$ 个/L。关节炎症时,白细胞数增加。化脓性关节炎时细胞数往往超过 $50\,000 \times 10^6$ 个/L。在急性尿酸盐沉积、类风湿性关节炎时细胞数可高于 $20\,000 \times 10^6$ 个/L。

2. 细胞分类

正常滑膜液中含有 65% 左右的单核巨噬细胞、大约 10% 的淋巴细胞和约 20% 的中性粒细胞。偶见软骨细胞、组织细胞。炎症活动期,中性粒细胞可超过 75%。在化脓性关节炎时中性粒细胞可高达 95%。病毒感染、结核杆菌感染时,淋巴细胞和单核细胞增加,并可出现异型淋巴细胞。类风湿性关节炎、痛风等病的滑膜液中可见到中性粒细胞内有大量(10~20 个)免疫复合物形成的包涵体,呈灰色,大小为 $0.5 \sim 2 \, \mu m$。

3.结晶

滑膜液检查中很重要的内容为结晶检查,除一般生物光学显微镜检查外,最好用偏振光显微镜做鉴定。临床滑膜液常见的结晶有尿酸盐、焦磷酸钙、磷灰石、脂类和草酸钙结晶,分别存在于各种痛风患畜中。

任务4　骨髓采集与制片技术

实验动物的骨髓穿刺一般可选择胸骨、肋骨、胫骨、股骨、肱骨等造血功能较活跃的骨组织,不同骨骼的骨髓穿刺点不同。

一、大鼠、小鼠骨髓的采集

用颈椎脱臼法处死动物,剥离出胸骨或股骨,将胸骨或股骨两端剪断。用注射器吸取少量的生理盐水,助手一手用镊子夹起胸骨或股骨,另一手持收集管在下方承接。操作者将注射器插入骨髓腔内冲洗出胸骨或股骨中全部骨髓液。

如果是取少量的骨髓做细胞学检查,可将胸骨或股骨剪断,将其断面的骨髓挤在有稀释液的玻片上,混匀后涂片晾干即可染色检查。

二、大动物骨髓的采集

犬、兔、小型猪等大动物骨髓的采集可采取活体穿刺方法。常用穿刺采集部位有肩部肱骨头、胸骨和髂骨等部位(图6-7、图6-8)。操作时,先将动物麻醉、固定、局部除毛、消毒皮肤,然后估计好皮肤到骨髓的距离,把骨髓穿刺针的长度固定好。操作人员用左手把穿刺点周围的皮肤绷紧,右手将穿刺针在穿刺点垂直刺入,穿入固定后,轻轻左右旋转将穿刺针钻入,当穿刺针进入骨髓腔时常有落空感。

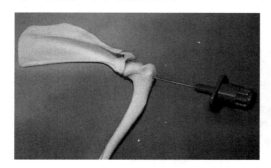

图6-7　肱骨骨髓穿刺位置

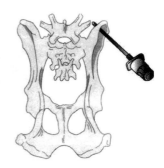

图6-8　髂骨骨髓穿刺位置

犬骨髓的采集,一般采用髂骨穿刺,如图6-8所示。此外常用的骨髓穿刺点还有:胸骨,穿刺部位是胸骨体与胸骨柄连接处;肋骨,穿刺部位是第5~7肋骨各点的中点;胫骨,穿刺部位是股骨内侧、靠下端的凹面处。如果穿刺采用的是肋骨,穿刺结束后要用胶布封贴穿刺孔,防止发生气胸。

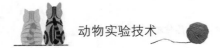

以家兔为例,在肱骨的近端进行采集时,实验动物全身麻醉,侧卧保定,将需采集部位的前肢向上露出肩关节,肩关节部位去毛消毒,触摸肱骨的位置,估计从皮肤到骨髓的距离,以此确定骨髓穿刺针刺入的深度。用左手拇指和食指绷紧穿刺点周围皮肤,右手持穿刺针从穿刺点垂直进针,小弧度左右旋转钻入,当针尖有落空感时,说明已进入骨髓腔。如使用的是骨髓穿刺针则用左手固定穿刺针,右手抽出针心,然后连接注射器缓缓抽吸骨髓组织。如用的是注射器,可将注射器连在穿刺针后方直接抽取。然后取出注射器针头,助手进行局部按压止血,采集者将注射器内的骨髓轻轻推注到载玻片上,并迅速推薄涂片,以备染色镜检。若穿刺部位采用的是肋骨,除压迫止血外,还应使用胶布封闭穿刺点,避免造成透创,引发气胸。

三、细胞学涂片制作

(一)按压涂片法

按压涂片技术在处理细胞学样本时被广泛采用,例如半固体样本、黏液状样本,或者是离心沉淀物样本。在距离载玻片磨砂端大约 1 cm 的位置放置少量样本。第二张干净的载玻片直角交叉置于标本之上。标本制备要轻柔,但两张载玻片要紧密接触,第二张载玻片匀速向磨砂端远端拉出,均匀按压涂片。涂片的目的是为了让标本重新分布,把一个多细胞的团块最大限度地变成单层的细胞分布,以便染色渗透。从而优化准备标本以便显微镜检查细胞形态。好的标本制备特点是单层细胞羽毛状的椭圆区域,尾部最佳检测点被称为"最佳点"。按压涂片的替代方法是将上下两张在玻片平行放置。最常见的错误是在载玻片上放置过多的样本,导致涂片太厚,不能在显微镜下充分检查。

(二)推片法

液体标本采集后应立即放置在一个 EDTA 管中以防形成凝块。像血浆一样的液体与血涂片的制备完全一样,一小滴液体置于距离磨砂玻璃 1 cm 处。操作者持第二个玻片以锐角靠近液体标本,当液体延伸到玻片两端时,开始向毛玻璃反向轻轻滑动,如图 6-9 所示,滑动的速度取决于液体的黏稠度,玻片滑动越快得到的样本越薄越均匀。对于黏稠的液体标本如关节液,玻片的滑动就要平稳缓慢。

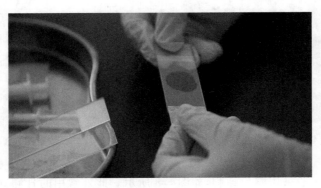

图 6-9　推片方法

在玻片上的所有的液体最终都要留在玻片上。如果有多余液体,人们习惯于将其滑动到玻片尾部,这叫作"悬崖边缘综合征",这样可能丢失诊断机会。"悬崖边缘综合征"最有可能丢掉的是胸膜和腹膜液体中包含的肿瘤细胞团块。这些细胞团块经常跟随玻片滑动,最终黏在液体表面而消失。为了避免液体剩余造成细胞学诊断的缺失,常常在标本玻片末尾的 1 cm,用第二张干净的滑动玻片,重复原来的操作。当有少量的多余液体,液体可以缓慢地短距离回流。薄的细胞学染色部分可以评估细胞数量,厚的集中部分(干燥的多余液体)可以评估细胞类型和感染原。

对血性液体、云雾状液体或灌洗液同样可使用沉淀法凝集细胞。当直接涂片完成之后,可以将其进行离心,离心后去除大部分上清液,然后将细胞沉淀物与余下液体重新混匀,之后可以使用该细胞悬浊液进行涂片和(或)压片检查。要注意的是,不能通过浓缩的悬浊液进行细胞计数检查,只能通过直接涂片检查细胞数量。除去这些离心技术之外,可以使用细胞悬浊液制备细胞块,进行组织病理学检查和免疫组织化学检查。

血性液体标本诊断率取决于淡黄层收集技术。要准备一个微量血细胞比容管测量血液比容。在血细胞处(淡黄层之下)折断比容管,轻轻涂片 2～3 张。直接涂片或者按压扩展标本。这方法对于心包出血、腹腔和胸腔出血的采样非常有价值。这种检查方法对外周血的肿瘤细胞和细胞相关传染性生物体也是有用的。

漏出液和脑脊液中蛋白和细胞的数量都是低的,为了获得多量细胞推荐使用离心机。脑脊液细胞学标本制备要在 30～60 min 内完成,防止低密度细胞溶解。然而,当炎症和肿瘤细胞及传染性病原体存在时,在冷藏条件下诊断细胞完整性的样本通常可保存时间长达 12 h。

(三)制片注意事项

(1)细胞样本最佳诊断区域。靠近载玻片末端和边缘的细胞成分不适合显微检查,需要重新制片。由于染色时,靠近载玻片末端和边缘的细胞容易被玻片架擦掉,所以距离标本末端太远的地方也可能出现染色不充分。末端和边缘也不利于检查,因为 40 倍和 50 倍镜以及 100 倍油镜无法聚焦在这些地方。

(2)如果样本制备得太厚,镜下会很难看清细胞细节,需要重新制作一张抹片。

(3)在胸腔液和腹腔液的检查中,应用折光仪检查总溶质(蛋白质)浓度,来鉴别漏出液和改良漏出液,这些诊断信息是非常重要的。

(4)对于尿沉渣、脑脊液和漏出液等低蛋白液体,在染色冲洗过程中,细胞容易被冲掉。预先用整个载玻片表面涂片,之后自然干燥即可。一次可以制备 10～20 张黏附载玻片。这些载玻片一旦风干后(摸起来没有黏稠感),即可堆叠在一个载玻片盒内,然后存于冰箱中,以防细菌生长。使用前,首先将其复温。在使用这种黏附载玻片时非常重要的一点是不要使载玻片表面结霜,因为这会引起严重的细胞溶解。

【实操记录与评价】

动物/物品准备			
实操内容	考核标准	操作记录	小组评价
小鼠股骨骨髓采集	小鼠断髓处死,取出股骨,冲出骨髓液,制作骨髓抹片,镜下观察		
家兔肱骨骨髓采集	家兔麻醉,保定正确,肩关节备皮消毒正确,穿刺位置正确,采集骨髓,正确制作骨髓抹片,镜下观察		
骨髓抹片制片	抹片厚度合理,染色正确,可观察到骨髓细胞形态		
教师指导记录			

【岗位核心素养与工匠精神评价】

考核内容	考核标准	考核结果	感想记录
学习态度	积极参与,主动学习	☆☆☆☆☆	
精益求精	反复训练,精益求精	☆☆☆☆☆	
团队协作	小组分工协作,轮流分工	☆☆☆☆☆	
沟通交流	善于沟通,分享收获	☆☆☆☆☆	
自主探究	主动思考,分析问题	☆☆☆☆☆	
动物福利	爱护动物,建立动物福利意识	☆☆☆☆☆	
无菌意识	无菌意识贯穿始终	☆☆☆☆☆	
防护意识	对自己和他人的安全防护意识	☆☆☆☆☆	

任务5 脑脊液采集

　　胚胎时期的神经管腔保留下来,构成了脑室和脊髓中央管。脑室系统由侧脑室(每个大脑半球各有一个)、第3脑室、中脑导水管和第4脑室组成。每一侧脑室通过室间孔与第3脑室相通。第3脑室是一个位于正中矢状面的窄腔,环绕着间脑的丘脑间黏合。中脑的中脑导水管连通第3脑室和第4脑室。第4脑室位于菱脑,向后延续为脊髓中央管。

　　脑脊液是无色透明的液体,由侧脑室、第3脑室和第4脑室的脉络丛产生(每个侧脑室有1个脉络丛,第3脑室和第4脑室有2个脉络丛),充满于脑室和脊髓中央管,通过第4脑室脉络丛上的孔(正中孔和外侧孔)进入蛛网膜下腔。蛛网膜下腔内的脑脊液通过硬膜静脉窦而归入静脉。可见,脑脊液不断由脉络丛产生,沿一定途径循环,又不断被重吸收,流到血液,此过程称为脑脊液循环。如果脑室系统的通路发生阻塞,脑脊液循环即发生障碍,可产生脑积水或颅内压增高。

脑脊液具有营养脑、脊髓的作用,并在维持脑组织的渗透压和颅内压的相对恒定及减少外力震荡方面有重要作用。发生病变时,脑脊液的成分和压力发生变化,故临床进行"腰穿",抽取脑脊液进行检查,协助对某些疾病做出诊断。

一、犬、兔脑脊液的采集通常采取脊髓穿刺法

穿刺部位在两髂连线中点稍下方第七腰椎间隙。动物轻度麻醉后,侧卧位固定,使头部及尾部向腰部尽量弯曲,剪去第七腰椎周围的被毛。消毒后操作者在动物背部用左手拇指、食指拉紧固定穿刺部位的皮肤(为避免形成穿透创孔,应将皮肤向一侧稍牵拉,这样穿刺后松开的皮肤上的针眼不会与下层针孔错开,避免感染),右手持腰穿刺针垂直刺入,当有落空感及动物的后肢跳动时,表明针已达椎管内(蛛网膜下腔),抽去针芯,即见脑脊液流出。如果无脑脊液流出,可能是没有刺破蛛网膜。轻轻调节进针方向及角度,如果脑脊液流得太快,插入针芯稍加阻塞,以免导致颅内压突然下降而形成脑疝。

二、大鼠脑脊液的采集可采用枕大孔直接穿刺法

在大鼠麻醉后,俯卧保定,头部固定于定向仪上。头颈部剪毛、消毒,用手术刀沿纵轴切一纵行切口(约 2 cm),用剪刀钝性分离颈部背侧肌肉。为避免出血,最深层附着在骨上的肌肉要用手术刀背钝性分离刮开,暴露出枕骨大孔。由枕骨大孔进针直接抽取脑脊液。抽取完毕缝好外层肌肉、皮肤。刀口处可撒些磺胺药粉,防止感染。采完脑脊液后,应注入等量的消毒生理盐水,以保持原来脑脊髓腔的压力。

三、兔的脑脊液采集

兔轻度麻醉,助手将兔的头部尽量向胸部屈曲,左手触摸第一颈椎上方的凹陷处,上下活动寰枕关节即可触摸到枕骨大孔,右手取注射器针头,尖端要略微磨钝一些,由此凹陷正中线上方沿平行于兔的嘴的方向小心刺入小脑延髓池,当针头刺入小脑延髓池时会感到针头有落空感,同时可听到一声很轻微的咔嚓声,证明针头已穿过硬脑膜,此时可见轻量的脑脊液从注射器针头后方流出,用试管收集脑脊液。需要注意的是,一次采取脑脊液的量不可太多,最多不超过 3 mL。采集完毕,需注入等量的生理盐水,保证脑脊髓腔内的压力平衡,如图 6-10 所示。

注意事项:

第一,穿刺部位必须在枕骨大孔正中,否则容易导致两侧脑膜皱襞静脉出血。

第二,进针不可过深,否则容易损毁延髓。

第三,注意维持脑脊髓腔内的液体压力。

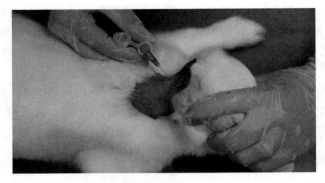

图 6-10　兔小脑延髓池采集脑脊液

【实操记录与评价】

动物/物品准备			
实操内容	考核标准	操作记录	小组评价
兔腰椎脑脊液采集	兔麻醉后侧卧保定,屈曲腰背正确,备皮消毒正确,穿刺位置、深度正确,采集到脑脊液,并保持正常压力		
兔小脑延髓池脑脊液采集	兔麻醉后保定,屈曲颈部,备皮消毒正确,穿刺位置、深度正确,采集到脑脊液,并保持正常压力		
教师指导记录			

【岗位核心素养与工匠精神评价】

考核内容	考核标准	考核结果	感想记录
学习态度	积极参与,主动学习	☆☆☆☆☆	
精益求精	反复训练,精益求精	☆☆☆☆☆	
团队协作	小组分工协作,轮流分工	☆☆☆☆☆	
沟通交流	善于沟通,分享收获	☆☆☆☆☆	
自主探究	主动思考,分析问题	☆☆☆☆☆	
动物福利	爱护动物,建立动物福利意识	☆☆☆☆☆	
无菌意识	无菌意识贯穿始终	☆☆☆☆☆	
防护意识	对自己和他人的安全防护意识	☆☆☆☆☆	

任务6　消化液的采集

一、唾液采集

一般可引用食饵诱使唾液分泌,再从口腔内采集。另外,还可用唾液腺导管引出法,分离出腮腺(或颌下腺与舌下腺)唾液导管,插入细塑料管,采集唾液。

二、胃液采集

如仅需采集少量胃液时,可用灌胃针插入胃内抽取。以小鼠为例,操作时,左手固定小鼠,腹部向上;右手持灌胃器,沿体壁用灌胃针测量口角至最后肋骨之间的长度,作为插入灌胃针的深度。经口角将灌胃针插入口腔,与食管成一直线,再将灌胃针沿上腭壁缓慢插入食管2~3 cm,通过食管的膈肌部位时略有抵抗感。如动物安静、呼吸无异常,即可抽取胃液。如抽取时感觉阻力很大,应抽出灌胃针重新插入。用灌胃针抽取胃液应注意下列几点:①动物要固定好;②使动物头部和颈部保持平展;③进针方向正确,一定要沿着口角进针,再顺着食管方向插入胃内;④进针不顺畅时决不可硬向里插。胃液的采集:将胃管经动物口腔插入胃内,在胃管的出口端连接注射器吸取胃液。一般在禁食6 h后抽取。

三、胆汁采集

胆汁一般使用手术方法采集。以大鼠为例,手术前禁食16~18 h,饮2.5%葡萄糖盐水。将大鼠腹腔麻醉后,使其仰卧于实验台上,从背至腹中线去被毛、消毒。自大鼠剑突下沿腹中线做3~5 cm的切口,或自背部沿末肋切4~6 cm长的切口,钝性分离肌肉。切开腹膜,暴露腹腔,将肝脏向上翻起,在门静脉一侧,找出肝、胆总管。大鼠没有胆囊,几支肝管汇集成肝总管,肝总管和胰管一起汇成胆总管,开口于十二指肠。分离出胆总管,在胆总管靠近十二指肠的膨大后端剪开小切口,用剪成斜面的聚乙烯管尖端由此插入,一直向上插至肝总管后,结扎固定,即可收集胆汁。初次操作者需注意,若插管前端插在胆总管处,收集到的将是胆汁和胰液的混合液。为准确起见,也可在肝总管处剪切口插入。

四、胰液采集

因胰液的基础分泌量少或无,故一般采取手术插管后再注入0.5%盐酸溶液或粗制促胰液素以促进胰液的分泌。

(一)犬胰液的收集

按30 mg/kg静脉注射3%戊巴比妥钠麻醉动物,背位固定于手术台上。切开颈部并进行气管插管,于剑突下沿正中线切开腹壁10 cm。暴露腹腔,从十二指肠末端找到胰尾,沿胰尾向上将附着于十二指肠的胰腺组织用盐水纱布轻轻剥离,在尾部向上2~3 cm处可找到一根白色小管从胰腺穿入十二指肠,此为胰主导管。待认定胰主导管后,分离胰主导管并在下方穿线,在尽量靠近十二指肠处切开,插入胰管插管并结扎固定。最后做股静脉插管,以便输液与静脉给药用,同时分别在十二指肠上端与空肠上端各穿一根粗棉线并扎紧,而后向十二指肠

腔内注入 37℃ 的 0.5% 盐酸 25～40 mL，或股静脉注射粗制促胰液素 5～10 mL，然后收集胰液。

(二)大鼠胰液的收集

麻醉大鼠，在固定板上仰卧固定。在胆总管和十二指肠交界处，用眼科弯镊分离出胆总管，注意不要弄破周围的小血管，并避免用手刺激胰腺组织，以免影响胰液的分泌。分离完毕，从胆总管下穿两根 1-0 线，靠肠管的一根结扎，作为牵引线。用眼科剪在胆总管壁剪一个小斜口，将制作好的胰液收集管插入小口内。插进后，可见黄色胆汁和胰液混合液流出。结扎并固定此管供收集胰液用。然后顺着胆总管向上找到肝总管，结扎。此时，在胰液收集管内可见白色胰液流出。胰液收集管后端可再接内径 2 mm 的硅胶管，引出。胰液收集管可选用聚乙烯塑料软管。

【实操记录与评价】

动物/物品准备			
实操内容	考核标准	操作记录	小组评价
小鼠胃液采集	小鼠保定正确，灌胃针插入位置深度正确，采集到胃液		
大鼠胆汁采集	麻醉大鼠仰卧保定正确，手术通路正确，找到胆总管并采集到胆汁		
教师指导记录			

【岗位核心素养与工匠精神评价】

考核内容	考核标准	考核结果	感想记录
学习态度	积极参与，主动学习	☆☆☆☆☆	
精益求精	反复训练，精益求精	☆☆☆☆☆	
团队协作	小组分工协作，轮流分工	☆☆☆☆☆	
沟通交流	善于沟通，分享收获	☆☆☆☆☆	
自主探究	主动思考，分析问题	☆☆☆☆☆	
动物福利	爱护动物，建立动物福利意识	☆☆☆☆☆	
无菌意识	无菌意识贯穿始终	☆☆☆☆☆	
防护意识	对自己和他人的安全防护意识	☆☆☆☆☆	

任务7　精液、乳汁、粪便的采集

一、小型实验动物精液采集

研究药物对雄性动物生殖系统的作用时,精液的观察甚为重要。常用的采集精液的方法有人工阴道法、按摩法、电刺激法及麻醉法等。

大、小鼠精液采集,可以采集雌鼠阴道内的阴栓来检查精液凝固后的情况。大、小鼠在交配后,精液在阴道内凝固,如一白色栓塞堵在阴道中,叫作阴栓。小鼠的阴栓比较牢固,可在阴道内存留1~2 d;大鼠的阴栓不牢固,容易脱落。所以,检查大鼠的阴栓时,除检查阴道外,还应在笼底寻找阴栓。出现阴栓说明已经交配。

二、犬的精液采集

将雄犬带到发情雌犬的犬舍(雌犬一年内有2次发情期,经常在1~2月和6~8月,每次可持续20~25 d),因雌犬在发情期,外生殖器官红肿并分泌很多特殊血性分泌物,当雄犬接近发情雌犬并嗅到这种分泌物时,可引起雄犬发情。此时立即将雄犬拉上犬台,在雄犬已勃起的阴茎根部轻轻压迫,即可引起雄犬射精。

三、乳汁的采集

用按摩挤奶收集乳汁的方法适合犬、猪、羊等大型动物乳汁的采集。选用哺乳期的实验动物,在早上采集乳汁量最多,用手指轻轻按摩实验动物的乳头,使乳汁自然流出,如乳汁不能自然流出,可张开手掌从乳房基底部,朝乳头方向按摩、挤压整个乳房,即可挤出乳汁。采集泌乳期雌性动物的乳汁也可用相应的挤奶器,安上挤奶器后一般几分钟乳汁就可流出,但挤奶前4 h应将幼仔和母体分开。当动物感到不安时,应立即停止挤奶。一般大鼠泌乳7 d后,每次可挤出乳汁3~7 mL。

四、粪便的采集

粪便标本的采取直接影响检查结果的可靠程度。采集粪便标本的方法因检查目的的不同而有差别,通常是采集自然排出的粪便。常规检查要求收集足量的标本,以便复查及防止粪便迅速干燥。采集时应选择脓液、血液、黏液等病变成分,收集于干燥、清洁、无吸水性的有盖容器内送检。标本容器最好用内层涂蜡的硬纸盒,便于检查后焚毁消毒,也可用玻璃或搪瓷器皿,便于浸泡消毒。

粪便采集时应注意不得混有尿液。为确保所采集粪样能代表粪便真实成分,对于大鼠、小鼠、豚鼠等小动物,可用肛拭子采集粪便:将灭菌棉签用灭菌生理盐水或培养液稍浸湿后,轻轻插入动物肛门深处,缓缓旋转后取出,棉签上即沾有粪样。对于犬、羊、猪等大型动物,可在其粪便刚刚排出时,取粪便中段内部粪样。

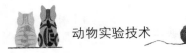
【实操记录与评价】

动物/物品准备			
实操内容	考核标准	操作记录	小组评价
小鼠粪便采集	保定正确,棉拭子采集到粪便		
犬粪便采集	保定正确,粪便采集正确		
教师指导记录			

【岗位核心素养与工匠精神评价】

考核内容	考核标准	考核结果	感想记录
学习态度	积极参与,主动学习	☆☆☆☆☆	
精益求精	反复训练,精益求精	☆☆☆☆☆	
团队协作	小组分工协作,轮流分工	☆☆☆☆☆	
沟通交流	善于沟通,分享收获	☆☆☆☆☆	
自主探究	主动思考,分析问题	☆☆☆☆☆	
动物福利	爱护动物,建立动物福利意识	☆☆☆☆☆	
无菌意识	无菌意识贯穿始终	☆☆☆☆☆	
防护意识	对自己和他人的安全防护意识	☆☆☆☆☆	

拓展:脱落细胞检查

脱落细胞学(exfoliative cytology)是采集动物各部位,尤其是管腔器官表面的脱落细胞,或对肿物及病变器官通过钢针吸取的方法获得细胞,经染色后于显微镜下观察这些细胞的形态,进而做出诊断的一门临床检验学科,又称诊断细胞学、细胞病理学或临床细胞学。

脱落细胞有其特有的细胞形态学规律,与病理组织学变化密切相关。故将二者结合起来,才能对脱落细胞形态做出正确的诊断。

脱落细胞学检验已有百余年的历史,在人类医学上应用极为广泛,但在兽医临床诊断中尚处于起步阶段。早在 1928 年,Papaniculaou 采用阴道涂片诊断宫颈癌,创建了巴氏染色法。1943 年以后,我国在人类医学中逐渐推广应用这门学科。20 世纪 70 年代,因细针吸取细胞技术的发展,使细胞学成为诊断肿瘤特别是恶性肿瘤的重要手段,发展成为应用范围更广泛的一门学科,可以早期诊断恶性肿瘤,并提高了临床的治愈率。近年来,各种新技术的研究和应用,如聚合酶链反应(PCR)技术、免疫细胞化学技术、DNA 分析技术、超微结构分析技术等,使脱落细胞学诊断达到分子水平。

一、脱落细胞检验的取材

(一)脱落细胞检查材料的来源

1.自然排出物

动物的体腔、各组织器官的表面及体表脱落的细胞。如输尿管、膀胱脱落的移行上皮(尿)、乳腺导管上皮(乳头溢液)及气管黏膜脱落上皮(痰),食管和胃黏膜、口腔黏膜及鼻咽部黏膜的标本等。

2.黏膜上皮细胞

自然管腔器官内表面黏膜正常情况下,腔状器官黏膜上皮细胞经常有脱落更新,有病变的黏膜上皮细胞更易脱落。可视黏膜可以直接用刮片刮取、吸管吸取;食道、胃、肠、气管、肺内支气管、膀胱和输尿管在动物剖检时刮取。昂贵的动物可用纤维内窥镜在病灶处直接刷取细胞。

3.体腔抽出液

胸膜腔、腹膜腔、心包腔等浆膜腔积液及脑脊髓膜腔积液等。

4.细针穿刺吸取液

用细针穿刺病变器官或肿物,抽吸出少许病变组织细胞做涂片检查,吸出的细胞完全是人为的"脱落"细胞,由于其诊断的方法和价值与自然脱落细胞相似,故归属脱落细胞。常用于乳腺肿块、皮下软组织肿物、肿大的淋巴结等的诊断。

(二)脱落细胞检查材料的采集方法

正确地采集标本是细胞学诊断的基础和关键。要准确地选择采集部位,多在病变区直接采取;标本采集后应尽快制片、固定,以免细胞自溶或腐败;应尽量避免黏液、血液等干扰物混入标本。

1.直视采集法

在肉眼观察下直接采集的方法。对口腔、鼻咽部、皮肤、阴道、阴道穹隆、宫颈、肛管等部位可直接采用吸管吸取、刮片刮取、刷洗的方法采取标本。胃、直肠、气管、肺支气管和食管在动物剖检时刮取或用纤维内镜在病灶处直接刷取细胞涂片。

2.自然分泌液的采集方法

对痰液、尿液及乳头溢液等自然分泌液可直接留取。

3.摩擦法

利用摩擦工具在病变部位摩擦,将擦取物直接涂片。常用摩擦工具有海绵摩擦器、线网套、气囊等。可分别用于鼻咽部、食管和胃部病灶的取材。

4.灌洗法

向空腔器官或腹腔、盆腔灌注一定量生理盐水冲洗,使其细胞成分脱落于液体中,收集灌洗液并离心制片,做细胞学检查。

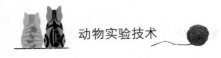
5.针穿抽吸法

对浆膜腔积液、浅表及深部组织器官,如乳腺、淋巴结、肝、关节腔及软组织等可用细针穿刺抽吸积液及部分病变细胞进行细胞学检查。

二、脱落细胞涂片制作

用刮取物直接涂片,抽出液和清洗液直接涂片或离心取沉渣涂片,针穿抽吸液直接涂片染色检查。

(一)涂片的制备

1.涂片要求

(1)标本要新鲜　取材后需尽快制片。

(2)玻片要清洁、无油渍　用硫酸洗涤液浸泡,洗后用75%乙醇浸泡。

(3)涂片要牢固　含有蛋白质的标本可以自接涂片;如缺乏蛋白质的标本,涂片前在玻片上涂一薄层黏附剂。常用的黏附剂有甘油和生鸡蛋蛋白等量混合制成蛋白甘油。

(4)涂片均匀、薄厚适度　操作要轻柔,以防挤压损伤细胞。涂片太薄,细胞过少,太厚则细胞重叠,均影响检出率。

(5)涂片的数量　被检动物的标本至少要制作两张涂片,以防漏诊,涂片后立即在玻片一端标上编号。

2.涂片制备方法

(1)推片法　将标本离心或自然沉淀后,取一小滴沉淀物推片。本法适用于较稀薄的标本,如浆膜腔积液、血液及尿液等。

(2)涂抹法　用竹棉签在玻片上将标本涂开,由玻片中心以顺时针方向向外转圈涂沫或从玻片一端开始平行涂抹,涂抹一定要均匀,不要重复。适用于稍黏稠的标本,如鼻咽部、宫颈黏膜等处标本。

(3)压拉涂片法　将标本夹在交叉的两张玻片之间,然后移动两张玻片,使之重叠,边压边拉,一次即可获得两张涂片。本法适用于较黏稠的标本,如痰液标本。

(4)吸管推片法　先用吸管将标本滴在玻片的一端,后将滴管前端平行放在标本滴上,向另一端平行匀速移动滴管,即可推出均匀的薄膜。本法适用于浆膜腔积液标本。

(5)喷射法　用配有细针头的注射器将标本从左至右反复均匀地喷射在玻片上。本法适用于各种细针吸取的液体标本。

(6)印片法　用手术刀切开病变组织块,立即将新鲜切面平放在玻片上,轻轻按印即可。本法适于动物剖检或活体组织检查。

(二)涂片的固定

固定的目的是要保持细胞的自然形态,避免细胞自溶和细菌所致的腐败。固定能凝固和沉淀细胞内的蛋白质且能破坏细胞内的溶酶体酶,使细胞结构清晰,并易于着色。故固定越快,标本越新鲜,细胞结构越清晰,染色效果越好。

1.固定液

脱落细胞学检查常用固定液有3种。第一种是乙醚酒精固定液,该固定液渗透性较强,固定效果好,适用于一般细胞学常规染色;第二种是氯仿酒精固定液,又称卡诺氏固定液,其优点同上;第三种是95%酒精固定液,制备简单,但渗透作用稍差。

2.固定方法

(1)带湿固定　涂片尚未干燥即行固定的方法。适用于巴氏或HE染色的痰液、阴道分泌物及食管拉网涂片等。此法固定细胞结构清楚、染色新鲜。

(2)干燥固定　涂片后待其自然干燥,再行固定。适用于瑞氏染色和吉姆萨染色的稀薄标本如尿液、胃冲洗液等。

3.固定时间

因标本性质和固定液不同而异,一般为15～30 min。含黏液较多的标本,如痰液、阴道分泌物、食管拉网等固定时间应适当延长;尿液、胸、腹水等涂片不含黏液,固定时间可酌情缩短。

(三)涂片的染色

临床上较常用的方法有下列3种:

1.巴氏染色法

本法染色特点是细胞具有多色性的染色效果,色彩鲜艳多样。涂片染色的透明性好,胞质颗粒分明,胞核结构清晰,如鳞状上皮过度角化细胞胞质呈橘黄色;角化细胞显粉红色;而角化前细胞显浅绿色或浅蓝色,适用于上皮细胞染色或观察阴道涂片中激素水平对上皮细胞的影响。此方法的缺点是染色程序比较复杂。

2.苏木精-伊红(HE)染色法

该方法染色透明度好,核与胞质对比鲜明,步骤简便,效果稳定。细胞核呈紫蓝色,胞质淡玫瑰红色,红细胞呈朱红色。适用于痰液涂片。

3.吉姆萨染色法(Giemsa staining)

本方法多用于血液、骨髓细胞学检查。涂片细胞核染色质结构和胞质内颗粒显示较清晰,操作简便。

二、正常脱落细胞的形态

(一)正常脱落的上皮细胞

正常脱落的上皮细胞主要来自复层扁平上皮细胞(鳞状上皮)和柱状上皮细胞。

1.复层扁平上皮细胞

一般有10多层细胞,覆盖于皮肤、口腔、食道、阴道的全部、子宫颈、喉部、鼻咽的一部分以及全身皮肤。从底部至表面分为基底层、中层和表层3部分。

(1)基底层细胞　分为内底层和外底层。内底层细胞是上皮的最深层,与基底膜紧接,为单层立方或低柱状细胞,增殖力旺盛,属幼稚的细胞。此层细胞很少脱落。在涂片中脱落的细胞呈圆形。核圆形或椭圆形,居中或略偏位。染色质呈细颗粒状,苏木素染色呈蓝色。核与胞质比例为1∶(0.5～1)。外底层细胞在内底层细胞之上,有2～3层。涂片中,外底层细胞体积较内底层大。细胞核与内底层相似,染色质略疏松。核与胞质比例为1∶(1～2)。巴氏染色胞质呈灰色或淡绿色,HE染色呈暗红色。

（2）中层细胞　于鳞状上皮中部，细胞呈圆形、菱形、多角形，直径较基底层细胞大，核相对较小，核与胞质比例1：（2～3）。巴氏染色胞质呈灰色或淡绿色，HE染色呈淡红色。

（3）表层细胞　位于上皮的表面，此层细胞扁平。涂片中，细胞呈多角形，直径较中层细胞大，胞质透明，边缘卷褶，细胞核小而深染。表层细胞分为角化前细胞、不全角化细胞和完全角化细胞3个亚型。①角化前细胞胞核染色较深，染色质颗粒细致均匀。核与胞质比例为1：（3～5）。巴氏染色呈浅蓝或浅绿色，HE染色呈浅红色。②不全角化细胞胞核缩小，深染，呈固缩状小圆形，核周可见白晕。核与胞质比例为1：5或者核更小。巴氏染色呈粉红色，HE染色呈浅红色。③完全角化细胞胞核消失，胞质极薄，有皱褶，由于细胞已无生命，故其内有时可见细菌。巴氏染色呈橘黄或杏黄色，HE染色呈浅红色。

2. 柱状上皮细胞

柱状上皮主要覆盖于鼻腔、鼻咽、支气管、胃、肠、子宫颈管、子宫内膜及输卵管部位。组织学分为单层柱状上皮、假复层纤毛柱状上皮和复层柱状上皮3种类型。其脱落细胞在涂片中有下列几种：

（1）纤毛柱状上皮细胞　细胞为圆锥形，顶端宽平，表面有密集的纤毛，呈淡红染色。细胞底端细尖似豆芽根。胞核呈椭圆形，顺细胞长轴排列，居细胞中下部。染色质颗粒细而均匀，染色较淡，有1～2个核仁。核边清晰，两侧常与细胞边界重合。染色时胞质近核的上端有一浅色区，相当于电镜下的高尔基体。

（2）黏液柱状上皮细胞　细胞呈卵圆形、锥形或圆柱形、胞质丰富，因富含黏液，故染色淡而透明。核卵圆形，位于基底部，其大小、染色与纤毛柱状上皮细胞相似。有时见胞质内有巨大黏液空泡，将核挤压至底部，呈月牙形。

（3）储备细胞　为具有增生能力的幼稚细胞。位于假复层柱状上皮的基底部，胞体较小，呈多角形、圆形或卵圆形。核边清楚，染色质呈细颗粒状，分布均匀。常见核仁，胞质少，略嗜碱性。此外涂片中尚可见中间细胞，呈较短小的梭形，常夹在成排柱状上皮细胞中，属未充分分化的细胞。

3. 上皮细胞成团脱落时的形态特点

（1）鳞状上皮细胞　基底层细胞呈多角形，大小一致，核一致，距离相等，铺砖状。

（2）纤毛柱状上皮细胞　细胞常聚合成堆，细胞间界限不清楚，呈融合体样，可见细胞核互相堆叠，形成核团。核团的周围是胞质融合形成的"胞质带"。细胞团的边缘有时可见纤毛。

（3）黏液柱状上皮细胞　细胞呈蜂窝状结构，胞质内含大量黏液，细胞体积较大。

（二）脱落上皮细胞的退化变性

细胞脱落后，血液供应中断，由于缺乏氧气、养料和表面酶的作用，很快发生变性直至坏死，称退化变性，简称退变（degeneration）。脱落细胞退变分为肿胀性退变和固缩性退变两类。

1. 肿胀性退变

胞体肿胀，体积可增大2～3倍，细胞界限不清，胞质出现液化空泡，空泡变大可将胞核挤压至一边，有时空泡不断增加使胞质呈泡沫状。胞核表现为肿胀，染色质颗粒结构不清，出现液化空泡进一步发展核边界不清，染色质呈淡蓝云雾状，核体积增大变形，最后胞质完全溶解消失，剩下肿胀的淡蓝染色裸核亦逐渐溶解消失。肿胀性退变可能与细胞膜能量不足，引起细胞内钠、水潴留和酸度增加有关，表现为细胞内水分明显增加，胞质肿胀。

2.固缩性退变

表现为整个细胞变小,固缩变形。胞质染成红色。胞核染色质致密呈深蓝色,核边皱褶变形或呈致密无结构的深染团块,使胞核与胞质之间形成空隙,称核周晕。最后胞核破裂成碎片或溶解为淡染的核阴影,称影细胞。固缩退变可能与细胞器和染色质脱水有关。脱落的表层鳞状上皮细胞常表现为固缩性退变,有的胞质内可见异常颗粒或细菌;底层和中层细胞则常表现为肿胀性退变。脱落的柱状上皮细胞较鳞状上皮更易发生退变,表现为纤毛消失或细胞横断分离。

(三)脱落的非上皮细胞成分

涂片中脱落的非上皮细胞成分又称背景成分,包括血细胞、黏液、坏死物、细菌团、真菌、植物细胞、染料沉渣和棉花纤维等。这些成分与炎症和肿瘤密切相关。

三、炎症增生的脱落细胞形态

(一)炎症时脱落细胞的一般形态特征

上皮细胞在不同的炎症时反应亦不同。急性炎症时,上皮细胞主要表现为退化变性和坏死。慢性炎症时则主要表现增生、再生和化生,并有不同程度的退化变性。

1.鳞状上皮细胞

炎症时基底层和中层细胞的改变较为明显,主要是细胞核的改变,有时细胞形态也有一定程度的改变。

(1)细胞核　表现为核肥大、核异形、核固缩和核碎裂。核肥大和核异形使炎症所致的细胞增生、生长活跃,表现为核体积增大,比正常细胞核大1倍左右,但细胞体积不变,所以有轻度的核与胞质比例失常。由于细胞核仍为圆形或卵圆形,染色质颗粒分布均匀细致,与癌细胞不同。当细胞生长活跃时,细胞核呈轻度异形,不规则,有皱褶,染色质略增多。染色较正常略深。核固缩、核碎裂等是细胞退变和坏死的表现。

(2)细胞形态　炎症时,鳞状上皮细胞形态偶尔发生明显变异,如呈蝌蚪状、梭形、星形或不规则形,但胞核改变不明显或轻度增大,深染和畸形。此类细胞被称为"异形细胞",可能是柱状上皮细胞的鳞状化生。涂片中常见到增生的底层细胞和中层细胞团,其细胞核可有轻度畸形,染色略深,但大多数细胞核形态、大小、染色均属正常范围。

2.柱状上皮细胞

炎症时纤毛柱状上皮细胞改变较明显,常成片或成排脱落,细胞以固缩退变为主。

(1)细胞核　发生固缩性退变,胞核体积缩小,核形轻度不规则,染色变深,有的为正常细胞核的一半大小,此外可见含2个核以上的多核重叠状。

(2)细胞形态　细胞体积缩小,呈小锥形,胞质染成深红色。

3.病毒感染

病毒感染所致上皮细胞形态改变与脱落细胞学检查有关的病毒感染性疾病主要在呼吸道、阴道和泌尿道。巨细胞病毒感染的细胞内出现包涵体对细胞学检查有诊断意义。单纯疱疹病毒感染后,上皮细胞核发生明显改变,易被误诊为癌细胞。

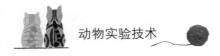

（二）上皮细胞增生、再生、化生时的脱落细胞形态

1. 增生

指非肿瘤性增生，多由慢性炎症或其他理化因素刺激所致，上皮细胞分裂增殖增强，数目增多，常伴有细胞体积增大。涂片中上皮细胞增生共同特点是：①核增大，可见核仁。②胞质内 RNA 增多，蛋白质合成旺盛，故胞质嗜碱性。③胞质相对减少，核质比略大。④核分裂活跃，可能出现双核或多核细胞。

2. 再生

上皮组织的损伤由邻近健康上皮的生发层细胞分裂增生修复称为再生。由于再生上皮细胞未完全成熟，易于脱落，故在涂片中除见再生上皮细胞外，还可见增生活跃的基底层细胞。再生细胞的形态与增生的上皮细胞相似，常见数量不等的炎症细胞。

3. 化生

已分化成熟的组织，在慢性炎症或其他理化因素作用下，其形态和功能均转变成另一种成熟的相同组织的过程称为化生。柱状上皮的储备细胞增生，并逐渐向多边形胞、质丰富的鳞状上皮细胞分化，这种柱状上皮在形态和功能上均转变为鳞状上皮的过程称为鳞状化生。鳞状化生是由基底层开始，逐渐推向表面，所以有时表面尚残存部分原来的成熟柱状上皮细胞，常见于鼻腔、鼻咽、支气管、子宫颈等部位。完全成熟的鳞状的化生上皮细胞与正常鳞状上皮细胞难以区别。化生部位常伴有慢性炎症，故涂片中常常可见各种类型的炎症细胞。

若鳞状化生细胞的细胞核体积增大，大小、形态异常，核染色质增粗、染色变深，则表明在化生基础上发生了核异质，称为异型化生或不典型化生。

（三）各类型炎症的脱落细胞特征

炎症可分为急性、亚急性、慢性和肉芽肿性炎症 4 种类型。前 3 种是按炎症疾病的病程分类；后者则由特殊病原引起的，其局部由具很强吞噬能力的巨噬细胞组成，常呈慢性经过。

1. 急性炎症

涂片中见上皮细胞常有明显退变，有较多坏死细胞碎屑、中性粒细胞和巨噬细胞。巨噬细胞胞质内吞噬有坏死细胞碎屑，此外还可见 HE 染色无结构、呈网状或团块状的纤维素。

2. 亚急性炎症

涂片中除退变上皮细胞和坏死细胞碎屑外，尚见增生的上皮细胞。中性粒细胞、单核细胞、淋巴细胞及嗜酸粒细胞常同时存在。

3. 慢性炎症

涂片中较多成团的增生上皮细胞。炎症细胞则以淋巴细胞或浆细胞为主。变性、坏死的细胞成分减少。

4. 特异性增生性炎症

即肉芽肿性炎症，如结核、副结核粒性肠炎。结核性肉芽肿是最常见的肉芽肿性炎症，以形成结核结节为特征。组织学上结核结节由类上皮细胞、朗罕巨细胞和淋巴细胞组成，中央常发生干酪样坏死，呈 HE 染色的无结构颗粒状。

四、肿瘤脱落细胞形态

(一)恶性肿瘤细胞的一般形态特征

1. 恶性肿瘤细胞核异型性表现

肿瘤细胞核增大、大小不等,核染色质深染、粗糙,核畸形,核与胞质比例失常,核仁增大、数目增多,核分裂增多及病理性核分裂,可见瘤巨细胞和多核巨细胞、裸核肿瘤细胞等。

2. 恶性肿瘤细胞质异型性表现

细胞质的数量、形态及特征性分化反映了肿瘤细胞的分化程度和恶性程度。

(1)高分化恶性肿瘤　胞质丰富,内有特征性分化。例如鳞状细胞癌,癌细胞胞质丰富,可出现圆形、梭形、纤维形和蝌蚪形癌细胞。其特征分化表现为鳞癌细胞层状角化物,呈深红染色;腺癌细胞胞质内有分泌空泡,横纹肌肉瘤瘤细胞胞质内出现横纹等。

(2)低分化恶性肿瘤　肿瘤细胞分化越差,其胞质越少,电镜下内质网、线粒体、高尔基复合体、中心体越少。

(3)恶性肿瘤细胞胞质　呈嗜酸碱性染色,即红中带蓝,深染。这是由于癌细胞增殖迅速,合成自身蛋白质较多,致胞质呈深红色;又由于合成蛋白质时核蛋白体增多,故胞质为嗜碱性,略呈蓝色。肿瘤细胞胞质内有时可见吞噬的异物,如红细胞、细胞碎片等。有时见癌细胞胞质内含有另一个癌细胞,称封入细胞。

3. 癌细胞团

上皮细胞组织发生的恶性肿瘤称为癌,有上皮组织特点,即呈巢状。涂片中除见单个散在癌细胞外,还见成团脱落的癌细胞。癌细胞团中,细胞形态、大小不等,排列紊乱,失去极性。由于癌细胞迅速繁殖,互相挤压,可呈镶嵌或堆叠状。

4. 涂片中背景成分

涂片中常见较多坏死碎屑及红细胞,因恶性肿瘤易发生出血坏死之故,在此背景中可找到肿瘤细胞。若有继发性感染,尚可发现多少不等的中性粒细胞。

(二)常见癌细胞的形态特征

癌是最常见的恶性肿瘤,病理上分为鳞状细胞癌(简称鳞癌)、腺癌和未分化癌 3 个主要类型,多数涂片可以根据癌细胞形态分型,在癌细胞分化差或涂片中癌细胞很少时,则分型困难,可列为分类不明或未分类。

1. 鳞状细胞癌

涂片中鳞癌可分为分化较好和分化差两种亚型。

(1)分化较好的鳞癌细胞　以表层的癌细胞为主。胞体较大,常散在或数个成团。成团脱落的癌细胞互相嵌合,细胞间边界较清楚。多数癌细胞形态呈多形性,胞质丰富,胞质内有角化,染鲜红色。胞核粗糙而深染色,核畸形明显,核仁不明显。

分化较好的鳞癌的特征性细胞:①纤维状癌细胞,胞体细长,含一个细长的深染胞核,居中或略居中。②蝌蚪形癌细胞,胞体一端膨大,一端细长,形似蝌蚪,膨大部有一个或多个深染畸形细胞核,胞质常有角化,染鲜红色。③癌珠,又称癌性角化珠。其中心有一具圆形癌细胞,周围由梭形癌细胞层层包绕,呈洋葱皮样,胞质角化呈鲜红染色。胞核浓染,畸形。

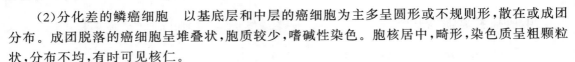

（2）分化差的鳞癌细胞　以基底层和中层的癌细胞为主多呈圆形或不规则形,散在或成团分布。成团脱落的癌细胞呈堆叠状,胞质较少,嗜碱性染色。胞核居中,畸形,染色质呈粗颗粒状,分布不均,有时可见核仁。

2.腺癌

涂片中腺癌分为分化较好地和分化差两种亚型。

（1）分化较好的腺癌细胞　癌细胞体积较大,呈圆形或卵圆形,单个、成团或成排脱落。成排脱落时可呈不规则的柱状,有些成团或成排脱落的癌细胞围成腺样结构。癌细胞呈圆形或卵圆形,常偏位,略畸形,染色质丰富,略深染,呈粗块或粗网状,核边不规则增厚。胞质丰富,略嗜碱染色。胞质内可见黏液空泡,呈透明的空泡状,有的空泡很大,核被挤压在一边,呈半月形,称为印戒细胞。

（2）分化差的腺癌细胞　癌细胞体积较小,可单个散在,常成团脱落,细胞界限不清,胞核位于细胞团边缘,致边缘细胞隆起,使整个癌细胞团呈桑葚状。细胞核较小,呈圆形或不规则形,畸形明显,偏位。染色质明显增多,呈粗块或粗网状,分布不均,核边增厚,可见明显的核仁。胞质很少,嗜碱性染色,少数癌细胞胞质内可见细小的透明的黏液空泡。

3.未分化癌

未分化癌是各种上皮组织发生的分化极差的癌。从形态上难以确定其组织来源。

（1）大细胞型未分化癌　涂片中癌细胞单个存在或集合成团。癌细胞体积较大,呈不规则圆形、卵圆形或长形。胞核较大,染色质增多,呈粗网状或粗颗粒状深染色。有的可见较大的核仁。胞质中等,嗜碱性染色。

（2）小细胞型未分化癌　可散在分布,但更常成排、成团或成堆脱落,细胞间界限不清,细胞核互相挤压成镶嵌状结构,易发生凝固性坏死。癌细胞体积小,呈不规则小圆形、卵圆形。胞核体积小,比正常淋巴细胞核大 0.5～1 倍,为不规则圆形、卵圆形、瓜子形或燕麦形,畸形明显,染色极深,呈墨水点状。胞质少,核与胞质比例很大,似裸核样,略呈嗜碱性染色。

项目七

动物实验后的观察与管理

【知识目标】

项目七	内容	知识点	学习要求	自评
任务 1	一般护理	实验后的饲养 实验后的观察与记录	熟悉 掌握	□ □
任务 2	手术后的饲养管理	一般处理 手术后生命体征监测 饲养管理	了解 熟悉 了解	□ □ □

自评:在学习过程中,学生可以按照学习要求在已经掌握的知识点"□"上打"√"。

【素质目标】

目标内容	素质要求	自评
劳动精神	对待工作一丝不苟,反复磨炼技能	
团队协作	小组内分工协作,各岗位轮训	
沟通交流	培养沟通能力,乐于分享收获	
自主探究	培养主动思考、发现问题、分析问题的能力	
动物福利	培养保护动物福利意识	
无菌素养	操作中无菌意识贯穿始终	
安全防护意识	培养注意安全防护的工作素养	

任务 1　动物实验后的一般护理

一、护理内容

动物实验后,由于对动物抓取、保定、麻醉、实验刺激及手术损伤等的影响,动物会产生一系列的生理和心理反应。因此,一般护理应考虑动物体质下降、动物焦躁不安、疼痛和敌视心理。不同的动物实验护理方法各侧重,但总体上要注意以下几方面。

(一)动物体质下降

给予足够的动物生存所需要的营养物质对于减少由于动物实验引起的动物体质下降十分重要。营养物质包括水、糖、脂肪、蛋白质、维生素和矿物质(电解质),不论健康动物或是患病动物,要求每天提供适当的营养,才能使获得量和丢失量保持平衡。其中水是最为重要的物质。对实验动物的饮水,在国家标准《实验动物环境及设施》(GB 14925)中有要求。不同级别和不同环境中进行实验后动物的饮水,要按照国标中的规定执行,并对饮水的质量进行检测,其结果应作为原始资料保存。饮水瓶应定期更换、清洗消毒,以防止交叉感染。自动饮水装置应经常检查、维修和做必要的灭菌处理,以保持其良好、卫生的工作状况。要根据水的日需要量给予动物足够量的水。哺乳动物水的日需要量为 25～40 mL/kg,临床上的给水量是根据血比容的测定而决定。而粗略估算的方法是:$30(mL/kg) \times 体重(kg) = 水的需求(mL)$。健康动物可饮足够量的新鲜水,由于体弱不能摄取的,要强迫给水,其中包括人工饲喂或通过其他非消化道途径进行补给。在饲料的营养成分中,要注意蛋白质的含量,因为蛋白质是成年动物组织损伤修补、免疫球蛋白产生和酶合成的来源,蛋白质供应不足,使免疫功能减弱,愈合减慢,肌肉张力减少。其主要来源是肉、鱼、蛋、乳制品和豆类植物。另外,能量的摄入对患病动物机体的调整不可缺少。维生素 C 和 B 族维生素在手术时常常应用。

(二)动物焦躁不安、疼痛和敌视的缓解

在动物实验后,由于进行灌胃、注射或者麻醉手术等操作,对动物产生不同程度的生理和心理的损害,使其有焦躁不安的情绪和对实验者的敌视。如果这种情绪不太严重,实验后注意控制环境,减少其对动物的影响,经过一段时间的适应和动物的自行调节,这种情绪会减缓甚至消失,在重复多次的实验操作中还会"主动"配合实验者。但如果这种情绪严重,动物出现烦躁、狂躁甚至严重敌视实验者抑或有攻击实验者的企图,则要引起工作人员的足够重视,采取适当的安抚措施,给予动物一定量的镇静剂或安定剂,使其情绪得到平复。另外,如果实验操作引起的损害较大,如手术后导致动物疼痛严重,应及时给予止痛药,也是缓解和安抚动物情绪的措施之一。研究证实,动物实验后给予动物适当玩具,增加动物环境的丰富度,可有效降低动物实验引发的应激反应。

(三)不同动物实验后的护理方法应有所侧重

动物实验的种类和技术、方式很多,在不同动物实验后,对动物的护理方法有所不同。药理毒理实验后,主要是观察给药后对其生理、行为等的改变。而手术造模后,则更侧重于采取防止伤口感染、止痛、保温、制动等护理措施。

(四)观察和记录

实验后的观察记录是所有动物实验后的管理中比较重要的一个环节,应该每天进行。无论是给药处理还是手术、感染实验,都必须对动物的一举一动认真、仔细、及时地观察并记录。其内容包括动物的皮肤和被毛、眼耳口鼻等五官的外观和分泌物、精神状态、行为、运动状态、体温、体重、术后动物的伤口愈合情况、感染情况以及感染实验后动物的发病症状等。对记录资料要妥善保管,防止损坏和丢失。

（五）环境控制

环境对动物的生理、心理都会产生影响，因此按照实验要求控制动物观察室的环境指标，如温湿度、风速、空气清新度、噪音、光照时间、明暗交替时间等，使其达到国家标准的要求，对实验结果的准确性至关重要。另外，在环境因素中，垫料是一种可以影响实验数据和动物健康的重要环境因素。

二、动物观察饲养的条件

（一）饲养观察室内的基本设备

饲养观察室内应具备的一些基本设备包括动物笼器具、操作检查设备和洗擦消毒用具等。另外，还必须备有护理治疗用品（如肛温表、输液注射用品、拆线换药用品、血尿粪及各种分泌物的采集用具、吸引器等）和急救箱。急救箱内要配有常规抗休克等必需的急救药品。

动物笼器具种类繁多，包括饲养笼（盒）、代谢笼、笼具架等，不同动物的笼器具规格也不同。有干养式，也有水冲式；有不锈钢网式，也有塑料盒式。

操作检查设备与用具包括电子天平、作业台、处置车、洗手台、移动式踏梯、作业搬运车、饲料搬运车、动物捕捉手套、动物捕获网等。

洗擦消毒用具包括灭菌缸、污物铲、洗手桶、消毒液桶、拖布挤干器以及防毒面罩、灭火器等。

作为饲养观察室，除了具备笼器具和清洁消毒剂外，应尽可能配备一些特殊设备，如网络系统、闭路电视监护系统、摄影与摄像设备等。

（二）动物观察饲养的环境要求

用普通级动物进行的预实验可以在普通环境中进行动物的饲养管理和观察，但其环境指标也需符合国标中对各类实验动物的动物实验环境指标的规定。对于清洁级及以上的动物，必须在屏障环境或隔离环境等相应级别的设施中进行饲养管理和观察。无论是清洁级还是普通级环境内进行动物观察，其温度、湿度、换气次数、噪音等环境指标都必须符合国标中对相应的规定，才能最大限度地减少环境因素对实验结果的影响。如动物观察室要有良好的通风，为动物提供新鲜空气或充足的氧气并及时排出动物呼出的二氧化碳和排泄物的异味。环境光线也很重要，其强弱应依动物的种属不同而进行适当调整。

除此之外，垫料的选择也是非常重要的一个环节。实验人员应与动物饲养人员就选择合适的动物垫料进行商议。圈、笼内的垫料首先应具有柔软、干燥、绝缘、无毒性的特点，对皮肤、黏膜无刺激性以及无致敏源性等特点。根据动物的种类不同，可选择麦秆、纸屑、刨花或木屑等材料。在进行某些实验时，还要考虑到不同树种、材质的刨花对动物实验有不同的影响，如松木的刨花因其散发的芳香烃类物质对动物肝脏有不利影响，不宜作为垫料。各种针叶树材的刨花因对动物代谢过程有影响，不宜在未经处理的情况下用作垫料。在实验期间，要定期更换垫料，当动物的排泄物、呕吐物或分泌物浸湿垫料时，应及时发现和更换。

三、预防和控制感染

术后感染决定于无菌技术的执行和患病动物对感染的抵抗能力。术后的护理不当也是发生继发感染的重要原因，为此要保持病房干燥，勤换垫料，清除粪便，尽一切努力保持清洁，尽可能减少继发感染。对蚊蝇滋生季节和多发地区,要杀蝇灭蚊。对大面积或深创要预防破伤风感染。防止动物自伤、咬、啃、舔、摩擦,可采用颈环、颈圈、侧杆等保定方法进行保护。

抗生素类药物对预防和控制术后感染、提高手术的成功率有良好效果。在大多数手术病例中,污染多发生在手术期间,所以在手术结束后,全身应用抗生素不能产生预防作用,因为感染早已开始。如在术前使用,手术时血液中含有足够量的抗生素,并可保持到一段时间。抗生素治疗,首先要对病原菌进行了解,在没有做药物敏感试验的条件下,使用广谱抗生素是合理的。抗生素绝不可滥用,对严格执行无菌操作的手术,不一定用抗生素。这不只是为了减少浪费,还可避免周围环境中具有抗菌性的菌株增加。

任务 2　手术后的饲养管理

一、手术后动物的饲养与管理

(一)手术后的一般处理

手术结束后应立即将动物转移至术后隔离恢复区,通常是在干净的笼或圈里置以柔软的垫层,将麻醉尚未清醒的动物创面朝上放于垫层上,动物清醒后可辅助动物取腹卧位,以恢复动物机体正常的生理体位。手术后恢复区应配备有必要的外科急救器械和药品、生命体征监测设备,以及有经验的专业饲养人员。

1.制动

对于术中保留有置管引流、输液或置管采取样本的动物,手术后应对动物进行部分制动或完全制动,以防动物麻醉清醒后咬断或扯落置管。由于制动易导致动物发生某种病理生理改变,如大鼠完全制动 24 h 后极易发生消化性溃疡,所以制动时应尽可能缩短制动时间,人员也应经常查看动物,以防动物受到损伤。

2.保暖

术后甚至包括术中的加温保暖是防止动物低温的主要护理措施,但应根据动物种类、手术类型、估计恢复时间的长短以及动物的生理状况等具体情况而定,应避免出现高温、烧伤等危险。具体保暖方法包括提高周围环境的气温,用棉毛织物加铝箔包裹动物机体,电热毯加热等。对于中小型动物还有用灯泡照射、热水袋保温或将动物置于暖箱等方法。大型动物保暖温度以 25～30 ℃为宜;小型动物或幼仔以 35～37 ℃为宜。

3.人工喂水与喂料

动物由于受手术的刺激或损伤,饮食欲降低,甚至丧失,实验者除了应细心观察动物的饮食状态外,还应尽可能地使动物恢复饮食欲,尽量让动物自由饮水和食入一些营养物质来补充机体需要。如果动物不能自由进食和饮水,则需要人工喂水与喂料用以补充术后动物对水和饲料的需求。人工喂水与喂料的优点在于,可保护动物在术后的恢复期间能够得到不断的监护,同时也可防止单靠使用自动饲喂装置而出现的营养不良现象。普通环境下动物饲养可使用生活用水,但最好也和屏障环境一样使用经过滤处理的去离子水。

大动物的消化道手术,术后 1～3 d 禁止饲喂,静脉内输入葡萄糖。也可根据情况,给半流体或流体食物。犬和猫的消化道手术,一般于24~48 h禁食后,给半流体食物,再逐步转变为日常饲喂。牛的瘤胃手术一般不需要禁食,可适当减量。

对非消化道手术,术后食欲良好者,一般不限制饮食,但一定要防止暴饮暴食,应根据病情逐步恢复到日常用量。对于啮齿类动物,手术后有适合于动物恢复体能的全价饲料,犬、猫等动物可用适于术后恢复的市售方便食品。

4.补充电解质

动物外科手术的成功,重点在于手术及术后期间能否保持正确的体液平衡,要对体液缺乏的动物进行成功的术后管理,需补充适量电解质,保证酸碱平衡。另外,有些暂时丧失了饮食机能的术后动物也需要及时经静脉输液或经其他途径如皮下注射、腹腔注射补液的方法给予一定量的能量物质和电解质,以补充体力,直至恢复摄食功能。对大动物一般采用静脉途径补液,对小动物有必要使用其他一些途径补液,如皮下或腹腔注射。

对于大多数动物而言,24 h的液体需要量为40~80 mL/kg体重。大、中型动物取低限值,小型动物取高限值计算补液量。常用的液体有葡萄糖盐水溶液、生理盐水溶液或平衡盐溶液等。

(二)手术后动物生命体征的监测

1.体温

大多数动物在手术结束时处于低温状态。发生低温的原因有两个:一是麻醉药物抑制体温调节功能和降低了动物的基础代谢率,使动物机体产热减少;二是术野暴露和低温液体的使用使动物机体散热增加。对于小型动物和幼龄动物来说,由于其体积小,体表面积相对较大,更易因麻醉及术野暴露而发生低温。低温可导致动物外周血管阻力增加,心肌收缩力下降,心输出量减少,氧合血红蛋白解离曲线左移,组织利用氧的能力下降,机体耗氧量减少等改变。因此,术中和术后加强动物机体保暖可减少术后并发症的发生。保暖的同时必须持续监测动物的体温,以避免动物体温过高或过低。

2.血压和心电图

血压和心电图的监测均需要借助仪器完成,不是每一例手术必需的。血压的监测有利于评估循环系统功能状态;心电图的监测有利于评估心脏的功能状态。

3.呼吸

观察动物呼吸频率和深度可粗略估计和评价呼吸系统功能状态。使用Wright呼吸监测则可测量动物的潮气量,潮气量低于10 mL/kg体重提示通气不良。动物呼吸频率的进行性增加提示可能存在低氧血症、继发性肺炎、酸中毒或肺水肿。细心的肺部听诊可能早期发现肺部并发症。

4.其他

尿量的监测是了解动物肾功能和液体平衡的理想指标,可以通过留置导尿管或采用封闭的尿液收集系统,达到监测尿量的目的。

另外,还可监测中心静脉压(CVP),可通过中心静脉置管进行,CVP受血容量、静脉回流率、心脏功能、血管张力及胸腔内压力的影响。CVP升高提示血容量过多,所以CVP的监测是指导输血的理想指标。

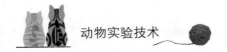

二、药学、毒理学实验中动物的饲养和管理

药学、毒理学实验中动物的观察室除特殊规定外，一般要求和所用动物的级别相匹配的环境，而长期药学、毒理学实验则要求人工封闭环境，即使为普通级动物，其指标也应符合国标各项要求。动物饲料必须符合国标中的营养标准，确保饲料在保质期内，不合格及变质饲料不能饲用。观察室的布局要合理，尤其要注意氨浓度，其浓度过高，会使长期实验观察的动物感染率及发病率增加，最常见的是中耳炎，引起歪头，朝一侧旋转。动物饲养观察室温度波动大也易引起动物的采食量下降和发病率增加。笼具应便于清洗消毒，要定时冲洗，保持清洁卫生。实验结束后，要彻底打扫并消毒房间、笼具、饮水瓶等。使用的垫料必须灭菌，防止病原微生物被带入，垫料需每日更换，但应注意不使用含树脂、胶油的木屑或有残留农药的垫料。笼具、饮水瓶及室内消毒时，若使用洗涤剂、消毒剂、杀虫剂等，要注意其对实验结果的影响。必须要获得确切的证据表明该药物对实验结果无影响才能使用。

在药学、毒理学动物实验中，实验后的动物管理最重要的一点是，在试验期间，做好观察记录，每天都要进行，并需要 2 人或 2 人以上同时观察，观察后必须当时记录。通常需要观察每只动物出现的各种药效、毒性反应迹象，包括活动抑制、嗜睡、旋转等行为异常以及粪便、尿液或其他排出物中带血或颜色改变等，动物机体局部肿胀、肿块、损伤、皮毛粗糙、眼睛分泌物多等现象也应仔细观和记录。化合物引起动物或笼具底盘颜色的改变也应注意观察清楚。并记录好饮水量、饲料消耗量、动物死亡数及一般健康状况。根据不同实验的要求每天或每周称重一次，小鼠在 24 h 内体重减轻超过 1 g、大鼠超过 5 g、家兔超过 500 g 的反应是毒理学实验中的典型表现之一。动物出现非供试品引起的疾病或出现干扰研究目的的异常情况时，应立即隔离或处死。需要用药物治疗时，应经专题负责人批准，并有详细记录。

三、感染实验中动物的饲养和管理

在感染实验中，动物的饲养和管理要注意几点：

1. 工作人员的防护

严格控制进出人员，必要时需要对工作人员实施预防性免疫接种。无论进行哪种级别的感染实验，都要穿戴和配备个人防护设备，并且不要穿戴到其他区域，实验人员或饲养人员每次接触动物后，离开观察室之前需彻底洗手及清洁身体必要的部位。

2. 动物房舍门的要求

作为感染动物的观察室，门户均须向压力高的一侧开启，并设有自动闭锁装置。在观察室的入口处，应设置危险警示标记。

3. 实验材料和废弃物的严格处理

动物实验剩余的实验材料不可乱弃，均应进行适当处理（如去污、消毒、高压灭菌）。感染性微生物动物实验所产生的废水，可能威胁人体健康及环境卫生，需经化学处理（如次氯酸钠处理）或高压蒸气灭菌后，方能排放。感染性动物尸体，经"防漏"包装后，蒸气高温高压灭菌，再贮存、焚化。各级别的动物感染实验的操作均必须严格按照相应的使用和管理规范执行。

项目八

实验动物安死术

【知识目标】

项目八	内容	知识点	学习要求	自评
任务1	安死术概述	安死术的概念	掌握	☐
		安死术的原则	掌握	☐
		安死术的判定标准	掌握	☐
		安死术方法分类	熟悉	☐

自评:在学习过程中,学生可以按照学习要求在已经掌握的知识点"☐"上打"√"。

【技能目标】

项目八	内容	知识点	学习要求	自评
任务2	大、小鼠安死术	脱颈椎法	掌握	☐
任务3	大动物安死术	注射法	掌握	☐
		放血法	熟悉	☐
任务4	牛蛙安死术	断髓法	熟悉	☐
任务5	禽类安死术	桥静脉放血法	熟悉	☐

【素质目标】

目标内容	素质要求	自评
劳动精神	对待工作一丝不苟,反复磨炼技能	
团队协作	小组内分工协作,各岗位轮训	
沟通交流	培养沟通能力,乐于分享收获	
自主探究	培养主动思考、发现问题、分析问题的能力	
动物福利	培养保护动物福利意识	
无菌素养	操作中无菌意识贯穿始终	
安全防护意识	培养注意安全防护的工作素养	

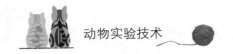

任务 1　安死术概述

一、安死术的概念

(一)实验动物安死术的定义

实验动物科学中的安死术是指对于那些已完成实验任务,或接近完成实验任务,或生产淘汰,或处于濒死状态的实验动物实施的人道处死。

安死术又称为安乐死。安乐死来源于希腊文,英文是"euthanasia",意思是无痛苦地、幸福地死亡,也有人翻译为"平安和有意义的死亡"。实际上它包括两层含义:一是无痛苦地死亡,安然地去世;二是无痛致死术,为结束患者的痛苦而采取致死的措施。在医学界,我国学者对安乐死的定义是:"患不治之症的病人在垂危状态下,由于精神和躯体的极端痛苦,在病人和其亲友的要求下,经过医生认可,用人道方法使病人在无痛苦状态中结束生命过程。"因此,我们通常所说的安死术是一种特殊的选择死亡的方式。在实验动物领域用安死术可能更加贴切。安死术实际上也不是绝对的无痛苦死亡,也伴随着轻微的疼痛和痛苦。

(二)对实验动物实施安死术的原因

实验动物是生命体,与一般的实验材料有着本质的区别,具有痛苦、疼痛、苦难、濒死等生命反应。由于实验动物作为人类的替难者用于各种科学实验,为人类的生命安全与健康做出了贡献甚至付出了生命,人类有义务也有责任给予实验动物足够的尊敬。处死动物时尽可能减少动物的疼痛和痛苦,对于实验者自身来说既是一种负责任的行为,也是一种心理的安慰。

(三)对实验动物生命反应的判断

实验动物在实验过程中可能遭受种种处理或处置,因此其生命反应也是多种多样的,但一般来说,最受人关注的是动物的濒死、疼痛、痛苦和苦难,当然这些并没有严格的界限与衡量标准,完全是人为地判断与划分。

1.濒死

即可预测的死亡。按照实验计划,在实验结束之时,实验动物的结局就是死亡,或根据经验判断出动物即将出现的结局即是死亡,如不能自由摄取水和食物等。

2.即将死亡

在实验计划的下一次观察之前出现垂死状态或死亡。啮齿动物中表现出此状态的症状包括抽搐、斜躺、战栗。

3.垂死

处于即将死亡的状态,或即使有治疗的情况下也不能够继续生存下来。

4.疼痛

疼痛可以定义为不愉快的感觉或感情经历,与实际的或潜在的组织损坏有关,由动物自身感染疾病、动物之间的争斗或者由于实验刺激引起。疼痛的情况是多种多样的。

(1)短期伤害性疼痛　疼痛反应由短暂的有害刺激引起,该刺激不会产生组织的损坏。此种形式的疼痛视为不严重,如踩踏引起的疼痛。

（2）持续性疼痛　疼痛由组织的损坏引起,在损坏期间或者治疗炎症过程中一直持续,可能一直持续到损坏的局部组织得到治愈。此类型的疼痛可以比较严重或令动物痛苦,尤其持续时间长或永久持续时。如实验手术伤害、自残、骨折、局部感染等。

（3）神经性疼痛　疼痛由外围或中枢神经系统损坏或不正常的活动引起。神经性疼痛通常被认为是严重的,是十分痛苦的疼痛。如内部出现一个大肿瘤压迫神经。

疼痛的客观症状包括发声、有感染的症状、对刺激的厌恶与逃避、保护受伤害的身体部位或者自残。进食量减少也是持续性疼痛的一个症状。

5.痛苦

感觉厌恶的状态,由不适或不能适应紧张性刺激引起。身体或行为上的改变可能是紧张的症状。但一般认为突发的紧张不会引起痛苦。痛苦通常会引起运动的变化,可能导致动物保持一种持续的异常行为。

与痛苦有关的紧张性刺激主要是指那些可能引起动物显著地增加疼痛、恐惧或担心的刺激。在服药时退回到笼子的角落或者过度反抗,或发出声音,这些都是在实验过程中动物经受痛苦的例子,有时实验人员或饲养人员粗暴地抓取、不友好地对待也会引起动物的痛苦。

6.苦难

苦难是一个难以理解或难以表述的概念,对人类而言,通常指由持续的疼痛或痛苦产生的一种负面情感状态。因此,在没有反面证据的情况下,可以假设动物持续的疼痛或痛苦也会导致动物的苦难。如果知道是什么引起人类的苦难,也就不难设想引起动物苦难的原因了。

实验动物是否处于疼痛、痛苦或苦难状态,一般通过细心地观察动物的行为、表情都可以判断。当然,当下述现象出现时,毫无疑问动物正处于痛苦或疼痛状态:非正常发声、非正常进攻性、非正常体态、对接触的非正常反应、非正常移动、非正常的外表、被毛竖立或疏松、呼吸困难、角膜溃烂、骨折、不愿移动、体重迅速下降、消瘦或严重脱水、明显的外伤、开着的伤口或皮肤溃烂、显著流血、进食量和饮水量急剧减少等。

（四）实验动物实施安死术的适应范围

临床症状可以显示实验动物正经历显著的疼痛和痛苦。如果不影响研究的过程及目标时,应该通过合适的治疗减轻实验动物的疼痛和痛苦,如果观察到实验动物有剧烈的疼痛或痛苦症状,且无法治疗或不能实施治疗措施时,应该对这类实验动物实施安死术。

在实验中止和终止时由于实验计划或在实验中动物生病、负伤不能被救助而陷于苦痛时,实验者决定不再使用这些动物,再继续饲养不仅使动物遭受持续的痛苦,还会极大地增加经济负担,这时应该对这些实验动物实施安死术。

在意外发生火灾、地震等紧急状态时,可以采取安死术处死实验动物。

在毒理学研究过程中提出了仁慈终点(humane end-point)的概念,最终目的是能在动物经历这些过程之前,精确地预测出动物忍受剧烈的疼痛、痛苦、苦难,或即将死亡的状态,提前预测实验结果终止实验而减少动物不必要的痛苦。

仁慈终点可以定义为:动物实验中动物所忍受的剧烈的疼痛、痛苦、苦难或即将死亡的最早暗示。但是,目前科学还没有达到能在动物剧烈的疼痛和痛苦发生之前精确地预测出来的程度,只能根据以往经验,在识别出动物疼痛、痛苦或苦难时,即在它们出现这些症状的一开始,用定义好的仁慈终点和标准通过对动物的临床检查而识别出来。在研究与试验中使用仁慈终点已经在很多出版物中有所描述,目的就是尽量使实验动物遭受的痛苦、疼痛最小化或者消除。无论是通过安死术,还是提前结束长期研究,或者减少试验物质的剂量,都需要科学界达成一种其不会影响实验结果的共识,毕竟获取有效的实验结果才是实验的目的。

不同的动物物种,处于不同发展阶段的动物,对试验条件都有不同的反应,显示出不同的痛苦迹象。为了识别动物经历疼痛和痛苦的临床症状,要求观察者必须熟悉研究中使用的每种实验动物的正常与非正常的特性。因为有些物种可能在剧烈疼痛或痛苦时并不表现出明显的生理或者行为上的变化。结合实际情况应该做出具体的判断,这不仅需要经验,更需要爱心,应该综合考虑到各种潜在的可能性,做出综合评价。如果识别出相关的仁慈终点,应该在设计实验时就描述出来,写入实验协议和相关标准操作程序中。

对实验动物实施安死术应在充分考虑生命的尊严,除遇到火灾、地震等紧急情况外,一般在没有更好的处理办法时才采取安死术。

二、常用的安死术

安死术要求通过心脏或呼吸抑制导致大脑丧失功能,使动物快速失去知觉。此外,安死术应在动物失去知觉前最大限度地减少动物的痛苦和焦虑。当然实施安死术很难做到使动物完全没有疼痛和痛苦,但通过改善安死术的实施条件和完善技术操作可以减少动物的痛苦。从定义中可以看出,安死术包含两个方面的内容:一是减少疼痛,二是减轻痛苦。减少疼痛要求建立无痛死亡技术,减轻痛苦要求尽量减少动物感知(丧失意识)。

实验动物安死术的种类很多,根据动物种类的不同、实验目的的不同以及实验室条件的差异可采取不同的安死术。但是,实验动物安死术的选择必须遵循的基本原则是一致的,一般认为,下列原则是在选择安死术时应当考虑的:

(1)在尽可能短的时间内使动物失去意识而迅速死亡。

(2)实施安死术不应引起动物的惊恐、疼痛或痛苦。

(3)对动物生理和心理上的伤害程度最小。

(4)对安死术的操作者或实施者的情绪和心理影响最小。

(5)对环境没有污染。

(6)对设施、设备、器具等条件要求简单,成本低。

(7)操作简便,易于掌握,可重复性好。

(8)方法可靠,不应因受操作熟练度或其他条件影响,造成实施中断或不彻底。

(9)实施场所应与其他动物相互隔离,安死术实施现场不能有其他动物存在。

三、安死术分类

(一)物理方法

物理学方法即指使用的简单物理方法对动物的大脑或神经干造成致命伤害,使动物快速死亡的方法。

物理学方法的优点是不需要特殊设备,操作简单快捷。缺点是对实验人员或安死术的实施者容易带来情绪上的影响。因此,一般认为物理学方法不宜采用,只是对于体形较小,不宜实施注射等操作的动物可以使用物理学方法处死。物理方法有刺椎、枪击、脱颈椎、断头、电击、微波刺激、处死陷阱、压胸、放血、击晕和脑脊髓穿刺等。技术好的人员使用好的器械实施安死术比其他的方法都要好,动物几乎感受不到害怕和焦虑,因为速度快,动物也不会感到疼痛。

放血、击晕和脑脊髓穿刺一般不作为单一方法使用,但可作为其他安死术的补充。

在某些情况下物理方法是最合适的安死术,因为这样可以快速缓解疼痛和痛苦,但要求实施安死术的人员训练有素。因为所有的物理方法都会产生创伤,对动物和人都存在潜在危险,操作者的熟练程度是至关重要的。

1.脱颈椎法

脱颈椎法实际上是指在枕骨大孔处施加强大的外力,使颈椎脱臼,脊髓与脑髓的联系迅速中断,动物瞬时死亡。常用于体重低于 200 g 的啮齿类动物、禽类,以及体重低于 1 kg 的仔兔。如无特殊实验需求,动物在颈椎脱臼前应先给予镇定或麻醉,以缓解动物的紧张情绪。

2.脑脊髓刺毁法

脑脊髓刺毁是指用利器将动物脑髓与脊髓迅速分开,导致动物快速死亡。一般适用于两栖类和爬行类动物,特别是蛙类的处死。

3.其他方法

(1)切断隔膜   通过手术将动物隔膜切断,导致动物死亡。操作人员的技术和经验是最重要的。可应用于小鼠、大鼠(小于 200 g 体重)。切断隔膜法只能够在动物被麻醉的情况下实施。

(2)放血法   放血法不能单独使用,因为动物在血压降低时会有焦虑感。放血法只能在动物麻醉的情况下使用。常用的是股动脉、肱动脉或心脏放血。

(二)注射法

注射法致死速度快、效果好,给动物带来的影响小,且适用于各类动物,是安死术的首选方法。但动物限制和保定会给动物增加额外的恐吓和不安,必要时使用镇静方法辅助进行。对有侵略性的、可怕的、凶猛的动物实施安死术以前最好先使用镇静剂然后静脉注射安死术药物。当静脉注射安死术药物有困难时,使用无刺激性药物(非封闭神经肌肉药物)行腹膜内注射也是可以的,但由于麻醉药物的使用剂量较大,要注意环境和实验人员的安全,特别是动物尸体处理时要特别注意。

一般不能使用肌内注射、胸腔注射、皮下注射、肺内注射、肝内注射、脾内注射、肾内注射、鞘膜内注射等非静脉注射法实施药物安死术。

(三)吸入法

把动物放入充满麻醉气体的容器中,密闭容器,动物因吸入过多麻醉药品缺少氧气而死亡。为减少互相影响,一般一个容器每次只能放入一只动物。对于兔子等大动物,吸入性麻醉剂最好通过麻醉机精确地给予定量气体。对于啮齿类动物,吸入性麻醉剂可以通过麻醉机或倒置的钟形的玻璃容器或鼻锥体进行。

1.二氧化碳吸入法

建议用 $90\% \sim 100\%$ 的压缩于钢瓶中的二氧化碳。在放入动物前麻醉罐中应该先充满气体,并根据需要随时补充气体。二氧化碳密度比氧气大,应确认动物不能爬到容器的上部。有

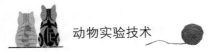

时动物会对氧气不足的环境产生抵抗力,因此吸入麻醉同时可实施其他安死术,如断椎或刺破隔膜。该安死术一般用于啮齿类。兔子和大动物吸入二氧化碳会产生痛苦,应该选择其他的安死术。

任何吸入药物都需要在肺泡中达到一定浓度才能导致死亡,因而动物死亡需要一定时间。药物的选择原则在于动物开始吸入到动物死亡之间动物是否感受到疼痛和痛苦。在动物吸入后至丧失意识以前引起痉挛的药物是不能用于安死术的。

2.注意事项

(1)以能够快速达到较高浓度的、比较快速使动物丧失意识的、比较人道的药物用于安死术。

(2)设备能够满足快速使药物达到高浓度并能够保持一定时间不泄漏。

(3)多数药物对人是有害的,比如接触麻醉危险(乙醚)、昏迷(氟烷)、缺氧(氮气和一氧化碳)、上瘾(一氧化氮)、长期危害健康(氧化氮、一氧化碳)。

(4)肺泡换气缓慢更易引起动物激动时则应该使用非吸入方式。

(5)新生动物对缺氧耐受性好,不宜使用吸入方式。

(6)高速气流易产生噪音而惊吓动物。

(7)一个箱子中只能放置一种动物。

(8)爬行动物、两栖动物、潜水鸟类和哺乳动物都不能使用吸入方式实施安死术。

(四)混合法

有时候需要先将动物麻醉,再采用击晕、脑脊髓穿刺、放血等方法实施安死术。这样既避免了大量麻醉剂的使用,又避免了物理方法所需要的较高的技术熟练程度。

在实际操作中,实施安死术需要保定动物。这要根据动物种、品种、大小、饲养状态、驯化程度、是否有疾病和伤害、刺激程度等确定安死术的实施方法。

实施操作安死术的人员选择也是至关重要的。一般来说,实施安死术的人员应是经过严格训练的富有经验且持有相关证书的技术人员或兽医,以保证在安死术实施过程中尽量减少动物的疼痛和痛苦。这些经验至少包括:熟悉需实施安死术的动物的行为,清楚安死术让动物丧失意识和死亡的原理,并熟悉实施安死术的环境和条件。

四、不同动物安死术的选择

实施安死术应该考虑动物的品种品系、生理状态、行为状态等。而且,无论何时实施安死术都应该以最高标准的伦理道德原则约束,符合社会伦理道德原则和社会认知。在评价安死术时必须认真对待动物行为表现和人员行为表现。

根据动物的进化程度、个体大小、生理状况不同选择不同的安死术,选择过程本身也需要很高的动物福利意识。

鱼类和两栖类:一般选择物理方法。

大鼠、小鼠和其他小的啮齿类动物:一般选择吸入过量的二氧化碳、切断隔膜、皮下或腹腔注射麻醉剂或巴比妥盐等方法。

兔子:一般用皮下、腹腔或肌内注射适量麻醉剂(巴比妥酸盐),在麻醉状态下进行大量放血。

犬、猫、猪:一般选择给予过量的麻醉剂。

猴子:鉴于动物福利以及员工的安全,安死术必须在动物完全麻醉的情况下进行。通过隐静脉、头静脉或者股静脉注射硫喷妥钠或戊巴比妥。在进行静脉注射时,巴比妥盐类会对动物产生很大的刺激,可引起组织坏死。

任务 2　大、小鼠安死术

一、脱颈椎法

一般适用于大鼠、小鼠的处死。先用麻醉剂将动物轻度麻醉,放在桌面或笼盖上,左手拇指和食指按住鼠头部后端接近枕骨大孔处,或用剪刀、大镊子等器具按压住该部位,右手抓紧鼠尾,迅速向后上方用力一拉,使颈椎脱臼,动物立即死亡。由于破坏的是脊髓和脑髓,动物的脏器没有受到损坏,可以用来取样,进行其他实验。

实施脱颈椎法时应注意:根据动物的个体大小适当用力。大鼠脱臼时用力要稍大一些,抓住尾根部并旋转用力。用力过大容易造成动物尾部皮肤受损或脱落,颈部皮肤也易受损;用力过小达不到脱臼的目的。不应对没有经过麻醉的动物使用该方法。

小型啮齿类动物如小鼠、幼龄大鼠应先将动物平放在粗糙面上。用拇指、食指压住其枕骨部,用另一只手抓紧尾根部,迅速用力向后上方拉扯后躯,使其颈椎脱离头颅,如图 8-1 所示。

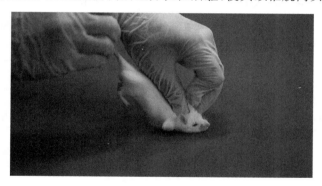

图 8-1　小鼠脱颈椎法处死

对于体型较大的啮齿类动物,如老年大鼠,用手操作往往不能使动物快速死亡,反而增加动物的痛苦。这种情况下,可以借助器械(如长臂镊子)压住其颈部,另一只手抓其尾部快速向斜后方用力使动物死亡。

豚鼠由于其尾部较短,不易抓取用力,应用手抓紧其后背和后肢向斜后方用力牵拉致死。

二、其他麻醉方法

大、小鼠还可以使用氟烷或异氟烷过量吸入方法处死;也可腹腔注射戊巴比妥注射液,剂量为大约每千克体重 150 mg。

此外还可选择麻醉后剪断隔膜的方法进行处死。

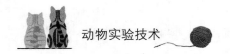

任务 3　大动物安死术

大动物常用的安死术主要为放血法和注射法。吸入法则需要具备特殊的密闭容器。

一、注射法

用注射器将麻醉药物注入动物静脉或心脏,可使动物快速致死。一般注射剂量是麻醉用剂量的 10～25 倍。由于心脏注射对技术要求高,一般不采用。静脉注射困难时,也可采用腹腔注射,但应加大注射剂量。常用的麻醉药物有巴比妥类、水合氯醛、硫酸镁等。

一般实验动物安死术常见注射试剂用量见表 8-1。

表 8-1　安死术常见麻醉剂用量一览表

类别	使用药物与方法	用量
非人灵长类动物	过量戊巴比妥,静脉注射; 在用药前可考虑先用镇静剂使其安定,为 减少呕吐反应,禁食 12 h	>100 mg/kg
犬	过量戊巴比妥或戊硫代巴比妥,静脉注射; 氟烷或异氟烷,过量吸入	>100 mg/kg 吸入有效剂量
兔	过量戊巴比妥,静脉注射; 用克他命/甲苯噻嗪,肌内注射,麻醉后 放血	戊巴比妥>120 mg/kg 克他命>50 mg/kg 甲苯噻嗪>10 mg/kg
豚鼠	氟烷或异氟烷,过量吸入; 二氧化碳/氧气混合气体; 克他命或甲苯噻嗪,肌内注射,麻醉后放血	吸入有效剂量 吸入有效剂量 克他命>50 mg/kg、甲苯噻嗪>10 mg/kg

二、放血法

使用放血法前应对动物进行麻醉,在不影响剖检的情况下,小型猪、犬、兔可选择股动脉切开或肱动脉切开的方法,放血时要注意及时清除凝血块。

小鼠和大鼠可使用断头放血的方式处死。单手保定小鼠,另一手用外科剪迅速从寰枕关节处剪掉头部,平皿收集血液。对于大鼠应使用断头器。

断头法处死动物时间短,并且脏器含血量少,若需采集新鲜脏器标本可采用此法。断头法会引起血液循环的突然中断和血压的迅速下降并伴随意识的消失,只能用于恒温动物。对于变温脊椎动物不推荐用断头法,因为它们更能够抗缺氧,不能快速、安静地死亡。

大动物放血法处死。首先麻醉动物,暴露股三角区或腹腔,再切断股动脉或腹主动脉,迅速放血。动物在 3～5 min 内即可死亡。采用急性失血法,动物十分安静,对动物的脏器无损害,但器官贫血比较明显,若采集组织标本制作病理切片时可用此法。

任务 4　牛蛙安死术

　　将牛蛙放置到低温环境(约 4 ℃),牛蛙在寒冷的状态下将会失去活动能力,用左手使牛蛙俯卧在手掌上,食指和中指夹住蛙的两个前肢,然后拇指轻轻将蛙头下按,头与颈连接处可触摸一凹陷处,即颅骨与第一颈椎之间的缝隙,右手拿解剖针从该缝隙中间刺入,然后向前向后搅动。此时会感觉蛙双两后肢肌肉出现强直现象,进而瘫软。如未达到彻底的猝死目的,可将解剖针继续向前穿过枕骨大孔刺入颅腔,边刺边搅动,破坏蛙的大脑,然后再退出解剖针,此时蛙全身瘫软,如图 8-2 所示。

图 8-2　牛蛙断髓处死

任务 5　禽类安死术

　　以鸡为例,禽类处死常使用口腔内桥静脉放血法。口腔桥静脉放血法:打开鸡的口腔,用手术剪将舌头压下去,两个颈静脉结合的地方就是桥静脉,剪断桥静脉放血速度很快,也不影响其他地方的病理检查。在不影响剖检采样的前提下,也可采用麻醉后,用手术剪从枕骨大孔破坏脑和脊髓处死鸡。

【实操记录与评价】

动物/物品准备			
实操内容	考核标准	操作记录	小组评价
大、小鼠脱颈椎法	麻醉动物,小鼠脱颈椎迅速、一次成功,大鼠脱颈椎保定位置正确,迅速、一次成功		
家兔安死术	深度麻醉,股动脉切开		
牛蛙安死术	保定牛蛙,准确定位枕骨大孔,破坏脊髓处死正确		
鸡安死术	准确找到桥静脉,正确完成鸡放血处死		
教师指导记录			

【岗位核心素养与工匠精神评价】

考核内容	考核标准	考核结果	感想记录
学习态度	积极参与,主动学习	☆☆☆☆☆	
精益求精	反复训练,精益求精	☆☆☆☆☆	
团队协作	小组分工协作,轮流分工	☆☆☆☆☆	
沟通交流	善于沟通、分享收获	☆☆☆☆☆	
自主探究	主动思考,分析问题	☆☆☆☆☆	
动物福利	爱护动物,建立动物福利意识	☆☆☆☆☆	
无菌意识	无菌意识贯穿始终	☆☆☆☆☆	
防护意识	对自己和他人的安全防护意识	☆☆☆☆☆	

项目九
动物剖检与样本采集

【知识目标】

项目九	内容	知识点	学习要求	自评
任务 1	动物剖检与采集程序	剖检程序 脏器采集程序	熟悉 熟悉	☐ ☐
任务 2	实验废弃物无害化处理	废弃物分类 无害化处理方法	熟悉 熟悉	☐ ☐
任务 3	动物尸体和组织的无害化处理	医疗废物的分类 处理方法	熟悉 了解	☐ ☐

【技能目标】

项目九	内容	知识点	学习要求	自评
任务 1	动物剖检与采集程序	各种组织脏器采集方法 各组织脏器固定方法 病理剖检送检单填写	掌握 掌握 掌握	☐ ☐ ☐

自评:在学习过程中,学生可以按照学习要求在已经掌握的知识点"☐"上打"√"。

【素质目标】

目标内容	素质要求	自评
劳动精神	对待工作一丝不苟,反复磨炼技能	
团队协作	小组内分工协作,各岗位轮训	
沟通交流	培养沟通能力,乐于分享收获	
自主探究	培养主动思考、发现问题、分析问题的能力	
动物福利	培养保护动物福利意识	
无菌素养	操作中无菌意识贯穿始终	
安全防护意识	培养注意安全防护的工作素养	

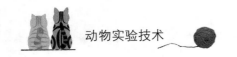

任务1　动物剖检与采集程序

常规剖检时首先要观察动物的外观、天然孔有无分泌物等。然后按照浅表淋巴结—腹腔内脏器官—生殖系统各种脏器—胸腔内脏器官—唾液腺—甲状腺—脑—垂体—坐骨神经—肌肉的顺序来观察和采集脏器。如有实验需要，可根据实验要求采集其他组织器官（如眼球、副泪腺、脊髓、皮肤、股骨等）。

此外还需要观察记录大体解剖发现的病变，描述语言应详尽、客观、准确地记录病变的部位、形状、大小、颜色、质地、与周围组织的关系等。必要时应进行拍照记录。

一、剖检前的准备

（1）病理解剖之前首先检查送检手续是否齐全，有无病理解剖送检单、发病记录等。病理送检单应包括以下内容：

病理单编号，送检日期，送检单位及联系方式，动物种类，动物年龄，动物级别，标本固定液类型，标本固定日期，送检脏器名称，实验动物临床表现，给药种类与作用时间，实验室检查结果，处死方法，病理制片要求，病理切片观察要求，标记大体剖检时病变部位（在解剖示意图中绘出）及病变描述，如实操记录与评价中表9-1所示。

（2）剖检工作应及时进行，以免组织自溶而影响结果的正确性。

（3）体表检查。从头部至四肢逐一进行检查，先称体重，测量体长，观察发育、营养状况；检查体表皮肤有无黄疸、出血点、疤痕、创口等，以及其部位、大小；然后从头部开始，检查头皮有无出血、血肿，颅骨有无凹陷性骨折；被毛的颜色及长度、有无脱毛现象；眼睑皮肤有无水肿，结膜有无充血和出血，巩膜是否黄染；鼻腔、口腔及外耳道有无溢液，其性质如何；角膜、耳、鼻、口腔有无溃疡；牙齿是否脱落，长度如何，口唇是否青紫；腮腺、甲状腺是否肿大；乳头有无溢液；腹部是否膨隆；四肢有无水肿，关节有无畸形或损伤；浅表淋巴结是否肿大。以上情况应做详细记录。

（4）开始解剖时必须确定各种生命现象是否已经停止。死亡的客观指标是死后会出现尸冷、尸斑、尸僵等。

（5）胸、腹腔检查实验动物解剖既可采用"T"形切口，也可采用直线形切口，即从下颌至下腹部。下面以"T"形切口为例说明胸、腹部检查的方法。

首先切开皮肤和皮下组织，然后将胸壁皮肤连同皮下组织自胸部中线起剥离至腋前线。剥离时左手捏住皮肤肌肉向外侧拉，右手持刀把胸骨和肋骨上的软组织完全剥离掉，刀刃向下贴近骨头容易将软组织剥离干净。

切开腹部皮肤、皮下组织和肌肉时用力不可过猛，尤其是在剖检大、小鼠等啮齿类实验动物时，其皮肤、肌层较薄，应把握好力度，以免损伤腹腔脏器。打开腹膜前应注意皮肤的弹性、皮下组织有无水肿、脂肪的厚度等。

进行胸部检查时,如怀疑有气胸,应先检查有无气胸,然后再开胸。取下胸骨后,检查胸腔内有无液体,注意液体的性质及数量并记录。观察胸腔内各器官的位置、颜色、大小和彼此间的关系,探查左、右肺有无黏连。检查心包腔内有无积液,观察其性质和数量。异常心包液做涂片和细菌学检查。

(6)观察心包膜有无出血点,心包的脏层和壁层有无黏连,还要注意纵隔内器官位置关系有无异常。

(7)打开腹腔后,首先检查腹腔内有无积液,观察积液的性质及数量,必要时做细菌学检查。检查腹腔内脏的位置,相互间有无黏连。

(8)观察胰腺有无出血,胰腺和周围脂肪组织有无坏死。

(9)观察肝脏、脾脏的大小,膀胱是否充盈等。对于有胆囊的动物,可剪开十二指肠,找到胆管在十二指肠处的开口,然后挤压胆囊,检查胆管是否通畅。

二、腹腔器官的采集

腹腔器官的取出有两种方法:①各脏器分别取出法,此方法是病理解剖最常用的基本方法。②多脏器联合取出法,这种方法比较简便,而且可以保持各器官的完整性,容易查看病变脏器间的相互关系。

(一)脾脏采集

徒手或用无齿镊轻轻夹住脾头并向外牵引,使其各部韧带保持紧张,切断脾肾韧带、脾膈韧带、脾胃韧带和脾的动、静脉,然后将脾脏取出。脾脏的采出一般在肠的采出之前进行,特别是在脾有明显病变时。

大、小鼠等小动物,可随着肠道一次性取出。在胃和十二指肠之间做双重结扎,并在结扎间剪断肠管;把直肠内粪便向头侧挤压,在直肠末端做一次结扎,并在结扎后方切断直肠,即可将肠道全部取出。在猪、犬及猴等大动物,肠管需分段采出。

(二)肠管的采集

(1)空肠和回肠的采出　将结肠向动物的左侧牵引,盲肠拉向右侧,显露回盲韧带与回肠。在离盲肠约 10 cm 处,将回肠做双重结扎切断。然后握住回肠断端,用剪刀切离回肠、空肠上附着的肠系膜,直至十二指肠空肠曲,在空肠起始部做双重结扎并切断。取出空肠和回肠。

(2)大肠的采出　在骨盆腔口分离出直肠,将其中粪便挤向头侧后做一次结扎,并在结扎后方切断直肠。从直肠断端向前方切离肠系膜,至前肠系膜根部。分离结肠与十二指肠、胰腺之间的联系,切断前肠系膜根部血管、神经和结缔组织,以及结肠与背部之间的联系,即可取出。

(3)胃和十二指肠的采出　先切断食道末端,将胃牵引,切断胃肝韧带、肝十二指肠韧带、胆管、胰管、十二指肠系膜,以及十二指肠与右肾间韧带,使胃与十二指肠一同采出。

(三)肾脏和肾上腺的采集

若输尿管有病变时,应将整个泌尿系统一并采出,否则可分别采出,切断和剥离肾脏周围

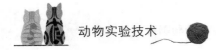

的浆膜和结缔组织,切断其血管和输尿管,即可采出。

肾上腺可与肾脏同时采出,也可分别采出。

(四)肝脏和胰腺的采出

切断肝脏与横膈相连的左三角韧带,再切断圆韧带、镰状韧带、后腔静脉和冠状韧带,最后切断右三角韧带,采出肝脏。

胰腺可以随肝脏一同采集,也可先分离再采集。

三、胸腔脏器的采集

为观察咽、喉头、气管、食道和肺之间病变的相互联系,可把口腔、颈部器官和肺脏一同采出,但小型猪、犬和猴等体型较大动物一般采用口腔与颈部器官和胸腔器官分别采出法。

(一)心脏的采出

切开心包,露出心脏,切断与心脏相连的动静脉,把心脏取出。

(二)肺脏的采出

先切断纵隔的背侧部与胸主动脉,然后在横膈的胸腔面切断纵隔、食道和后腔静脉,在胸腔入口处切断气管、食道、前纵隔和血管、神经等。牵引气管,可将肺脏采出,当肺脏与胸膜发生黏连时,应先检查再将黏连分开。

胸主动脉可单独采出,或与肺脏同时采出。必要时胸主动脉可与腹主动脉一并分离采出。

四、盆腔脏器的采集

盆腔脏器的采出法有两种:一种是不打开骨盆腔,只伸入刀具,将骨盆中各器官自其周壁分离后取出;另一种是先打开骨盆腔,即先锯开骨盆联合,再剪断头侧髂骨体,将骨盆腔的左壁分离后,再切离直肠与骨盆腔上壁的结缔组织。

雌性动物要切离子宫和卵巢,再由盆腔下壁切离膀胱和阴道,在肛门、阴门做圆形切离,即可取出盆腔脏器。雄性动物,将睾丸、附睾连同精索经扩大的腹股沟管内口,从阴囊拉到腹腔内并切断与阴囊相连的睾丸引带。用剪刀自耻骨联合内侧面逐次剪开盆腔腹膜外的软组织,把膀胱、前列腺及尿道后部相连的组织剥离,最后将睾丸、附睾、精索和膀胱、前列腺一起取出。

五、口腔器官的采集

在第1臼齿前下方锯断下颌骨支,将刀插入口腔,由口角向耳根,沿上下臼齿间切断颊部肌肉。将刀尖伸入颌间,切断下颌支内面的肌肉和后缘的腮腺等。最后切断冠状突周围的肌肉与下颌关节的囊状韧带。将下颌骨向后上方提举,下颌骨即可分离取出,口腔显露。此时以左手牵引舌尖,切断与其联系的软组织、舌骨支,然后分离咽喉头、气管、食道周围的肌肉和结缔组织,即可将口腔和颈部的器官一并采出。

六、脑组织的采集

将动物尸体腹卧,下颌和颈部放于木枕上,用刀从顶部正中线切开皮肤(沿颅顶直至鼻尖),分离皮下组织并向头两侧拉开,充分暴露头颅顶和颈部。用刀将附着在头颅和颈部脊骨上的肌肉尽量剥离干净。用骨钳在眼眶前缘连接处剪开,再沿两侧颞部剪开颅骨,撬开颅盖骨,使头盖与硬脑膜分开。取下颅盖后,硬脑膜已露出大部分,然后将头倒立,从颈部脊骨处开始剥离脑,利用脑的自重将整个脑连同脑垂体取出。

对于犬、猪、猴等大动物,颅骨较厚,先从第 1 颈椎部横切,取下头部。清除头部的皮肤和肌肉,先在两侧眶上突后缘做一横锯线,从此锯线两端经额骨、顶骨侧面至枕嵴外缘做两条平行的锯线,再从枕骨大孔做一"V"形锯线与立纵锯线相连。此时将头的鼻端向下立起,用锤敲击枕嵴,即可揭开颅顶,露出颅腔。沿锯线剪开硬脑膜,然后用剪刀或外科刀将颅腔内的神经、血管切断,细心地取出大脑、小脑,再将延髓和垂体取出。

七、病理组织标本的采样要求

药物毒性实验中,动物剖检除大体观察外,要求各脏器必须制作病理切片,在显微镜下观察其细微变化。因此,对动物尸体解剖的同时,应选取组织块,供制片检查。常规采取组织的部位及块数如下。心脏:1~2 块,即左室前壁连同乳头肌 1 块,右室心肌 1 块。肺脏:2 块,即左、右肺各一块。左肺切成三角形,右肺切成四方形。肝脏:1 块,肝右叶(带包膜)。脾脏:1 块(带包膜)。肾脏:1~2 块,即左、右肾各 1 块。左肾切成三角形,右肾切成四方形。肾上腺:1~2 块,即左、右各 1 块,一侧厚些、一侧薄些以便区分。胃:1 块。肠:4 块,即十二指肠、小肠上段和中下段、结肠各 1 块。睾丸或卵巢:1 块。脑:根据实验要求而定。取下的组织块立即固定于固定液中,常规固定液为 10%福尔马林。

八、实验动物组织匀浆的制备

动物处死后,立即取出所需组织,置于干冰内备用。或置于冰块上,轻轻除去表面的凝血及结缔组织等附属物,再经冰冷生理盐水洗涤几次,用滤纸吸干水分,称取一定质量的组织备用。如有特殊需要或短期保存,应放入液氮或冰箱中冻结。将已剥离处理好的脏器定量置于匀浆器中,按设计要求加入一定比例的溶液。以肝组织匀浆为例,称取 1 g 肝组织,在表面皿内剪碎后,以 1:9(1 份肝组织加 9 份 0.155 mol/L KCl 溶液)在匀浆器中稀释,用电动搅拌器以 3 000 r/min 的转速研磨 2~3 min。再以 3 000 r/min 的转速,在 4 ℃中离心 10~15 min。取上清液即可测定肝组织匀浆的酶活力(GPT 或 GOT)。

当制备组织药物萃取的组织匀浆时,基本方法同上,但匀浆的操作不一定在冷冻条件下进行。组织块与适宜比例的去离子水研磨成匀浆,匀浆不必离心,但有时需水解,使结合的药物变成游离状态,再加入萃取用的有机溶剂,振荡、抽提,使药物或代谢产物萃取入有机溶剂内,从而达到与组织分离的目的。

【实操记录与评价】

动物/物品准备			
实操内容	考核标准	操作记录	小组评价
剖检	动物处死后按剖检程序进行剖检		
取材	按照剖检程序进行取材		
填写病理送检单	按照病理送检单填写要求填写表 9-1		
教师指导记录			

表 9-1　病理剖检送检单

送检单位及联系方式			
病理单编号		送检日期	
动物种类		动物年龄	
动物级别		标本固定液类型	
标本固定日期		送检脏器名称	
实验动物临床表现		给药种类与作用时间	
实验室检查结果		处死方法	
病理制片要求		病理切片观察要求	
大体剖检时病变部位（在图中标记）		病变描述	

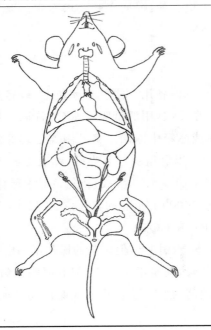

【岗位核心素养与工匠精神评价】

考核内容	考核标准	考核结果	感想记录
学习态度	积极参与,主动学习	☆☆☆☆☆	
精益求精	反复训练,精益求精	☆☆☆☆☆	
团队协作	小组分工协作,轮流分工	☆☆☆☆☆	
沟通交流	善于沟通,分享收获	☆☆☆☆☆	
自主探究	主动思考,分析问题	☆☆☆☆☆	
动物福利	爱护动物,建立动物福利意识	☆☆☆☆☆	
无菌意识	无菌意识贯穿始终	☆☆☆☆☆	
防护意识	对自己和他人的安全防护意识	☆☆☆☆☆	

任务 2　实验废弃物无害化处理

动物实验设施产生的废弃物主要包括污水、污物、废气和动物尸体等。这些都必须按照国家有关环境保护的规定进行妥善处理。做到废物的减量化、资源化和无害化,以达到不污染环境的目的。

一、国家法规和行业标准

为保护和改善生活环境与生态环境,防治污染和其他公害,保障人体健康,促进经济社会可持续发展,颁布了《中华人民共和国环境保护法》,明确提出采取有效措施,防治在生产建设或者其他活动中产生的废气、废水、废渣、粉尘、恶臭气体、放射性物质以及噪音、振动、电磁波辐射等对环境的污染和危害。

为改善环境空气质量,防治大气污染,防止生态破坏,创造清洁适宜的环境,颁布了《中华人民共和国大气污染防治法》,对废气的排放进行了严格的规定。

为防治水污染,保护和改善环境,保证水资源的有效利用,颁布了《中华人民共和国水污染防治法》。对污水的排放进行了严格的规定。

为了防治固体废物污染环境,颁布了《中华人民共和国固体废物污染环境防治法》。固体废物,是指在生产、生活和其他活动中产生的丧失原有利用价值或者虽未丧失利用价值但被抛弃或者放弃的固态半固态和置于容器中的气态的物品、物质以及法律、行政法规规定纳入固体废物管理的物品、物质。生活垃圾,是指在日常生活中或者为日常生活提供服务的活动中产生的固体废物以及法律、行政法规规定视为生活垃圾的固体废物。危险废物,是指列入国家危险废物名录或者根据国家规定的危险废物鉴别标准和鉴别方法认定的具有危险特性的固体废物。同时强调从事动物养殖应当按照国家有关规定收集、贮存、利用或者处置养殖过程中产生的粪便,防止污染环境。

为了加强医疗废物的安全管理,防止疾病传播,保护环境,保障人体健康,国务院于 2003

年颁布了《医疗废物管理条例》。医疗废物,是指医疗卫生机构在医疗、预防、保健以及其他相关活动中产生的具有直接或者间接感染性、毒性以及其他危害性的废物。并明确提出医学科研、教学活动中产生的具有直接或者间接感染性、毒性以及其他危害性的废物管理纳入本条例管理。原卫生部和国家环保总局联合下发了《医疗废物分类目录》(表 9-2)。

表 9-2　医疗废物分类目录

类别	特征	常见组分或者废物名称
感染性废物	携带病原微生物,具有引发感染性疾病传播危险的医疗废物	1.被病人血液、体液、排泄物污染的物品,包括棉球、棉签、引流棉条、纱布及其他各种敷料;一次性使用卫生用品、一次性使用医疗用品及一次性医疗器械;废弃的被服;其他被病人血液、体液、排泄物污染的物品 2.医疗机构收治的隔离传染病病人或者疑似传染病病人产生的生活垃圾 3.病原体的培养基、标本和菌种、毒种保存液 4.各种废弃的医学标本 5.废弃的血液、血清 6.使用后的一次性使用医疗用品及一次性医疗器械视为感染性废物
病理性废物	诊疗过程中产生的人体废弃物和医学实验动物尸体等	1.手术及其他诊疗过程中产生的废弃的人体组织、器官等 2.医学实验动物的组织、尸体 3.病理切片后废弃的人体组织、病理蜡块等
损伤性废物	能够刺伤或者割伤人体的废弃的医用锐器	1.医用针头、缝合针 2.各类医用锐器,包括解剖刀、手术刀、备皮刀、手术锯等载玻片、玻璃试管、玻璃安瓿等
药物性废物	过期、淘汰、变质或者被污染的废弃的药品	1.废弃的一般性药品,如抗生素、非处方类药品等 2.废弃的细胞毒性药物和遗传毒性药物,包括:致癌性药物,如硫唑嘌呤、苯丁酸氮芥、萘氮芥、环孢霉素、环磷酰胺、美法仑、司莫司汀、三苯氧氨、硫替派等;可疑致癌性药物,如顺铂、丝裂霉素、阿霉素、苯巴比妥等;免疫抑制剂 3.废弃的疫苗、血液制品等
化学性废物	具有毒性、腐蚀性、易燃易爆性的废弃的化学物品	1.医学影像室、实验室废弃的化学试剂 2.废弃的过氧乙酸、戊二醛等化学消毒剂 3.废弃的汞血压计、汞温度计

　　注:一次性使用卫生用品是指使用一次后即丢弃的,与人体直接或者间接接触的,并为达到人体生理卫生或者卫生保健目的而使用的各种日常生活用品。

　　一次性使用医疗用品是指临床用于病人检查、诊断、治疗、护理的指套、手套、吸痰管、阴道窥镜、肛镜、印模托盘、治疗巾、皮肤清洁巾、擦手巾、压舌板、臀垫等接触完整黏膜、皮肤的各类一次性使用医疗、护理用品。

　　一次性医疗器械指《医疗器械管理条例》及相关配套文件所规定的用于人体的一次性仪器、设备、器具、材料等物品。

　　医疗卫生机构废弃的麻醉、精神、放射性、毒性等药品及其相关的废物的管理,依照有关法律、行政法规和国家有关规定、标准执行。

二、污水的无害化处理

实验动物设施污水较一般生活污水排放情况复杂。污水来源及成分复杂,有动物排泄的粪尿,有洗刷动物笼具的废水,有用于消毒实验动物设施的各种消毒剂,有在动物实验中使用的有毒、有害的化学污染物等,不经有效处理会严重污染环境。

(一)动物实验设施污水处理原则

(1)全过程控制原则　对污水产生、处理、排放的全过程进行控制。

(2)减量化原则　严格设施内安全管理体系,在污水和污物发生源处进行严格控制和分离,生活污水与动物实验排放污水分别收集,即源头控制、清污分流。严禁将设施内的污水和污物随意弃置排入下水道。

(3)就地处理原则　为防止污水输送过程中的污染与危害,在设施设计时就必须考虑处理。

(4)生态安全原则　有效去除污水中有毒有害物质,减少处理过程中消毒副产物的产生和控制出水中过高余氯,保护生态环境安全。

(二)动物实验设施污水处理要求

动物实验设施污水处理主要包括污水的预处理、物化或生化处理和消毒三部分。为防止病原微生物的二次污染,对污水处理过程中产生的污泥和废气也要进行处理。

1.预处理

污水进行预处理的主要目的是去除污水中的固体污物,调节水质水量和合理消纳粪便,利于后续处理。

2.化粪池

用于污水处理的化粪池主要有普通化粪池和沼气净化池。普通化粪池和沼气净化池的原理是通过沉淀的作用先将有机固体污染物截留,然后通过厌氧微生物的作用将有机物降解。沼气净化池处理效率优于普通化粪池。化粪池的沉淀物和腐化部分的计算容积,应按《建筑给水排水设计规范》确定。污水在化粪池中停留时间不宜小于 36 h。对于无污泥处置环节的污水处理系统,化粪池容积还应包括贮存污泥的容积。

3.预消毒池

预消毒的目的是降低污水中病原微生物的含量以减少操作人员受到病原微生物感染的机会。实验动物的排泄物进行预消毒后排入化粪池。预消毒池的接触时间不宜小于 0.5 h。常用的消毒剂有次氯酸钠、过氧乙酸和二氧化氯等,粪便消毒也可采用石灰。生化处理如采用加氯进行预消毒则需脱氯,或采用臭氧进行预消毒。

4.格栅

在污水处理系统或水泵前宜设置格栅,格栅井与调节池可采用合建的方式。格栅宜选用自动机械格栅;小规模可根据实际情况采用手动格栅。格栅井应密闭,设置通风罩,收集废气以进行集中处理;栅渣与污水处理产生污泥等一同集中消毒,外运焚烧。消毒可采用巴氏蒸汽消毒或投加石灰等方式。

5.生物处理

实验动物设施污水采用生物处理,一方面是降低水中的污染物浓度,达到排放标准;另一方面可保障消毒效果。生物处理工艺主要有活性污泥法、生物接触氧化法、膜-生物反应器、曝气生物滤池和简易生化处理等。

(1)活性污泥法　活性污泥法是以悬浮生长的微生物在好氧条件下对污水中的有机物、氨氮等污染物进行降解的废水生物处理工艺。活性污泥工艺的优点是对不同性质的污水适应性强,建设费用较低;活性污泥工艺的缺点是运行稳定性差,容易发生污泥膨胀和污泥流失,分离效果不够理想。

(2)生物接触氧化工艺　生物接触氧化工艺采用固定式生物填料作为微生物的载体,生长有微生物的载体淹没在水中,曝气系统为反应器中的微生物供氧。由于生物接触氧化法的微生物固定生长于生物填料上,克服了悬浮活性污泥易于流失的缺点,在反应器中能保持很高的生物量。其工艺特点是:生物接触氧化法对冲击负荷和水质变化的耐受性强,运行稳定;生物接触氧化法容积负荷高,占地面积小,建设费用较低;生物接触氧化法污泥产量较低,无须污泥回流,运行管理简单;生物接触氧化法有时脱落一些细碎生物膜,沉淀性能较差的造成出水中的悬浮固体浓度稍高,一般可达到 30 mg/L 左右。

(3)膜-生物反应器　膜-生物反应器(membrane bio reactor,MBR)是将膜分离技术与生物反应器结合在一起的新型污水处理工艺。根据膜分离组件的设置位置,可分为分置式 MBR 和一体式 MBR 两大类。其工艺特点是:MBR 工艺用膜组件代替了传统活性污泥工艺中的二沉池,可进行高效的固液分离,克服了传统工艺中出水水质不够稳定、污泥容易膨胀等不足;抗冲击负荷能力强,出水水质优质稳定,可以完全去除悬浮固体,对细菌和病毒也有很好的截留效果;实现反应器水力停留时间(HRT)和污泥龄(SRT)的完全分离,使运行控制更加灵活稳定;生物反应器内微生物量浓度高,可高达 10 g/L 以上,处理装置容积负荷高,占地面积小,减小了硝化所需体积;有利于增殖缓慢的微生物的截留和生长,系统硝化效率提高;可延长一些难降解有机物在系统中的水力停留时间,有利于难降解有机物降解效率的提高;MBR 剩余污泥产量低,甚至无剩余污泥排放,降低了污泥处理费用。

(4)曝气生物滤池　曝气生物滤池(BAF)是生物膜处理工艺的一种。采用一种新型粗糙多孔的粒状滤料,具有很大的比表面积,滤料表面生长有生物膜,池底提供曝气,污水流过滤床时,污染物首先被过滤和吸附,进而被滤料表面的微生物氧化分解。目前,BAF 已从单一的工艺逐渐发展成系列综合工艺,有去除悬浮物、COD、BOD、硝化、脱氮等作用。其工艺特点是:出水水质好,BAF 可去除污水中的悬浮物、COD、细菌和大部分氨氮,出水悬浮固体小于 10 mg/L。微生物生长在粗糙多孔的滤料表面,不易流失,对有毒有害物质有一定适应性,运行可靠性高,抗冲击负荷能力强。无污泥膨胀问题。BAF 容积负荷高于常规处理工艺,并可省去二沉池和污泥回流泵房,占地面积通常为常规工艺的 1/5～1/3。BAF 需进行反冲洗,反冲水量较大,且运行方式复杂,但易于实现自控。

(5)简易生化处理工艺　其工艺特点是沼气净化池利用厌氧消化原理进行固体有机物降解。沼气净化池的处理效率优于腐化池和沼气池,造价低,动力消耗低,管理简单。

（三）污水消毒常用技术

动物实验设施污水消毒是重要工艺过程,其目的是杀灭污水中的各种致病菌。污水消毒常用的消毒工艺有氯消毒(如氯气、二氧化氯、次氯酸钠)、氧化剂消毒(如臭氧、过氧乙酸)、辐射消毒(如紫外线、γ 射线)。对常用的氯消毒、臭氧消毒、二氧化氯消毒、次氯酸钠消毒和紫外线消毒法的优缺点进行了归纳和比较,见表 9-3。

表 9-3　实验动物设施污水常用消毒方法比较

消毒剂	优点	缺点	消毒效果
氯 (Cl_2)	具有持续消毒作用;工艺简单,技术成熟;操作简单,投量准确	产生具致癌、致畸作用的有机氯化物(THMs);处理水有氯或氯酚味;氯气腐蚀性强;运行管理有一定的危险性	能有效杀菌,但杀灭病毒效果较差
次氯酸钠 (NaOCl)	无毒,运行、管理无危险性	产生具致癌、致畸作用的有机氯化物(THMs);使水的 pH 升高	与 Cl_2 杀菌效果相同
二氧化氯 (ClO_2)	具有强烈的氧化作用,不产生有机氯化物(THMs);投放简单方便;不受 pH 影响	ClO_2 运行、管理有一定的危险性;只能就地生产,就地使用;制取设备复杂;操作管理要求高	较 Cl_2 杀菌效果好
臭氧 (O_3)	有强氧化能力,接触时间短;不产生有机氯化物;不受 pH 影响;能增加水中溶解氧	臭氧运行、管理有一定的危险性;操作复杂;制取臭氧的产率低;电能消耗大;基建投资较大;运行成本高	杀菌和杀灭病毒的效果均很好
紫外线	无有害的残余物质;无臭味;操作简单,易实现自动化;运行管理和维修费用低	电耗大;紫外灯管与石英套管需定期更换;对处理水的水质要求较高;无后续杀菌作用	效果好,但对悬浮物浓度有要求

三、污物的无害化处理

动物实验中的污物来自动物的废弃垫料,实验中用过的废绷带、纱布,一次性口罩、帽子、手套、输液器和注射器等。这些污物实行专人管理,对污物进行分类收集和处理。

(1)与实验关系不大,对环境无任何污染的废物单独分开,这些废物可以按生活垃圾处理。如运送动物的运输盒,将里面的废垫料清除干净,并用 2% 的过氧乙酸喷洒消毒后,就可按生活垃圾处理掉,还有仪器设备的包装箱按生活垃圾处理等。

(2)手术刀片、注射器针头、输液器、玻璃分针等锐器用后放入锐器盒中,集中毁形后,按要求统一进行无害化处理。不可自行处理和随意扔掉。

(3)实验动物废垫料与实验废弃品要分开,不得混放。大量的动物废垫料可采用沼气净化池进行处理,少量的动物废垫料直接装入专用垃圾袋中进行焚烧处理。

(4)一次性口罩、帽子等使用后应装入专用垃圾袋回收焚烧处理。

四、废气的无害化处理

动物实验中产生的废气有以下几个方面来源:

①化学消毒剂的挥发,如甲醛、戊二醛。

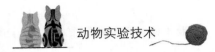

②动物呼出的废气和排泄物产生的废气。

③气体麻醉剂排出的废气(氧化亚氮、异氟烷、蒽氟烷、乙醚)。

④使用高频电刀时散发出的气味。

⑤试剂和样品的挥发物等。

通常实验室中直接产生有毒、有害气体的实验都要求在通风橱内进行,并对这些气体进行无害化处理,这是保证室内空气质量、保护实验人员健康安全的有效办法,同时也减少了对环境的污染。实验室排出的其他废气必须经过无害化处理,达到国家允许的排放标准后,再利用通风设施排入大气。生物实验室产生的废气须经过高效过滤器过滤后,方可排出。

任务3 动物尸体和组织的无害化处理

动物实验过程中,会有废弃的动物和实验后的尸体或组织,这些都必须按照国家有关环境保护的规定进行妥善处理,以达到不污染环境的目的。

一、动物尸体及组织的无害化处理

实验结束后,活体动物应采用安死术处理,不得将动物的尸体随意丢弃或乱放,将动物尸体装入专用尸体袋并存放于冰柜中,实行统一管理,集中存放,定期焚烧,并认真填写实验记录,登记内容包括:存放单位、存放人姓名、存放时间、动物种类、数量、是否被污染、污染物类型及程度等。实验后的动物尸体和组织装入专用尸体袋中,并写明标签,存放冰柜中待统一焚烧。如实验过程中怀疑受试动物是因其他疾病死亡,应及时查明原因。动物尸体经消毒处理后装入尸体袋中,冷冻,待焚烧处理。较大受试动物尸体需经过适当肢解后再进行焚烧。焚烧效果应以污物全部化为灰烬为标准。

二、感染废物的无害化处理

感染废物是指能传播感染性疾病的废物,实验室的废物可能对人类健康和生存环境造成影响,对实验人员和废物处理人员是重要的职业性有害物质。感染废物的管理应考虑对未来的影响,对职业及环境可能造成的危害及对实验室本身的影响,感染废物有以下四个特点:①含有致病能力的病原体;②病原体有足够的致病能力;③病原体有进入体内的入口;④易感宿主。

感染废物的无害化处理应做好以下工作:

1.建立感染废物管理程序

(1)指定专人负责和协调感染废物的管理。

(2)确定感染废物的产生地以及废物的成分和数量。

2.分类包装、分类处理

(1)锐利物品包括针、刀和任何可以穿破聚乙烯包装袋的物品应保存在有明显标记、硬质、防泄漏、防刺破的容器内,并在任何时候都应有"生物危害"标志,与其他废物分别存放。也可用中性戊二醛溶液浸泡2 h后,洁净水冲洗、沥干,再高压灭菌。

（2）一次性塑料制品，如一次性采血器、一次性注射器，用后及时毁形、消毒，薄膜手套用后放污物袋内集中进行高压灭菌。

（3）试验用的玻璃试管、吸管、玻片，分别浸入含有效氯 1 000 mg/L 的含氯消毒剂中浸泡 4 h，再清洗干净，烘干，也可浸入洗涤剂或肥皂液中煮沸 15～30 min，反复洗刷，沥干，37～60 ℃烘干。

（4）废弃标本如尿、胸水、腹水、脑脊液、唾液、胃液、肠液、关节液等每 100 mL 加漂白粉 5 g 或二氯异氰尿酸钠 2 g，搅匀后作用 2～4 h，倒入化粪池内；血、粪便及其他固形标本应进行焚烧或加 2 倍量漂白粉溶液或二氯异氰尿酸钠溶液，拌匀后作用 2～4 h；明确病源的标本应高压灭菌处理。

（5）盛标本的容器，如粪便盒等若为一次性使用纸质容器及其外面包装的废纸应焚烧；对可再次使用的玻璃、塑料或搪瓷容器，可煮沸 15 min，可用含 1 000 mg/L 有效氯的漂白粉澄清液或二氯异氰尿酸钠溶液浸泡 2～6 h，消毒液每日更换，消毒后用水洗净、沥干，用于微生物培养采样者，加压蒸汽灭菌备用。

（6）试验用过的血清反应纸条、结核抗体反应板、酶标反应板、乙肝两对半反应卡等传染性较强的废物必须集中进行焚烧处理。

项目十

转基因动物与胚胎工程技术

【知识目标】

项目十	内容	知识点	学习要求	自评
任务 1	遗传工程动物	遗传工程动物概念 遗传工程动物分类 转基因动物命名	理解 熟悉 了解	□ □ □
任务 2	常用转基因动物制备	显微注射法 ES 介导基因敲除法 转基因动物的检测	熟悉 了解 了解	□ □ □
任务 3	胚胎工程技术	胚胎工程技术概念 胚胎工程应用	了解 了解	□ □

【技能目标】

项目十	内容	知识点	技能要求	自评
任务 2	常用转基因动物制备	雄性小鼠输精管结扎	掌握	□
任务 3	胚胎工程技术	受精卵收集技术	掌握	□

自评:在学习过程中,学生可以按照学习要求在已经掌握的知识点"□"上打"√"。

【素质目标】

目标内容	素质要求	自评
劳动精神	对待工作一丝不苟,反复磨炼技能	
团队协作	小组内分工协作,各岗位轮训	
沟通交流	培养沟通能力,乐于分享收获	
自主探究	培养主动思考、发现问题、分析问题的能力	
动物福利	培养保护动物福利意识	
无菌素养	操作中无菌意识贯穿始终	
安全防护意识	培养注意安全防护的工作素养	

任务 1　遗传工程动物概述

一、遗传工程动物的概念

随着遗传工程技术的迅速发展以及基因组学的深入研究,人们认识到应用遗传工程技术和胚胎工程技术在动物的胚胎期对其基因组进行改造,在动物个体水平观察基因的功能、调控、转录、翻译以及生物大分子物质在体内的功能及活性是一个最佳的途径。人为地运用各种技术手段有目的地干预动物的遗传组成,导致动物新的表型性状的改变,并使其能有效地遗传下去,形成新的可供生命科学研究和其他目的所用的动物,称为遗传工程动物。

二、遗传工程动物的分类

根据导致动物的基因发生改变的手段不同可将遗传工程动物分为以下几类:

1. 转基因动物

转基因动物是指通过非同源重组(如显微注射)、反转录病毒载体感染或同源插入等方式将外源 DNA 片段整合入基因组内的方法制作的动物,即"加入"一个外源基因到动物体内。实验动物相关国家标准中将转基因动物定义为,通过实验手段将新的遗传物质导入到动物胚胎细胞中,并能稳定遗传,由此获得的动物称为转基因动物。

2. 靶向突变动物

靶向突变动物是指根据同源重组原理,将改造后的自身基因成分定点整合到胚胎干细胞(ES 细胞)内,筛选发生遗传修饰的 ES 细胞并注入囊胚期胚胎的囊胚腔内,然后将囊胚移植到假孕小鼠(由于 ES 细胞来源的限制,目前只能进行靶向突变小鼠的制备)的子宫内。出生的小鼠为 ES 细胞来源品系和囊胚供体品系之间的嵌合体。利用嵌合体动物中生殖细胞携带打靶突变的动物继续繁育,可建立目的基因敲除的动物品系。

3. 染色体工程动物

染色体工程动物是指用重组酶 Cre/LoxP 系统和同源重组技术将目的染色体片段通过缺失、重复、易位和倒位等人为地使染色体发生重排,以制备人工染色体重排模型。在广义上人们仍习惯将以上几类动物统称为"转基因动物"。在实际工作中,还有许多其他手段也可以导致动物的基因发生改变,这些改变与把外源 DNA 导入动物基因组在机制和效应上都不同,这类情况包括,由于化学物质或放射性物质辐射的作用导致基因发生改变或使染色体发生畸变和通过核移植交换遗传物质等,因此这类遗传工程动物不被列入转基因动物的范畴。

三、转基因动物的命名

转基因的命名遵循以下原则:

1. 符号

一个转基因动物命名符号由三部分组成,其常见格式为 TgX(YYYYYY)＃＃＃＃Zzz,其中各部分符号的含义如下:

(1)"TgX"表示基因导入的方式(mode),转基因符号通常冠以 Tg 字头,代表转基因(transgene)。随后的一个字母"X"表示 DNA 插入的方式,H 代表同源重组,R 代表经过反转录病毒载体的插入,N 代表非同源插入。

(2)"(YYYYYY)"是插入片段标识(insert designation),插入片段标识是由研究者确定的能表明插入基因显著特征的符号,通常由放在圆括号内的字符组成:可以是字母(大写或小写),也可由字母与数字组合而成,不用斜体字,上、下标,空格及标点等符号,标识一般不超过 6 个字符。如果插入序列源于已经命名的基因,应尽量在插入标识中使用基因的标准命名或缩写,但基因符号中的连字符应省去。确定插入片段指示时,推荐使用一些标准的命名缩写,目前包括:

An	匿名序列
Ge	基因组序列
Im	插入突变
Nc	非编码序列
Rp	报告基因
Sn	合成序列
Et	增强子捕获装置
P1	启动子捕获装置

插入片段标识只表示插入的序列,并不表明其插入的位置或表型。

(3)"＃＃＃＃＃"和"Zzz"分别代表实验室指定序号(laboratory-assigned number)及实验室注册代号(laboratory code):实验室指定序号是由实验室对已成功的转基因系给予的特定编号,最多不超过 5 位数字。而且插入片段标识的字符与实验室指定序号的数字位数之和不能超过 11。实验室注册代号是对从事转基因动物研究生产的实验室给予的特定符号。

2.命名举例

C57BL/6J-TgN(CD8Ge)23Jwg 表示来源于美国杰克逊研究所(J)的 C57BL/6 品系小鼠被转入人的 CD8 基因组(Ge);转基因由 Jon W. Gordon(Jwg)实验室完成,经一系列显微注射后得到序号为 23 的转基因小鼠。TgN(GPDHIm)1Bir 表示以人的甘油磷酸脱氢酶基因(GPDH)插入(C57BL/6JXSJL/J)F1 代雌鼠的受精卵中,并引起插入突变(Im),这是 Edward H. Birkenmeier(Bir)实验室命名的第一只转基因小鼠。根据转基因动物命名的原则,如果转基因动物的遗传背景是由不同的近交系或远交群之间混合而成时,则该转基因符号应不使用动物品系或种群的名称。

3.转基因符号的缩写

转基因符号可以缩写,即去掉插入片段标识部分,例如,TgN(GPDHIm)1Bir 可缩写为 TgN1Bir。一般在文章中第一次出现时使用全称,以后再出现时则可以使用缩写。

四、转基因动物的安全性和涉及的伦理学问题

转基因生物安全和社会伦理问题从一开始就是基因工程发展中必须要面对的问题。转基因动物的安全性包括生态安全、生产安全以及食用安全。虽然转基因动物可以使人类受益,但其存在的潜在危险却是长期的、未知的,在目前技术条件下尚不能完全预测。

1.转基因动物生产的安全性

目前,每一种转基因动物制作方法都存在自身缺陷,因此转基因动物的健康状况和生长速度以及其他一些方面都会受到影响。外源基因的插入不但会造成外源基因自身的表达难以有效地被控制,动物内在基因的表达也会受到影响。如原核显微注射法制作的转基因动物,由于外源DNA在受体基因组中的整合位点是随机的,而且整合的拷贝数也是无法控制的,这可能会使内源基因遭到破坏或失活,也可能激活正常情况下处于关闭状态的基因,从而导致转基因阳性个体不育、胚胎死亡、四肢畸形、足趾相连等异常现象的发生。

2.转基因动物的食用安全性

转基因动物的食用安全性必须考虑以下几个方面:首先是外源基因导入方法,生产转基因动物食品必须选择适当的方法;其次是外源基因的选择,转基因动物使用的外源基因直接关系到转基因动物的理论意义和实际价值,病毒源性基因和激素类基因逐渐被许多用于生产实践和开发应用的实验室所淘汰,还需考虑外源基因的稳定性和遗传性、标记基因的稳定性和遗传性以及基因载体的抗性和残留等;再次,必须明确转基因动物的基因型和表型,作为生物反应器来生产特殊蛋白质的外源基因以及具有优良经济性状(如生长、营养、耐低氧、抗病、抗寒、抗盐等)的动物基因的确定,必须考虑外源基因的表达对动物生产性状、遗传性状和实用品质等的影响;最后,还须考虑新蛋白质的营养性和致敏性、对人体肠道内微生物的影响以及对特殊人群(如孕妇、婴幼、病人等)的影响等。

国际上公认的转基因动物食品的安全评估包括三个原则:实质等同原则(即生物技术食品及食品成分是否与目前市场上销售的传统食品具有实质等同性)、个案分析原则以及逐步完善原则。因此,对转基因动物食用安全性评价的内容应该包括食品的营养成分、毒素水平、杂质水平、过敏性、抗逆性、免疫性、相容性、抗生素耐药性、新成分结构与功能等。

3.环境和社会安全问题

转基因技术通过对生物甚至人类的基因进行相互转移,突破了传统的界、门的规定,具有普通物种不具备的优势特征,通过基因漂移,会破坏野生近缘种的遗传多样性。另外,由于转基因动物使得包括人类基因在内的外源性基因转移到多种动物体内,并使之遗传下去,一旦这些动物逃出实验室或限养圈,则其所携带的外源基因可能进入人类赖以生存的自然界中经过长期进化而成为相对稳定的基因库,并对人类自身的生存环境造成难以预测的破坏。转基因可能加大人畜共患病的传播机会,给人类带来灾难性的破坏。对于基因重组实验,各国政府颁布有相应的操作规程,以防重组生物进入人体或扩散到实验室外面。为了预防和控制转基因生物可能产生的不利影响,联合国于2000年通过了《生物多样性公约》《卡塔赫纳生物安全议定书》,目前已有103个国家签署,65个国家批准,并已于2003年9月11日正式生效。

4.转基因动物涉及的伦理学问题

应用重组DNA技术和转基因技术,打破了自然界动物种间的生殖隔离,使得动物物种之间,动物与人类之间,动物和植物及微生物之间的遗传物质可以相互转移,这无疑标志着人类在认识自然和改造自然过程中取得了巨大进步。但是,转基因技术在短时间内创造出来的东西,可能是人类闻所未闻的全新动物,这不可避免地引起了社会上一部分人的惊恐和反对。

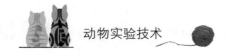

五、转基因动物技术的发展概况

转基因动物被认为是遗传学中继连锁分析、体细胞遗传和 DNA 重组之后的第四代技术，已成为生命科学中发展最快的分支之一。转基因动物技术的成熟和发展是在 20 世纪 80 年代以后。1980 年 Gorden 等进一步完善了显微操作技术，使转基因动物的研究迅速发展起来，1981 年 Costantini 等将兔 β-珠蛋白基因注入小鼠的受精卵，使受精卵发育成表达兔 β-珠蛋白的小鼠。1982 年 Palmiter 等将大鼠生长激素基因构建到 SMT（金属硫蛋白，MT）启动子下游，注射到小鼠受精卵的雄原核内，获得了体型似大鼠的转基因巨型小鼠。1985 年 Smithies 等建立了 ES 细胞基因打靶技术，首先在 β-球蛋白位点上进行基因打靶，获得基因敲除小鼠。1987 年英国 Roslin 研究所研制成功 α-抗胰蛋白酶转基因绵羊，乳汁中分泌 α-抗胰蛋白酶，含量高达 30 mg/L。这标志着利用转基因技术生产生物药品在实践上是可行的。1995 年 Ramirez-So-lis 等用重组酶 Cre/LoxP 系统首先成功制作染色体重排小鼠。2000 年 Mc Creath 等用体细胞基因打靶技术和核移植技术获得克隆绵羊，乳汁中分泌 α-抗胰蛋白酶含量高达 650 μg/mL，这一技术突破了在大家畜中未能建立 ES 细胞系的难题，将体细胞基因打靶技术和克隆技术结合起来，实现大动物的基因改造，这些技术无论在基础研究、还是在产业化方面都具有诱人的应用前景。

我国的转基因动物研究始于 20 世纪 80 年代初期，中国科学院率先成功地制作了人 β-珠蛋白基因、大肠杆菌 *galk* 和 *gpt* 基因、牛或人生长激素基因等转基因小鼠，在转基因鱼、兔和大动物的克隆方面也取得了成功，在国际上首先将人生长激素基因转移到金鱼受精卵中，为培育高产优质和具有抗性的鱼类开拓了新途径。1994 年和 1995 年分别在上海、长春召开了两届全国转基因动物学术讨论会，2002 年在上海召开了国际转基因动物学术讨论会。2001 年，科技部资助南京大学建立了"国家遗传工程小鼠资源库"，专门用于研究、开发、收集、保存和供应遗传工程小鼠，形成资源共享的公共服务平台。

转基因动物研究可大致分为以下 3 个部分。①上游部分：克隆目的基因，分析基因的结构并在体外或其他系统中进行功能研究改良。②中游部分：设计遗传修饰策略（包括载体系统的构建等），选择适当的靶细胞进行基因转移和鉴定，在此基础上将遗传修饰由细胞向整体动物过渡，实现对整体动物基因组进行人为修饰。③下游部分：按育种程序进行转基因动物的选育和建系，在动物的遗传背景基础上对目的基因的功能进行详细的分析和研究。因此转基因动物研究是一种在分子水平、细胞水平和活体动物水平的综合研体系，它是遗传学、分子生物学、细胞生物学、生殖生理学、发育生物学、实验动物学等学科的理论和技术的综合应用，这一体系从分子水平实现对动物基因的定向改变（突变），然后在活体动物的不同层次（分子、细胞、组织、器官和系统）分析基因功能和表型效应。

六、转基因的细胞学原理

细胞周期可人为分成 4 个时期，分别为 G1 期、S 期、G2 期、M 期。细胞在正常情况下，沿着 G1-S-G2-M 的路线运转。S 期为 DNA 合成期，M 期为有丝分裂期，M 期结束到 S 期开始之前为 G1 期，S 期结束到有丝分裂期（M 期）开始之前为 G2 期。有丝分裂的启动由促成熟因子 MPF（maturation/mitosism/meiosis promoting factor）调控，MPF 在细胞分裂中呈现周期性的变化，即在分裂后逐渐积累，到 G2 晚期达到高峰，在向后期转换时骤然消失，故推测 MPF

是真核细胞 M 期的一个基本调节物质，能引导细胞由间期向 M 期转变。MⅡ期的卵母细胞的 MPF 含量很高，可以诱导细胞核发生一系列变化，包括核膜破裂（NEBD）和早熟染色体凝集（premature chromosome condensation，PCC），处于减数分裂 MⅡ期的卵母细胞无核膜的时间远远长于有丝分裂 M 期的细胞，所以此时期的卵母细胞可作为基因导入的受体。

七、转基因的胚胎学原理

1.哺乳动物转基因的胚胎学原理

只有在精子和卵子发育成熟后，精卵相遇时才能完成受精过程。精子进入卵子后头尾分离，胞核出现核仁，形成核膜，头部膨大形成雄原核；同时卵子排出第二极体形成雌原核，一般来说，雄原核比雌原核大；然后雌雄原核的核膜消失，雌雄原核融合；随后细胞周期性卵裂，分裂球增加到 32 个细胞，形成桑葚胚，进入子宫后发育至囊胚，此前的胚胎细胞具有很强的分化能力。从哺乳动物受精卵分裂发育的规律来看，转基因操作较合适的部位是受精卵的雌、雄原核，精子进入卵细胞后的 1 h，雄原核和雌原核还未融合，在显微镜下容易看到两个原核。在这一时期把外源基因显微注射到雌原核或雄原核内，通过雌雄原核的融合把外源基因整合入受精卵。

2.禽类转基因的胚胎学原理

家禽与哺乳动物相比其生殖生理特点有所不同，家禽卵子在输卵管中遇到精子完成受精，可能有多个精子进入卵细胞，精子入卵时，卵子处于第二次分裂中期。精子入卵后，卵子排出第二极体，此时二者分别形成雄原核、雌原核，然后雌、雄原核融合，雄原核很快被包上一层脂粒。融合后的受精卵在输卵管迁移的过程中一边分裂，一边形成卵清、蛋壳等，鸡蛋产出体外时已发育到 60 000 个细胞的囊胚期。由于单细胞期卵子不易获得，因此不宜对卵子进行基因操作。鸡卵子受精时有多个精子进入卵细胞，无法辨清哪个精子与雌原核融合，且雄原核很快包上一层脂粒，所以也无法像哺乳动物那样对雄原核注射。所以鸡的转基因操作，一般选择在刚产出蛋（即未孵蛋）的胚盘进行注射，注射位置是受精卵胚盘中央质膜下方 30 μm 处的囊胚腔，靠近雌原核。

3.鱼类转基因的胚胎学原理

将外源基因注射到Ⅴ期卵母细胞核中，注射了外源基因的卵母细胞在体外成熟、受精，然后获得转基因鱼，但卵母细胞能够在体外条件下完全成熟的鱼类只有 3 种，即金鱼、斑马鱼、青鱼，所以这种方法受到限制。对于其他鱼，通用的方法是把外源基因注入细胞质。鱼卵子外被卵壳，存在受精孔，精子自受精孔进入卵子，受精后受精卵的核看不清楚。但鱼卵是端黄卵，受精后位于植物极端的细胞质向动物极方向集中而形成卵内细胞质流。这种细胞质流有助于导入的外源基因与受精卵原核 DNA 的接触。所以转基因鱼的制作是把外源基因注射到受精卵的卵原核附近的细胞质内，注射在第一次卵裂前进行。与哺乳动物不同的是，鱼受精卵的发育是在体外进行的，无须进行胚胎移植，因此大大简化了转基因的程序。

八、转基因动物制备的分子生物学原理

无论是显微注射法，还是反转录病毒载体法等生物学方法，目的都是把外源基因导入细胞或胚胎，然而得到转基因动物的关键是外源基因的整合和表达效率。Brinster 提出假设，注入

的 DNA 分子游离末端的诱导修复酶可能引起染色体的随机断裂,外源 DNA 分子游离末端和断裂点之间的互相作用能够诱导外源 DNA 整合入基因组。由于断裂是随机的、因此整合的位置也是随机的,由此可导致内源基因的重排、缺失、移位等。外源基因整合后其表达结果很难预测,除了位置效应以外还受以下诸多因素的影响。

外源基因整合后,当受体基因中含有转基因的同源序列时,转基因与内源基因的表达会同时受到抑制,这种现象称为共抑制,一般发生在转基因与同源的内源基因之间或两个相同的转基因之间。共抑制的原因可能是:①转基因与同源基因相互作用后,造成某种遗传性状的改变而影响其表达。②产生反义 RNA,与正义 RNA 结合后快速降解;③外源基因进入细胞后,细胞对外来物质有防御系统,细胞内的核酸酶能降解外源基因,使外源基因得到有效控制,如果核酸酶未完全降解掉外源基因,细胞会启动外源基因甲基化系统来抵制外源基因。甲基化的外源基因在分裂过程中不稳定,经过多次分裂后,外源基因通过一些目前未知的机制而降解,从而从基因组中丢失,影响转基因的效率。

任务 2　常用转基因动物的制备

转基因动物的制备可用显微注射法、反转录病毒载体法、精子载体法、ES 细胞介导的基因打靶等。显微注射法是较为传统、简单、常用的转基因动物制备方法,所以本节以该方法为主进行介绍。

一、显微注射法制备转基因动物

显微注射就是借助光学显微镜的放大作用,直接将 DNA 注射到动物早期胚胎、胚胎干细胞、体细胞或卵母细胞中,然后生产动物个体。经过显微注射 DNA 发育而成的动物中,有少数整合了被注射的 DNA 分子,成为转基因动物。

(一)仪器设备及材料

1.设备

最简单的微注射系统需要倒置显微镜,显微操作仪和一个拉针仪,可用拉制合适的微注射针头。除此之外,由 Eppendorf 和 Zeiss 开发的自动或自动-计算机辅助系统还需要一些额外的设备。最好把微注射的设备安放在专用的房间里,靠近细胞培养设备。另外,显微镜与微操作仪都应该放在减震台或防震的桌子上。

2.实验材料及试剂

(1)器械与试剂

①器械:手术器械、眼科镊、眼科剪、毛细玻璃管、注射管、砂轮、1 mL 注射器及针头、塑料平皿(直径 35 mm、55 mm)、喷壶、酒精灯、乳胶管等。

②试剂:矿物油(胚胎级,Sigma)、孕马血清促性腺激素(PMSG)、人绒毛促性腺激素(HCG)、M2 培养基(Sigma)、M16 培养基(Sigma)、麻醉剂、透明质酸酶(Sigma)、PBS 缓冲液、70%乙醇、PCR 检测用试剂等。

（2）胚胎采集系统的组装及玻璃针管的制备

①胚胎采集系统组装材料：吸嘴、乳胶管、空气滤器、采卵管（1 mm 玻璃管）依次连接，用于胚胎采集、转移、移植等。

②固定针的制作（显微操作时固定胚胎）

a.拉针：持卵针的外径一般为 80～120 μm，内径 15～20 μm。

b.断针：断持卵针有两种方法：一种是用小砂轮断针，另一种是在煅烧仪上断针。经过一段时间的操作发现，使用煅烧仪断针，针的内径易控制，针断口也较整齐；用小砂轮断针不易掌握力量，前期成功率低，对于初学者，使用煅烧仪水平断针方法好些。

c.烤针：将断好的针口与玻璃球调整到一个水平面上，离开玻璃球一段距离，调整温度使电热丝发红，直至针缩到 15 μm 时停止，针口必须平滑。

d.弯针：针可以在煅烧仪上弯，也可以在小酒精灯上进行。用酒精灯弯针操作简单，但弯针角度不易控制。经过一段时间的摸索，发现在煅烧仪上弯针弯出的针长度、角度可以控制，显微操作时容易调节。弯针时，将玻璃管调到玻璃球上面但不接触玻璃球，然后通电加热玻璃球直到微红，手持一根细玻璃管，用管的末端下压针的末端使针弯到 25°～30° 时停止。

③原核注射针的制作：Eppendorf 公司有预先拉制好的微注射针头，用塑料螺旋固定在 Leitz 微注射针头架上，取下即可使用。使用拉针仪在实验室中自行拉制的微注射针头最好使用硼硅酸盐玻璃的毛细管，直径 90 mm。这样拉制的毛细玻璃管外径为 1.2 mm，管壁为 0.13 mm，毛细管的全长有一个直径 0.1 mm 的细丝状物依附于它的内壁，它可使样品溶液到达微注射器的尖部。好的注射针距离针尖 50 μm 处直径应为 10～15 μm 甚至更小，针尖直径小于 1 μm。同固定针的制作方法，用煅烧仪将注射针前端弯成 25°～30°。

（二）实验动物准备

实验用小鼠的准备是整个实验的首要工作，要成功和高效地生产基因工程动物，必须获得大量的着床前胚胎和大量的假孕受体，并根据实验需要实施合理的动物育种计划，对动物的品系、年龄和数量进行调整。此外，还必须确保动物健康，最理想的情况是饲养在无特定病原体（SPF）环境中。依据不同的实验方法及实验目的，选择的实验用动物也不同，下面以显微注射方法制备转基因小鼠为例阐述转基因实验动物的准备。

1.实验小鼠品系的选择

制备转基因鼠，动物房内至少要维持足够数量的四群不同种类的鼠，它们是：①用于交配产生转基因用胚胎的供体雌鼠；②繁殖力正常的与供体鼠同品系的雄鼠；③用于假孕和代乳的受体鼠（雌鼠）；④用于交配产生假孕鼠的结扎雄鼠。

（1）供体鼠的选择　供体雌鼠品系和雄鼠品系的选择决定了受精卵的遗传背景（同基因性和同质性）。受精卵的遗传背景清楚是目的基因研究的重要前提条件之一。作为供体（供卵）雌鼠，除了要考虑它的遗传背景，还要考虑卵的产出数量和质量。常用的有近交系（C57BL/6J，FVB）和杂交一代小鼠。由于 C57BL/6J 和 DBA/2 小鼠的基因组序列测序已经完成，所以近年来多选择使用 C57BL/6J 小鼠和 C57BL/6J 与 DBA/2 繁殖的杂交一代小鼠。用于显微注射的受精卵为近交系（C57BL/6J）或杂交一代（BDFl）之间杂交产生的 F2 代。使用近交系杂交 Fl 代是为了避免近交退化，改善单纯近交系产卵的质量和数量，克服近交系繁殖力低下的缺点，从而增强转基因动物的生命活力，其子代的产出量、动物的饲养及其世代的繁衍效率都大有提高。杂交 F1 代小鼠可以由以下近交系获得，C57BL/6J × SJL、C57BL/6J × CBA/J、C3H/heJ × C57BL/6J、C3H/heJ × DBA/ZJ 和 C57BL/6J × DBA IZJ 等。供卵小鼠选择 3～5 周龄的小鼠。

（2）提供精子的雄鼠的选择　选定提供精子的雄鼠最好是精子的遗传活力较高的与供体鼠同品系的雄鼠。雄鼠必须达到性、体成熟、健康且处于繁殖力旺盛时期。雄鼠一般 56 日龄达到性成熟，90 日龄达到体成熟。近交雄鼠可用 6～8 个月，杂交 F1 雄鼠可用 1 年。计划用作雄鼠的，应于合笼前一周单笼饲养，因为优势雄鼠会抑制同窝其他雄鼠的睾酮合成和精子生成。新选出的种雄鼠应先与雌鼠进行一周的试配，再用于胚胎生产，雄鼠在两次交配之间应休息 4～7 d。以保证胚胎的受精率。雄鼠要有明确的交配记录，连续 4～6 次未配者淘汰。

（3）假孕雌鼠的选择及挑选　假孕雌鼠应选择母性好，产仔率高的品系。8～12 周龄，体重在 25～35 g 的小鼠最为理想。最好选择与供体雌鼠毛色不同的品系，以便确认移植出生的幼鼠确实来自供体胚胎。远交系 CD-1 或 ICR 和杂交 F1 均可用作受体鼠。

假孕雌鼠的挑选主要有三种方法。①随机配对法：在雄鼠笼中放入 1～2 只雌鼠，在非同步群体中，平均每天使 10%～20% 的雌鼠处在发情期，因此进行配对的雌鼠总数应该是胚胎移植所需数目的 5～10 倍。次日，将见栓雌鼠挑出留用，其他依然留在雄鼠笼中。此方法的优点是，若 1 周内连续进行实验，第一天对所有鼠进行检栓，第二天后只需对以前未配的鼠进行检栓。②发情筛选法：每天取新进入发情期的雌鼠交配。发情标志为雌鼠阴道壁粉红、水肿、湿润。做过这种发情筛选的雌鼠过夜会有 50% 左右交配成功。此方法的优点是每天待检的鼠少，缺点是每天要进行发情筛选。③激素诱导法：可通过超排卵处理来诱导雌鼠发情，然后与结扎雄鼠交配，但此法胚胎移植后的妊娠率明显低于自然交配的雌鼠，因此此法只是最后的选择。以上三种方法交配成功的假孕鼠若未用于胚胎移植，一般交配后 8～11 d 返回发情期。

如果受体鼠到达预产当天的下午尚未生产则应进行剖宫产，这种情况可能是由于移植到受体内的胚胎只有少数发育到期，导致胎儿长得较大，母鼠生产困难所致。为确保有现成的代乳鼠，可于假孕母鼠合笼的前 1～2 d 用正常公鼠配几只母鼠，最理想的代乳鼠应该是以前成功地哺育过一窝幼鼠。毛色差异有助于区分转基因幼鼠和代乳鼠的幼鼠，如果没有毛色差异，可剪断代乳鼠的幼鼠的尾巴来区分。

（4）结扎雄鼠的选择　任何精力充沛的品系都可用作结扎雄鼠，但一般与假孕雌鼠的品系相同。一般选用 5 周的雄鼠做结扎手术，术后修养 2 周，再进行 1 周的配种实验，确定此雄鼠确实不育后方可用于实验。根据经验，结扎雄鼠可维持高见栓率长达 1 年。与前面介绍的提供精子的雄鼠一样，结扎雄鼠也应该有见栓记录，连续几次不交配的雄鼠应该淘汰。

2.供体小鼠的超排

超排选用性成熟的雌性小鼠做供卵雌鼠，分别腹腔注射 5 IU/mL 孕马血清促性腺激素（PMSG）和 5 IU/mL 人绒毛促性腺激素（HCG）诱发排卵，选择在 PMSG 注射后，隔 42～48 h 注射 HCG，然后让雌鼠与种鼠合笼交配，12 h 后检出阴栓阳性的雌鼠。

3.结扎雄鼠的制备

选用 4～5 周龄以上生育能力正常的雄性小鼠，将鼠称重并腹腔内注射麻醉剂使其麻醉。用 75% 乙醇喷洒小鼠的腹部，再用绵纸擦干净，将腹部被毛剪掉。用剪刀在髂前上脊水平线剪开 1 cm 的切口，沿着膀胱侧壁可将输精管提出（最好不要把睾丸与附睾提出体外），将输精管与血管分离,分别把两侧输精管烫断,缝合肌肉与皮肤,将小鼠睾丸复位,把小鼠放置在热台上,待苏醒后放回笼中单独饲养。

(三)步骤

1.显微注射 DNA 的准备

(1)注射基因的构建　一般来说,作为转基因用的外源基因至少应当包括两部分:①结构基因(structural gene),即要在转基因动物体内表达的基因或使动物体内自身基因不表达的突变基因;②侧翼序列(flanking sequence),含有表达所需的各种调控元件(regulatoryelc-ment)。在通常情况下,为了便于检测,还需要引入报告基因(reporter gene)或报告序列(reporter se-quence)。

①目的基因的选择

a.选用目的基因的基因组片段。目前多用这种方式。显而易见,基因组 DNA 具有目的基因表达所需的全套调控元件,因此,在转基因动物中表达的可能性更大,也更具其天然性。

b.选用目的基因的 cDNA 序列。尽管目前已有这方面的成功报道,但实际上,由于基因内含子的功能尚不十分清楚,单纯将 cDNA 转入转基因动物中,外源基因有时可能不表达,或只有较弱水平的表达。

c.选用报告基因为目的基因。如选用 CAT 基因等,其实际上是研究基因的调控元件。

②调控元件的选择

a.选用具有较高表达活性的强启动子。一般情况下,需要先删除目的基因的天然启动子,然后将强启动子序列甚至包括增强子序列和目的基因拼接成融合基因,经体外(细胞水平)检测表达正确后,再用于转基因研究。根据研究目的的不同,融合基因可分为三种:融合基因具有高表达活性而组织特异性较差,其研究目的主要是观察增强外源基因在体内表达时的生理学效应;融合基因既有高表达活性又有组织特异性,其目的是观察基因在局部组织中的作用;整合基因在乳腺等分泌型器官中的表达,用于基因产品的制备。

b.选用目的基因的天然启动子序列。选择纯天然目的基因的启动子只需要目的基因携带足够长度的侧翼序列即可。侧翼序列的长度因基因的不同而不同,一般上游 −500～0 bp 即含有决定基因表达组织特异性的调控元件,但事实上真核基因调控的机制十分复杂,一些基因的调控元件可能在远离结构基因的区域,因此侧翼序列的长度要根据具体情况来定。当用携带天然启动子的基因来进行转基因时,目的基因基本可以反映其天然行为,因此,这类转基因工作常用于基因结构与基因功能的研究。

③报告基因或报告序列的选择

在转基因研究中,由于转基因和内源基因的同源性较高,给转基因检测带来了困难。如果将目的基因和报告基因或报告序列拼接起来,则可以通过检测报告基因或报告序列在转基因动物中的表达情况,判断目的基因是否存在。这不但使检测变得容易,而且准确性也相应提高。

(2)注射用 DNA 的分离与纯化

①原核载体序列的影响。虽然原核克隆载体对注射基因的整合频率没有明显影响,但是由于真核系统对原核序列的防御作用往往导致转基因在生殖细胞系中的表达受到抑制。因此在显微注射之前,必须对质粒载体序列中获得的基因构件进行纯化,才能消除载体序列所产生

的潜在影响。

②DNA 构件的长度。小鼠转基因 DNA 构件长度仅仅受克隆方法与处理方式的限制，较大的 DNA 用于小鼠转基因的范围越来越广，几十万个碱基对的 BAC DNA 和 PAC DNA 都曾使用过，而且使用 1 000 kbp 以上的 YAC DNA 也有成功报道。

③DNA 的纯化。影响原核显微注射的关键性因素之一是 DNA 的纯度。即使痕量的试剂残留也可能会对合子造成损害，即在注射后立即发生溶解或者在胚胎着床前后的发育过程中发生停滞。由于 DNA 纯化过程非常重要，而且各个研究室所使用的方法也不尽相同。一种简单可行的方法是质粒提取，即使用质粒提取试剂盒，然后酶切、纯化。纯化采用低熔点琼脂糖胶（使用质量较好的低熔点胶）电泳分离，切取相应长度的 DNA 片段，最后用胶回收试剂盒或电泳槽纯化的方法进行回收、纯化。需要注意的是，所有的实验用水都应为超纯水，无论是洗涤还是配制溶液，最后溶解 DNA 的 TE 溶液要求配制得十分精确，最好购买胚胎注射用的商品化的 TE。

2. 胚胎的准备

颈部脱臼处死有阴栓的供体小鼠，剪开腹部皮肤和肌肉，暴露腹腔，剪下输卵管置于 200 μL 的 M2 液滴中，在体视镜下撕开输卵管壶腹部，让包裹着颗粒细胞的卵丘细胞流出来。然后将卵丘细胞移入含有透明质酸酶（80 IU/mL）的 M2 液滴中处理 2～3 min，待颗粒细胞脱落，将受精卵在 M2 液滴中洗涤 4～5 遍，清洗后移入 80 μL M16 培养基中，置于 37 ℃、含 5% CO_2 的培养箱中培养。

3. 显微注射

（1）原核注射时间 受精卵的发育阶段可以通过 HCG 注射时间、光照周期和采卵时间控制。只有在原核的核膜消失前最容易注射，最佳注射时间可持续 3～5 h。如果原核小且不清楚，可以提前 HCG 注射时间；反之，若原核已有融合趋势，可以延后 HCG 注射时间。

（2）注射基因浓度 一般为 3 μg/mL，若是有毒性的基因，可适当降低注射浓度。若两种（或多种）转基因共注射，多数情况下两种基因构件能够共同整合到基因组的相同位点上，也可以获得携带其中一种基因的转基因小鼠。需要注意的是，即使为两种不同的 DNA 分子也要在同种注射液中混合，每种基因构件的最终浓度为正常浓度的一半。如果两种基因构件的大小差别很大，必须注意计算混合液的浓度，保持单位体积内各种构件分子的数量大致相同。

（3）显微注射过程 将含有待注射的受精卵的培养液滴放在载玻片上，注射针注入待注射 DNA，调整好固定针和注射针的位置，用固定针将受精卵固定在合适的位置（对受精卵伤害最小的位置），将注射针小心地移入原核中，原核膨胀后撤出注射针。对下一个受精卵进行同样的操作，直至所有受精卵注射结束。此过程必须小心谨慎，才可以确保注射后胚胎成活率及转基因阳性率。胚胎在体外操作时间不宜过长，一般以 20 min 为限，所以每次注射的胚胎数要根据自己的注射速度来决定，确保在 20 min 内完成。操作者的熟练程度将会显著影响注射效果。注射后的胚胎至少要用 M16 培养液在 37 ℃、含 5% CO_2 培养箱中培养 30 min 后才可以移植，可以当天移植，也可以第二日移植二细胞卵。

4. 胚胎移植

将经显微注射的二细胞卵移植至交配第三天的假孕母鼠输卵管中，二细胞卵可经输卵管移行到子宫，着床后正常发育。具体操作是，将见栓的受体小鼠麻醉，背部距离中线 1 cm 处剪毛、消毒、开口,用镊子夹取卵巢脂肪垫取出卵巢连接的输卵管,用脂肪镊固定脂肪垫,在显微镜下找到输卵管开口。用移卵管吸取注射后经培养成活的受精卵,吸取方法是先吸一段较长的 M2,吸两个气泡,然后吸取受精卵,尽量紧密排列,再吸一段液体,吸一个气泡,再吸一段液体,共四段液体三个气泡。除较长的那段液体外,其余的液体大致 1 cm 左右,气泡 0.2 cm 左右。将移植管口插入输卵管口,轻轻将移植管内的液体吹入,看到输卵管壶腹部膨大并清晰地看到三个气泡,即移植成功。将卵巢连同输卵管放回腹腔,缝合肌肉和皮肤。

以上介绍的是输卵管伞部移植,也可以采用输卵管壁剪口移植,即找到输卵管的膨大部,在其上端(靠近伞部位置)剪口,将受精卵移入输卵管膨大部。

二、ES 细胞法介导基因敲除小鼠的制备

胚胎干细胞(ES 细胞)是指从囊胚期的内细胞团中分离出来并能在体外培养的未分化的胚胎细胞,将 ES 细胞在体外培养、扩增后,用经过改造的外源基因打靶载体导入 ES 细胞内,在细胞水平筛选外源基因定点整合的 ES 细胞株。外源基因打靶载体是根据同源重组原理设计的。当发生同源重组后由于外源筛选标记基因的插入导致该基因的失活,达到基因敲除的目的。将外源基因定点整合的 ES 细胞注入囊胚期胚胎的囊胚腔内,在体外短暂培养后,移植到假孕小鼠的子宫内。出生的小鼠为 ES 细胞来源品系和供找胚供体品系之间的嵌合体。外源基因能否传给下-代取决于 ES 细胞在嵌合体动物中的嵌合程度,嵌合程度越高,ES 细胞在嵌合体动物中分化成生殖细胞的可能性就越大。

基因敲除动物的制作分为以下几个阶段:

①构建基因敲除载体,这个载体上含有一段与欲敲除的基因具有高度同源性的外源基因,在外源基因中插入一带有启动子的选择标记基因。

②将基因敲除载体通过一定的方式(常用电穿孔法)导入同源的胚胎干细胞中,使外源DNA 与胚胎干细胞基因组中对应部分发生同源重组,将基因敲除载体中的 DNA 序列整合到内源基因组中从而得以表达。

③筛选发生同源重组的阳性克隆 ES 细胞,通过筛选标记基因而检出发生同源重组的 ES 细胞并在体外扩增。

④将此 ES 细胞注入供体囊胚,再将带有此 ES 细胞的囊胚移植到假孕鼠的子宫内,发育成一个嵌合体。

⑤经过进一步杂交传代的方法,使外源基因纯合,即建立基因敲除动物模型。

虽然技术线路并不复杂,但由于真核细胞内发生同源重组的概率非常低,筛选被整合的细胞就成了关键的问题。为了提高同源重组效率,减少后续阶段的工作,人们常用的方法是正负双向选择法(PNS 法)。Capecchi PNS 法所设计的载体包含 10~15 kbp 与靶基因同源的片段,一个 neo 基因(neo 为新霉素抗性基因)插入到载体同源序列内的一个外显子中部,载体中插入 neo 基因的目的主要是打断靶基因的编码序列,整合重组细胞的一个选择标记,因 neo 基因对 C418(氨基糖苷抗生素)耐受而成活,反之,ES 细胞死亡而淘汰。自杀基因 HSV-TK 位于打靶载体的同源序列与非同源序列之间。反向选择是根据同源重组发生时,同源片段(HSV-TK)(单纯疱疹病毒胸苷激酶基因)将被切除,而发生随机整合时,由于 tk 的存在而使ES 细胞被更昔洛韦杀死。

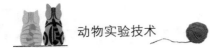

此外,随着 Cre-loxP 等系统的引入,使我们可在个体特定的发育阶段和特定组织细胞中对特定的基因进行敲除,从而产生时空特异性基因敲除动物。Cre 重组酶是 1981 年由 Sterberg 于 P1 噬菌体中发现的,Cre 基因有 1 029 个碱基,是一种位点特异性重组酶,它能识别 34 bp 部分回文的 LoxP 序列,并根据 LoxP 序列的排列方向产生不同的重组或删除的结果。LoxP 由 2 个 13 bp 反向重复序列和中间间隔的 8 bp 序列共同组成,8 bp 的间隔序列同时也表明了 LoxP 的方向。13 bp 的反向重复序列是 Cre 酶的结合域,Cre 在催化 DNA 链交换过程中与 DNA 共价结合。两个 LoxP 序列同向时,Cre 酶的表达使 LoxP 间的序列被切下并成为游离态;当两个 Loxp 序列反向时,Cre 酶的表达使其间的序列颠倒,并且两种反应都可逆,处于一种平衡状态。Gu 和 Rajewsky 成功地在 T 细胞中进行了 Cre-LoxP 介导的基因敲除,用两段带有 LoxP 位点的 DNA 聚合酶 β(poly β)的基因置换了小鼠内源性 poly β 基因,该基因在体内仍可表达,使小鼠从胚胎发育成成鼠,不至于因缺乏 poly β 基因而死亡,同时他们制备了只在 T 细胞中特异表达 Cre 蛋白的转基因小鼠,通过两种小鼠杂交的方式,使子代鼠 T 细胞中有 Cre 基因,给予诱导后特异表达,从而切除 poly β 基因,得到仅在 T 细胞中敲除 poly β 基因而其他组织仍可保留此基因的小鼠。除了 Cre-LoxP 系统外,酵母中 FLP-FRT 系统和 R 重组酶系统具有与之相似的功能,在酵母中有一种酶,其作用方式与 Cre 相似,它可将 FRT 位点之间的 DNA 片段切除,这一系统也被运用到基因敲除动物模型的建立中。

三、转基因动物的检测

(一)染色体和基因水平的检测

转基因的目的是把外源的遗传信息加入宿主受体的基因组内,通过显微注射后获得的转基因原代鼠必须进行基因型筛选,以检测是否有外源 DNA 片段的整合发生,在外源 DNA 整合的筛选中通常用鼠尾提取基因组 DNA,然后分别采用 PCR 和 DNA 印迹法分析确认外源 DNA 的整合状态。

1. PCR

PCR 方法简便易行,实验周期短,并且能够同时检测多个样品,因而常被用于转基因鼠的初步鉴定。在 PCR 实验中值得特别注意的是引物的设计,根据转基因的 cDNA 序列可以设计出理想的 PCR 引物,但同时要考虑到同源的内源基因序列对 PCR 反应的影响。因此,如果有可能,在设计引物时除了参考转基因的 cDNA 序列外,还要参考全基因序列。例如,选择的上游引物及下游引物分别来自两个相近的外显子序列,这样,依据其 PCR 产物的分子量大小,就可以区别是来自于外源转基因片段还是来自内源的同源基因片段,从而提高 PCR 的准确性。由于 PCR 所需样品少,灵敏度高,而且操作简便,逐渐被用于转基因动物外源基因整合、表达的检测。尤其在大型转基因动物研究中,用 PCR 先对着床前的胚胎进行筛选,再将已证实携带外源基因的胚胎植入母体,可极大地提高转基因效率,减少人力物力的浪费。但该方法要求待分析的基因组 DNA 样品应尽可能纯化,否则会干扰本反应,降低检测的灵敏度和重复性。

2. DNA 印迹法

(1)基因整合的筛选　在转基因整合的筛选中,DNA 印迹实验是必需的。一方面,它比 PCR 方法更准确,从而确定阳性鼠的选择不会出现错误;另一方面,它能确定整合位点和转基

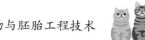

因的完整性。通过定量分析的方法,还能确定 F2 代是否为纯合子或杂合子,以及外源转基因的整合拷贝数目,为其表达水平的研究提供依据。

(2)定量分析 定量 DNA 印迹分析基本与通常的 DNA 印迹实验类似,其主要有两点需要特别注意:首先,通常应用 15 μL 待检的基因组 DNA 进行限制性内切酶消化,而且酶消化反应必须要彻底完成,为了达到这一要求,可以在 50 μL 反应体系中加 1.5 μL 的 0.1 mol/L 亚精胺以促进酶切反应。其次,为了确保 DNA 杂交带的平直与均匀,以适于进行杂交对比分析,电泳在 0.7%~0.8% 的琼脂糖中进行,并应在低电压条件下进行,通常过夜(16~18 h),以确保杂交条带的质量。

3. 转基因拷贝数的估算

在 DNA 印迹分析过程中,进行琼脂糖凝胶电泳时,要加入两个或三个用来测定转基因拷贝数的标准样品,一般用不同批的纯化的线性化的转基因重组质量 DNA,每 1 mg 的长度为 7.2 kbp 的 DNA 相当于 $1.3×10^8$ 个 DNA 分子,在同一块凝胶中加入 1 mg、5 mg、10 mg 的线性化的转基因重组质粒 DNA 作为拷贝数标准。在最后的显影胶片结果中,用密度测定法检测出转基因 DNA 样品和拷贝数标准的杂交带的密度,从而估算出 DNA 样品中每组基因组 DNA 中含有的转基因的拷贝数。0.5 mg 纯化的线性化的 7.5 kbp 长的转基因质粒 DNA 相当于在 15 μg 鼠尾样品 DNA 中含有一个单位体基因拷贝。

4. 整合位点的检测——染色体荧光原位杂交(FISH)

对于转基因鼠的基因分析来说,FISH 是重要的手段之一,它能够准确地定位外源 DNA 在细胞染色体上的位置,从而为其表达及对其表型的影响提供理论依据。其原理是利用碱基互补的原则,以放射性同位素或非放射性同位素标记的 DNA 片段作探针,与染色体标本上的基因组 DNA 在"原位"进行杂交,经放射自显影或非放射性检测体系在显微镜下直接观察出目的 DNA 片段在染色体上的位置。

(二)转录水平的检测

在 mRNA 水平检测外源基因是否表达,通常在做完整合检测,并有足够的子代动物时进行。可采用 Northern 杂交、RT-PCR、引物延伸分析、RNase 保护分析、RNase Sl 保护分析法,其中最常用的为以下三种。

1. Northern 杂交法

该方法是通过探针和已结合于硝酸纤维素膜(或尼龙膜)上的 RNA 子杂交,检测样品中是否存在目的 RNA 序列。该技术操作简便,在转基因和内源基因同源性较小时,可用于转基因表达的检测,但是如果两者同源性较大,则方法受限,且操作步骤烦琐。

2. 反转录-聚合酶链式反应(RT-PCR)

RT-PCR 技术基本原理是以总 RNA 或 mRNA 为模板,反转录合成 cDNA 的第一条链,以这条链为模板,在有一对特异引物存在的情况下进行 PCR,检测转基因是否表达,还可进行定量。该方法可快速、精确地检测和定量分析半衰期较短和低丰度的 mRNA。需要注意的是,当转录产物来自无内含子的转基因时要消除 RNA 中的 DNA,再进行反转录扩增。

3. RNase 保护分析

在 RNA 探针和靶 RNA 分子杂交时,如果二者的同源性不同,则形成杂交体的结构不同:同源性 100%,杂交体完全互补成双链分子;若同源性较低,杂交体因不完全互补将产生大小不同的单链环。因此,用 RNase 处理杂交体时完全互补的杂交体不被 RNase 水解(被保护),而未杂交的单链和杂交体中的单链环则被水解。对探针分子而言,同源性不同的靶 RNA 分子对探针的保护程度不同,电泳,自显影后,可得到不同长度的带型,故可以鉴定样品中的 RNA 分子。从原理上讲,当外源基因 RNA 和内源性 RNA 只要有一个碱基的不同,即可通过 RNase 保护分析将两者加以区分。由于该法具有高度的灵敏性,且不受同源性的限制,和 Northern 杂交法相比,本法更为准确,故被广泛应用于转基因转录水平的检测。

(三)翻译水平的检测

获得的转基因鼠,最重要的特征是在其机体内或是某一特殊的器官组织内有转基因的表达产物和转基因编码的蛋白质表达出来。从而最终能够体现转基因所决定的表型,因此对转基因表达的蛋白质水平的分析是十分重要的实验之一。在蛋白质水平检测转基因是否表达包括两个方面,即转基因的 mRNA 是否被翻译和被翻译的蛋白质是否具有生物学功能。

1. 蛋白检测技术

(1)免疫印迹分析(Western blot)　Western blot 是 20 世纪 70 年代末 80 年代初在蛋白质凝胶电泳和固相免疫检测的基础上发展起来的,它结合了凝胶电泳分辨率高和固相免疫测定的特异敏感等多种优点。这种方法无须对靶蛋白进行同位素标记,具有从混杂抗原中检测出特定抗原,或从多克隆抗体中检测出单克隆抗体的优越性,还可以对转移到固相膜上的蛋白质进行连续分析,具有蛋白质反应均一、固相膜保存时间长等优点,因此该技术被广泛用于蛋白质研究、基础医学和临床医学研究。

(2)免疫沉淀法　免疫沉淀法可用于检测并定量分析多种蛋白质混合物中的靶抗原。这种方法很敏感,可检测出 100 pg 的放射性标记蛋白。当与 SOS 聚丙烯酰胺凝胶电泳并用时,即可分析外源基因在原核和真核宿主细胞中的表达情况。

(3)免疫酶标法(ELISA)　ELISA 是由 Engrall 和 Perlmann 于 1977 年创立的,以酶作为标记物或指示剂,进行抗原或抗体的检测。该方法特异、敏感,与放射免疫法比较,具有所需仪器设备简单、试剂廉价、无放射性危害等优点。ELISA 中所用的酶有辣根过氧化物酶(HRP)、碱性磷酸酶、β-半乳糖苷酶等。由于 HRP 活性强、价廉、性质稳定,故在 ELISA 中使用最广。

(4)免疫组织化学和免疫荧光抗体方法　在转基因的表达分析过程中,除了总体水平检测之外,在某些特定情况下,需要测定外源转基因在某些器官组织中的细胞内的表达水平或是对其他相关基因的表达调控。在某些时候甚至需要了解外源转基因表达蛋白的亚细胞定位。因此,免疫组织化学方法和免疫荧光抗体方法常被用来测定转基因在组织细胞内的表达水平及细胞定位。

2. 生物化学性质和生物学活性分析

除直接测定基因表达产物外,还可通过定性或定量测定表达产物的生物化学性质和生物学活性来鉴定表达产物的存在,包括酶活力测定,受体蛋白分析和激素活性的检测等。

(四)转基因动物整体表型的观察

对于转基因动物来说,除了以上分析方法外,还需要在动物整体水平上观察表现型的改变,分析基因型对动物整体性状和生理功能的影响,以进一步鉴定基因的功能。

【实操记录与评价】

动物/物品准备			
实操内容	考核标准	操作记录	小组评价
雄性小鼠输精管结扎	小鼠麻醉保定正确,切开位置正确,准确找到输精管并灼烧夹断,正确闭合腹腔		
教师指导记录			

【岗位核心素养与工匠精神评价】

考核内容	考核标准	考核结果	感想记录
学习态度	积极参与,主动学习	☆☆☆☆☆	
精益求精	反复训练,精益求精	☆☆☆☆☆	
团队协作	小组分工协作,轮流分工	☆☆☆☆☆	
沟通交流	善于沟通,分享收获	☆☆☆☆☆	
自主探究	主动思考,分析问题	☆☆☆☆☆	
动物福利	爱护动物,建立动物福利意识	☆☆☆☆☆	
无菌意识	无菌意识贯穿始终	☆☆☆☆☆	
防护意识	对自己和他人的安全防护意识	☆☆☆☆☆	

拓展:遗传工程动物的应用

转基因动物以其鲜明的特征和在医学基础生物学研究及药学和畜牧业应用研究上的独特作用,越来越受到广泛关注,其应用领域也越来越广,已渗透到人类生活的各个领域,直接影响到我们认识自我、医疗健康和生活质量的提高。

一、转基因动物在基因功能及表达调控研究中的应用

用转基因技术研究基因的表达调控,可以将分子、细胞和动物整体水平的研究统一起来,从时间和空间的角度进行综合研究,其结果更能反映活体内的情况。

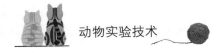

(一)用报告基因研究基因表达和调节

人类的细胞是研究人类基因表达最合适的系统,再导入含有不同量的 DNA 侧翼序列的构件,然后进行基因表达的分析是一个合乎逻辑的方法。然而,有一个问题是,在内源性基因存在并可能在同一细胞内表达的情况下导入的人类基因如何表达。要解决这个问题,可将推测的调节序列克隆到报告基因的上游载体上,这个基因产生的蛋白就可通过一个简单的方法定量的进行检测。通过研究转基因动物体内报道分子的表达模式可以鉴定在特殊细胞类型或发育的不同阶段控制基因表达的元件。需要注意的是,必须通过来自几个独立的转基因品系得到相似的结果才能避免由位置效应导致的对表达模式的错误解释。

(二)通过产生功能丢失和功能获得突变及拟表型研究基因功能

在完整的生物背景下从事基因功能研究最直接的方式是基因打靶。许多情况下,这些突变提供非常多的信息并揭示大量的基因功能。因此开展了很多基因敲除实验并且所有的结果根据其表型分类在互联网的数据库上建立了目录。然而在许多情况下,敲除突变显示极少的表型效果,这可能是由于遗传丰余的原因,即还有另外的基因可以代替失活基因的功能。因此,为确定一些基因精确的功能需要敲除两个甚至三个基因。

如果基因产物的量、活性和分布至关重要,可通过功能获得实验来确定基因功能。经典的例子是 Sry 基因,通过其在含有两个 X 染色体的转基因小鼠中的表达,显示该基因是,主要的雄性发育决定子。

二、转基因动物在人类疾病动物模型方面的应用

(一)遗传病转基因动物模型

将显性疾病基因或一个甚至多个外源基因人为地导入动物体内,就可制备遗传性疾病的转基因动物模型,研究和治疗人类遗传性疾病。例如,将亨廷顿舞蹈病基因导入小鼠基因组内,建立了舞蹈病转基因小鼠模型。Nage 等建立了人血红蛋白 β 链突变转基因小鼠,使其出现了镰状细胞贫血病人同样的红细胞形态改变。此外,针对高胆固醇血症、囊性纤维化等都构建了相应的转基因小鼠的模型,为研究其发病机理及基因治疗创造了前所未有的条件。

(二)传染病转基因动物模型

长期以来,对一些传染病原体的致病机理、疫苗研制、药物筛选等诸多项目的研究一直因缺乏经济可行的天然敏感动物模型而受阻,如 HBV、HDV、HIV、Polio virus 等在自然状态下均只能感染包括黑猩猩在内的少数几种灵长类动物,因此致力于对这些病原体敏感、价廉的动物模型的寻找一直是各国学者持续不懈奋斗的目标。

1. HBV 转基因动物模型

HBV 基因组是含有部分单链区的环状双链 DNA 分子,两条单链长度不一,长链为负链(3.2 kbp),短链为正链,约为负链的 50%~80%。因此,如果使 1.2 HB-BS 的 DNA 成为两端重复的线状 DNA 用于转导,可实现全基因组的表达,在肝脏复制 HBV,在血中释放病毒粒子。基因的表达在胚胎期发生,但对这些病毒抗原表现免疫耐受(钝化状态),不表现任何病理学变化,因此可作为人 HBV 携带者的模型。将人乙型肝炎表面抗原(HBsAg)基因导入小鼠,可获得转 HBsAg 基因小鼠。这种转基因小鼠既可以模拟病人的带毒状态又不导致发病。

2. HDV 转基因动物模型

为了探讨 HDV 嗜肝特性的分子机理及致病机理,建立了 HDV 转基因小鼠模型。对此 HDV 转基因动物模型的研究证实:被表达的 RNA 不仅能在肝细胞及肝以外的几种组织中高效复制,而且更令人吃惊的是骨骼肌中 HDV RNA 的复制几乎是肝脏中的 100 倍。从而提示 HDV 的嗜肝特性可能是受体介导的,骨骼肌细胞中的某些特殊因子有利于 HDV RNA 的复制。

3. PVR 转基因动物模型

将人的脊髓灰质炎病毒受体基因(human PVR gene)显微注射至 C57BL/10 小鼠的早期胚胎中制作转基因小鼠并育成品系。这种小鼠表达人源的受体,能感染脊髓灰质炎病毒,而且感染了这种病毒的小鼠表现出和病人一样的临床症状,对病毒株的特异性也表现出与人相同的性质。

(三)神经系统疾病的转基因动物模型

阿尔茨海默病是导致老年智能障碍的最常见病因。1995 年,Games 等将人 APP V171F 突变基因导入小鼠内,采用 PDGF 启动子,促使人 APP 基因在小鼠海马和大脑皮层的选择性高效表达,β-淀粉样蛋白沉积明显增多,尚伴有淀粉样斑块和围绕斑块四周出现的变性神经突触、神经元丢失和胶质细胞增生等。

(四)皮肤病的转基因动物模型

银屑病是一种与多基因有关的遗传性疾病,1997 年,Cook 等用转基因(K14-ARGE)编码的人类角蛋白 K14 启动子携带双调蛋白基因建立了转基因鼠模型,结果显示双调蛋白基因在基底层角质形成细胞(KC)中表达,并于银屑病样皮肤表型有关联。携带双调蛋白基因鼠寿命短,皮肤有明显的红斑、鳞屑伴脱发,偶有乳头瘤样表皮生长。

(五)糖尿病的转基因动物模型

1991 年,Mandel 等以大鼠的胰岛素启动子控制 MHC-1 基因的重组基因建立转基因小鼠,出现胰岛素依赖型糖尿病(IDDM),原因是 MHC-1 在胰岛 β 细胞中过量表达导致胰腺机能障碍,胰岛素分泌减少。Harlan 等研制了胰腺 β 细胞表达小鼠 B7-1,这种小鼠对链脲佐菌素(STZ)诱发糖尿病极为敏感,该鼠优于现有的 IDDM 动物模型,有望逐步用于治疗糖尿病药物的筛选和评价。

(六)转基因动物与心血管疾病

Rubin 等制备了含人 apoA-1 基因(含侧翼序列及蛋白编码区)的转基因小鼠,利用这一转基因小鼠研究得出人的 apoA-1 基因在决定人类 HLD 的类别中起着决定性的作用。把与血压和电解质调节相关的基因 AVP(加压素)、ANF(心钠素)、Renin(肾素)等利用转基因技术导入鼠中,可以获得相应的血管加压性贫血和肾源性尿崩症、无慢性尿钠排泄的高血压等动物模型。

(七)免疫学研究中的动物模型

转基因动物技术对于探索免疫活性细胞的发生和体内调节是非常有用的工具,免疫球蛋白基因在转基因鼠中可被表达,充分显示了转基因鼠技术在富含特定抗体的 B 细胞种群研究中的作用。此外,转基因动物技术在免疫球蛋白的多样性,即免疫球蛋白基因的重排方面具有独特的优点,是其他任何实验方法所不及的。1983 年,Brinstcr 等将一功能性重排的小鼠免疫球蛋白(IgK)基因注入小鼠受精卵,建立了免疫球蛋白转基因小鼠。

(八)复杂疾病模型

人类遗传学的研究正转向对复杂疾病诸如肿瘤、原发性高血压和糖尿病等发病机制的探讨，虽然一些这样的疾病已经有了有价值的动物模型，但这些疾病都是多基因及环境因素相互作用的复杂疾病，因此只要确定了合适的致病相关基因，就可以通过繁育实验将致病基因一起进行不同组合，研究不同小鼠品系的不同遗传背景和不同环境因素的评估。这种方法并不像听起来那么复杂，因为许多复杂疾病的表型逐渐被认为只是由于几个主要易感基因的组合。例如，隐性脊柱裂的双基因模型就是偶然用杂合的 Patch 突变小鼠和纯合波浪突变小鼠（Pax-1)交配繁育而得到的。

总之，转基因动物模型因具有能在整体水平从时间和空间四维角度同时观察基因表达功能和表型效应的独特优点，从而在医学研究中必将发挥越来越重要的作用。但同时，从目前已建立的疾病转基因动物模型来看，也存在着疾病转基因动物模型品系过少（主要是小鼠）、转基因动物技术难度过大等缺点。因此，疾病转基因动物模型仍需进行多方位的完善与改进，以便今后更好地服务于人类疾病的防治研究。

三、转基因动物在基因治疗中的应用

基因治疗（gene therapy）即是用分子生物学技术将外源基因导入靶细胞，以纠正、补偿基因缺陷或者抑制和阻断异常基因的过度表达，从而达到治疗疾病的目的。基因治疗的动物模型目前普遍采用反转录病毒为载体导入外源目的基因。这种重组的反转录病毒能将所携带的功能性基因整合到受体细胞染色体上，导入基因的表达产物将弥补原来缺少的基因产物。缺乏生长激素的小鼠，通常体型比一般小鼠小且雄性不育，将生长激素基因导入这种小鼠，通过外源生长激素基因的表达可使原来患"侏儒症"的小鼠个体增大 3 倍，而且可恢复雄性的繁殖力；缺乏主要组织相容性复合体（MHC）系列基因的小鼠对合成抗 Ig 缺乏免疫应答，但转 MHC 基因小鼠却可恢复免疫应答能力；有 β-地中海贫血的小鼠，导入小鼠或人的 β 球蛋白基因后，贫血程度得以减缓。

由于大量的基因治疗小鼠动物模型的建立和成功的实验结果，为人类进行遗传疾病的基因治疗提供了信心和可靠的技术依据，目前基因治疗已开始进入临床应用。

四、转基因动物在改良和培育动物新品种中的应用

到目前为止，动物育种的方法都是建立在利用种内变异的基础上的，因而其变异来源就十分有限，转基因动物技术的应用可以打破种间生殖隔离的天然屏障，从而极大地提高畜禽遗传改良的幅度和速度。转基因动物技术可以改造动物本身的基因组，从而推动动物育种进入了一个更高层次的育种阶段——基因工程育种，也就是按人们的意愿把一些优良基因导入宿主动物，使转基因动物具有抗病、快速增长、增产或改变某些特种蛋白等优良品性，创造出一些非常规的畜牧产品。许多生物学家预言，21 世纪将是人类向生物技术要粮食，要奶、肉、蛋的世纪，利用转基因动物造福人类的前景无疑是光明且诱人的。

五、转基因动物作为人类器官移植的供体

目前人类器官移植所面临的问题：一是供移植用的器官来源不足；二是人类移入的器官发生免疫排斥现象。这使得人们不得不重视异种器官移植，这是解决移植器官短缺的最有效途径。通过转基因技术，即通过克隆受体的补体调节蛋白基因并转移至供体动物基因组中，使之在供体心血管内上皮表达，采用这种转基因动物心脏进行异种移植后，就可避免超急排斥反应

的发生,其效果类似于同种心脏移植。作为器官移植的供体,除了灵长类外,猪是最理想的一种供体,其主要原因是:①猪的器官大小与人的相似,解剖结构与人类也相同,生理指标相近;②猪的血型抗原与人类相近;③生长周期短,投资少,经济,便于 SPF 化;④猪的许多具有药用价值的蛋白质直接用于治疗人类疾病,多年应用无不良反应,如猪的胰岛素等。

六、转基因动物在制药方面的应用

动物生物反应器是生物反应器研究中一个重要的领域,也有人称之为动物个体表达系统,它是指用于生产外源性生物活性物质的转基因动物,通过转基因动物使外源基因在组织内表达,从中提取外源基因的产物,用于医疗、食品等领域,以达到降低成本减少环境污染、提高人类生活水平等目的。

(一)生物反应器的种类

利用转基因动物生产的药用蛋白主要是通过 3 种渠道:血液、尿液和乳腺。泌乳是动物的一种生理活动,动物乳房是一个独立分泌系统,不参与动物体内循环,因此,外源基因表达的蛋白极少进入循环系统,所以不影响动物正常的生理功能。此外,乳腺摄取、合成、分泌蛋白质的能力很强,并且能对重组蛋白质进行多种翻译后加工,包括 β 羟基化、糖基化、γ 羟基化等,同时能将重组蛋白质折叠成有功能的构象,所以乳腺表达是最理想的动物生物反应器。

(二)转基因动物制药的优点

1.设备简单、不耗能、无环境污染

动物乳房生物反应器生产的药物,基本上是一个畜牧业过程。虽然饲养乳腺分泌药品的牛、羊需要在特别洁净的环境中,但是原料生产成本几乎可以忽略不计。动物产奶并不需要什么珍贵的原料,也不需要什么复杂的设备,不会消耗大量的能源。动物吃的是饲料,生产出的是高营养的动物蛋白。

2.品种多、产量高、质量好

动物的乳房有强大的生产蛋白的能力。一头优良品种的奶牛在 305 d 的泌乳期内可产奶7.1 t,鲜奶的蛋白质含量占 3.2%～3.6%。一只绵羊一年可产 300～500 kg,奶中的蛋白质含量约占 7%,折合每只绵羊一年可产奶蛋白 20～30 kg。即使一只小的家兔,一年可以产奶20 kg,奶中蛋白质含量高达 10%,一年可产蛋白 2 kg。

3.生产周期短

目前,一种新药从研制开发,通过新药审批,直到上市需 15～20 年;如果利用转基因动物乳腺生物反应器,新药上市约需 5 年。如以动物生命的周期算,转基因的羊从显微注射到泌乳的周期是 18 个月,转基因牛需要 25～29 个月。

4.生产成本低

应用转基因动物乳腺生物反应器技术制药也是一种可以获得巨额经济利润的新产业。以转基因动物来生产新产品可大大地降低成本和投资风险。经济学家算过,用其他生产工艺(如哺乳动物细胞培养方法)来生产 1 g 药物蛋白,成本需 800～5 000 美元,而利用转基因动物只需 0.02～0.50 美元。

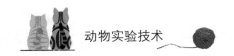

任务 3 胚胎工程技术

一、实验动物胚胎工程技术的概念

胚胎工程（embryo engineering）又称为发生工程（developmental engineering），是指所有对配子和胚胎进行人为干预，使其发育模式或局部组织功能发生量和质的变化的综合技术。胚胎工程包括：胚胎移植、胚胎融合、胚胎分割、胚胎冷冻、胚胎性别鉴定、胚胎细胞核移植、转基因操作等。胚胎工程是近几十年迅速发展起来的生物高科技领域。胚胎工程不仅在哺乳动物早期胚胎发生及其发育机制等基础理论研究领域具有重要意义，而且已在生物制药、家畜优良资源开发、家畜品种改良、人类的优生优育、疾病防治等领域发挥其巨大作用。

（一）胚胎移植

胚胎移植（embryo transfer）也称受精卵移植，是指雌性动物（称为"供体"）发情排卵并经过配种后，在一定时间内从其生殖道（输卵管或子宫角）取出受精卵或早期胚胎，然后把它们移植到另外一头与供体同步发情排卵，并与结扎雄性动物交配的雌性动物（称为"受体"）的输卵管或子宫角。这个来自供体的胚胎能够在受体的子宫着床，并继续生长和发育，最后产下基因型为供体的正常后代。目前胚胎移植已被应用于家畜的改良、特定品种扩群繁殖，以及转基因动物制作、性别控制、体外受精等。

（二）胚胎嵌合

嵌合体（chimera）是指在同一个体中，基因型不同的细胞或组织互相接触，且各自独自并存的状态。在发育早期，如卵裂球甚至受精卵时期所形成的嵌合体称为原发性嵌合体，而把在发育的较晚期，如胚层已经分化，或器官开始形成后，通过组织移植或嫁接等方法所形成的部分组织或器官的嵌合，称为次生性嵌合体。

（三）胚胎分割

胚胎分割（embryo cleavage）是 20 世纪 80 年代发展起来的一种胚胎生物学技术。它借助显微外科手术或徒手操作方法，切割早期胚胎制造同卵多仔后代。胚胎分割的方法有多种，用于致密桑葚胚之后的胚胎切割方法归纳为 5 类，即显微玻璃针去带分割法、显微手术刀直接分割法、酶消化透明带显微玻璃针分割法、酶-机械去带分割法和徒手刀片分割法。

（四）胚胎克隆

胚胎克隆（embryo clone）是指一个遗传单位或一个生命单位，通过无性繁殖方式，产生生物学上完全相同的遗传单位或生命单位。早期的动物克隆主要通过胚胎分割、胚胎嵌合等技术获得。目前的动物克隆主要应用核移植技术，根据核供体的不同，有胚胎细胞核移植、胚胎干细胞核移植、胎儿成纤维细胞核移植和体细胞核移植。

（五）胚胎性别鉴定

胚胎性别鉴定（embryo sexual determination）技术是通过分子生物学的方法识别胚胎性别，有效控制动物后代性别比例，提高动物生产力的生物技术。一般有细胞遗传学分析、X-染色体关联酶测定、胚胎发育速率的差异性分析、雄性特异性抗原探测、Y-染色体特异性 DNA 探针等。

二、实验动物胚胎工程技术的发展与应用

(一)胚胎工程技术的研究基础

胚胎工程技术的基础是胚胎学、发生生物学、发生遗传学和生殖医学。胚胎学是一门很古老的学科,它直接起源于人们对动物胚胎特别是禽类胚胎的观察和认识。最早记录有关胚胎研究的书籍可以推至公元前 5 世纪古希腊的 Hippocrates 关于鸡胚的观察。公元前 4 世纪 Aristotle 写了有关胚胎的论著,描述了鸡及其他胚胎的发生,故后人一致公认他为胚胎学的奠基人。早期的胚胎学研究仅仅是记载胚胎外部或内部的形态变化,故称之为描述胚胎学。由于早期胚胎是生命之源,其微小的形态结构变化无法用人眼直接观察到,限制了人们的研究。直到 17 世纪显微镜的发明打开了新的观察领域,使人们观察到了生殖细胞,即精子和卵子。1759 年 Wolff 用显微镜直接观察鸡胚的发育、认为有机体是由性细胞生长与分化逐渐发展而成的;合子分裂产生胚层,进而形成胚胎。1827 年,Baer 描述了犬卵巢滤泡中的卵细胞、输卵管中的合子以及子宫中的胚泡和从胚层衍化为组织器官的过程,他建立的贝尔定律(Baer law)认为动物胚胎发育中有共同性,说明它们是起源于一个共同的祖先。此学说对进化理论及动物分类学都起了很大作用,故后人公认他为“近代胚胎学之父”。

19 世纪中叶,在细胞学说建立之后,胚胎学的研究工作才获得了迅速的发展。细胞学说的概念使人们认识到胚胎是由一个单一的合子细胞发育而来的。在此期间,科学家们对各种不同动物的胚胎进行了观察比较,研究了大量动物的个体发育,找出了动物界分类的依据,使古老的胚胎学从单纯的描述发展为“比较胚胎学”。人体胚胎学是在动物胚胎学的基础上逐渐发展起来的。1914 年 Weismann 在研究昆虫和其他无脊椎动物胚胎后提出,动物细胞分为体细胞和生殖细胞,体细胞是由生殖细胞发育而来的,随着个体的死亡而死亡;而生殖细胞是代代相传的,不受体细胞和环境的影响。1912 年 Morgan 进一步提出了基因是遗传性状表现的物质基础,他认为动物的一切特征都在遗传基因中预先存在,发育不过是这些性状逐渐表现出来而已。

19 世纪末到 20 世纪初,胚胎学由对形态结构的描述发展成对机体发育原因进行探讨,形成了实验胚胎学。以往的描述胚胎学和比较胚胎学研究的是发育过程是何时和如何进行的,以及其规律性,而实验胚胎学则研究为什么这一发育过程会发生在特定的时间和特定的形式下,即研究发育的控制与调节的机理。早期的实验胚胎学从细胞水平进行研究,发育分化过程中发生的一系列相互作用。在研究从单个受精卵分化发育成成年个体的过程中,是什么控制细胞的分化方向,当时有两种观点:第一种观点认为,预先位于卵内的各种细胞质决定簇在分化中进入各种细胞,控制着各种细胞的分化;第二种观点则认为,在胚胎的细胞分化和形态发生中,组织或细胞之间常是互以对方为条件而相互影响的,相互作用的一方导致另一方的发育发生变化,从而诱导各器官组织的发育。

直到 1953 年,Watson 和 Crick 从分子水平提出了染色体中的 DNA 是非常长的双螺旋结构的分子,生物体内全部遗传信息储存于 DNA 分子结构中的理论后,实验胚胎学才真正从分子水平上研究个体发育的调控。

现代遗传学进一步证明,DNA 分子上碱基的排列顺序蕴藏着蛋白质合成的密码,所谓的

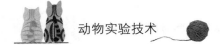

密码就是一系列的 DNA 碱基的三联体,它相当于多肽链上的一个氨基酸。因此,三联体的顺序就决定了蛋白质分子中氨基酸的顺序。胚胎发育过程是一个有一定顺序的有规律的变化过程,这个过程是基因活动的结果。也就是说,发育是按照遗传信息来进行的。胚胎的细胞中带有整套的发育信息,但这整套的遗传信息不是在同时进行表达的,而是有的基因开启并进行表达,有的基因则处于关闭状态。随着发育的进行就分化形成各种不同的细胞、组织、器官和系统。

由于动物的个体是由单个受精卵细胞发育而成的,受精卵具有分化成各种不同的细胞、组织、器官和系统的能力,人们更注重研究早期胚胎的分化、发育以及基因的调控。随着研究的深入,也就逐渐建立和完善了一整套的胚胎工程技术。

(二)胚胎工程技术的发展促进了现代胚胎学的发展

胚胎工程技术除了作为研究胚胎分化和发育研究的方法和手段外,当前更多地作为一种先进技术解决家畜家禽品种的改良、濒危野生动物种群的繁殖、实验动物品种的增加,以及人类生殖、优生优育等问题。

三、体外受精技术

(一)超数排卵与影响因素

超数排卵(super ovulation)简称超排,即在母畜发情周期中的适当时间注射促性腺激素,使卵巢上有比自然状态下更多的卵泡发育并排卵。

1.卵母细胞发育的生理学特性

哺乳动物出生前后,卵原细胞停止增殖,进入第一次减数分裂前期成为初级卵母细胞。之后经细线期、偶线期、粗线期发育到双线期。在双线期的后期时,染色质高度疏松,外包完整的核膜,称为核网期(dictyate stage),此时的细胞核又称为生发泡(germinal vesicle,GV),在不同动物,卵母细胞将在这一时期休止数日至数年不等。出生 5 d 后的小鼠,几乎所有的卵母细胞均处于核网期,很快,这些卵母细胞被一层扁平上皮细胞包围,成为原始卵泡(primordial follicles)。卵泡不断生长,但卵母细胞仍处于 GV 期,一直到性成熟前。性成熟后,在促性腺激素或其他因子的作用下,这些初级卵母细胞才有可能恢复减数分裂,发生生发泡破裂(germinal vesicle break down,GVBD),排除第一极体,并发育到第二次减数分裂中期(M II),成为一个成熟卵母细胞,并从卵巢释放。如果它不受精子或其他因素的刺激,将维持在 M II 期数小时,直到退化。

2.超数排卵的影响因素

使超排效果(获卵率和可用的胚胎数)不稳定的因素主要有两大类:一类是动物因素,包括个体和遗传的差异、生理和营养状态、开始超排的日期、季节及其他影响动物的环境因素;另一类是药物因素,包括激素的半衰期、激素制剂中的 FSH/LH 比例、给药途径、剂量和频率等。

3.超数排卵常用的激素

(1)抑制素(inhibin,IB),通过被动免疫抑制抑制素的产生是对成年大鼠进行超排的新方法。IB 主要由雌性动物卵巢颗粒细胞和雄性动物睾丸的滋养细胞分泌。研究结果表明,IB 具有内分泌和旁分泌物的作用,既可通过复杂的反馈机理调节体液 FSH 水平,又可通过局部作用对卵巢内卵泡发育发挥调节作用。尽管在未性成熟大鼠已可以成功进行超排,但是由于性成熟大鼠对激素处理的反应性不同,有效超排非常困难。目前为止,还没有发现一种对成年大鼠有效的超排方法。但是,成年大鼠与小大鼠相比,由于其稳定的交配率,从而在某些试验中有着小大鼠无可替代的作用,因此研究一种适合于成年大鼠的有效超排方法非常有意义。IB是一种很重要的激素,它在许多哺乳动物能够调控 FSH 的分泌。被动免疫中和抑制素的方法已经在一些品系如小鼠、大鼠、仓鼠、牛、驴及山羊获得成功超排。此外,一些研究已经证明通过这种方法获得的卵母细胞具有正常的发育能力,从而提示我们,这种方法可以在较广范围的动物品系获得应用。对成年大鼠免疫中和内生性抑制素能够引起血浆 FSH 浓度增高;血浆雌二醇-17β 水平升高。这些发现表明,高水平的内生性 FSH 刺激了卵泡发育波的产生,并导致大量雌二醇-17β 的产生,从而负反馈作用于丘脑下部—垂体轴,引起 LH 峰值的产生,导致排卵。抑制素对于未成熟大鼠或其他对 HCG 缺乏感应的品系的超排效果,有待于进一步研究。

(2)孕马血清促性腺激素(PMSG)/马绒毛膜促性腺激素(eCG)和人绒毛膜促性腺激素(hCG),这是目前最常用的超排方法。PMSG 是来源于妊娠母马血液的一类促性腺激素,属于糖蛋白激素,半衰期比较长,达 40～125 h,在超数排卵应用时,一般只需一次注射。PMSG 是一个单独的分子,兼有 FSH 和 LH 两种活性,但主要作用是类 FSH 作用,类 LH 作用为次。对正常未成熟大鼠,只要剂量恰当,可以引起排卵和超数排卵,也能形成机能性黄体。排出的卵能够正常受精,发育到分娩。在实验动物中,PMSG 是最常用的激素。hCG 主要由妊娠期胎盘合体滋养层细胞分泌产生,在孕妇的血和尿中大量存在。其生理作用与 LH 相似,是一种糖蛋白激素。对母畜,能促进卵泡发育、成长、破裂和生成黄体,并促进黄体酮、雌二醇和雌三醇的合成,同时可以促进子宫生长。尤其是在卵泡成熟时能促进其排卵,并形成黄体。

(3)抗 PMSG 抗体在超数排卵中的应用。PMSG 的生物半衰期长达 40～125 h,用于母畜超数排卵时,在体内不易清除,往往影响卵泡的最后成熟、排卵、受精和受精卵的运输;并可能引起排卵后的二次卵泡发育,造成早期胚胎发育时期外周血浆的雌二醇水平升高,使发育的胚胎质量下降,并使超排后的黄体早期退化,导致胚胎早期死亡。注射抗 PMSG 抗体可迅速中和残留的 PMSG,抑制卵巢中新卵泡的发育,从而使外周血中雌二醇维持在较低水平,使卵母细胞及早期胚胎能够正常发育,提高胚胎回收率及可移植胚胎的数量。

(二)卵母细胞与胚胎的采集

1.卵母细胞的采集方法

在哺乳动物中获得卵细胞的途径有两条:①在自然排卵或超数排卵处理后,从输卵管中冲洗获取卵细胞;②从屠宰淘汰的或刚死亡的雌性动物的卵巢上分离卵母细胞,经培养而得。

(1)通过自然排卵和超排在输卵管或子宫采集卵或早期胚胎在自然排卵或超数排卵后如不进行交配采集的是未受精卵,可以再体外受精。如果进行交配,经过一定时间后可以采集受精卵和早期胚胎。随着早期胚胎的发育和向子宫方向移行,在不同时间、不同部位可采集不同发育阶段的早期胚胎(表 10-1)。对于小动物采取处死解剖,取出输卵管或子宫,用培养液灌流收集受精卵或早期胚胎。兔等中等体型以上动物如要保留活体,可先麻醉,打开腹腔,暴露子宫,进行活体灌流回收卵。输卵管内的卵在子宫角上部扎入钝注射针,向输卵管方向灌流,在输卵管伞部用试管接受灌流液;子宫内的胚胎从子宫角基部向上灌流,在子宫角上部回收。卵细胞和早期胚胎的灌流和收集需要在体视显微镜下进行操作,并采用微滴培养方法。

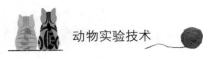
表 10-1　排卵后卵〈胚胎〉存在部位的时间表　　　　　　　　　　　　h

胚胎发育阶段	胚胎存在部位	动物种类							
		小鼠	大鼠	仓鼠	兔	豚鼠	犬	绵羊	猪
1-细胞期	输卵管	0～24	0～24	0～18	14～22				
2-细胞期		20～48	24～60	15～40	21～25	30～35		6～50	51～66
4-细胞期		14～53	56～84	33～56	25～32				
8-细胞期	输卵管子宫结合部	50～62	64～88	54～69	31～41	80		60	90～110
16-细胞期		62～75	84～90	63～69	40～47				
桑葚胚期	子宫		96～120		60～72	110～115	48～72	72	110～114
初期囊胚期		75～	100～132	80～	75～80	115～150	96～120	144～168	114
后期囊胚期		100	120～168		80～144				

(2)收集屠宰肉用、淘汰的或刚死亡的雌性动物的卵巢,从卵巢中分离卵母细胞这一途径多用于家畜如牛、羊、猪等,在屠宰场可廉价获得大量卵巢,从卵巢中分离的未成熟的卵母细胞经过培养获得发育成早期胚胎的能力。

从卵巢中获得的卵母细胞虽然数量较多,但是最大的问题是卵母细胞的发育程度不一,直接用于体外受精时仅少数卵能发育成可移植胚胎。因此需要从滤泡中分离的未成熟卵母细胞和成熟的排卵前卵母细胞,并将它们培养到能转移到受体母亲的子宫内上,就可产生活的子代。这些培养技术也可应用于研究影响卵母细胞的生长和分化、滤泡细胞相互作用的性质和化学品对卵母细胞生长的发育毒性作用(geno-toxic effect)等方面。

此外,这一途径对于繁育珍贵经济动物和濒危野生动物也尤为有用。通过卵巢卵母细胞的培养、体外受精和胚胎移植等胚胎工程技术,以期获得幼仔,提高种群数量与质量或培育新的品种。

2.各细胞期胚胎的采集方法

在注射 hCG 后立即与雄性小鼠进行合笼,取 2 细胞期胚胎通常在合笼后(以阴栓为准)24 h;取 4 细胞期胚胎的,则在交配后 36～48 h;取 8 细胞期胚胎,在交配后 50 h 左右。这些胚胎都通过输卵管灌流方法冲出。胚胎的采集方法是,取交配后 1～2.5 d 的小鼠,用颈椎脱臼方法处死小鼠,仰卧固定于实验台上,用酒精喷雾小鼠腹部,进行表面消毒;打开腹腔,连同子宫一起采取输卵管,再剪下输卵管准备灌流。一般用带有 26～30 G 针头的 1 mL 注射器,吸取含有 HASE 的 HERs 培养基(或其他培养基)300 μL 进行输卵管灌流;灌流后带有胚胎的培养基滴入培养皿中。

四、胚胎与卵巢的移植技术

（一）假孕受体的制作

1. 雄性小鼠的输精管结扎

（1）雄鼠麻醉后，腹部向上，用精细镊子在取出的睾丸附近找出输精管，然后用另一把镊子去除周围的结缔组织。

（2）将一把镊子在输精管内侧自然张开，暴露输精管，用另一把镊子将输精管住固定，用烧红的镊子分别在两侧烧灼，将输卵管切断。

（3）烧灼以后输精管的两断口均形成密封口，切下的一段丢弃。

（4）将睾丸、附睾和输精管等放回腹腔内，用自动皮肤缝合机夹住手术口。

（5）重复以上步骤，切断另一侧输精管。

2. 假孕受体的制作与判断

选择母性较好的、成年的 KM 或者 ICR 雌鼠作为受体，挑选外阴红肿的自然发情小鼠，与结扎雄鼠合笼、交配，次日，检查阴道栓，阴道栓为雌鼠阴道口或者阴道内的白色栓状物，有阴栓者即为假孕 0.5 d，可以根据需要进行移植。

（二）胚胎移植方法

1. 输卵管内移植

（1）怀孕 0.5 d 的雌鼠，常规麻醉后，按照常规程序进行手术，从雌鼠腹腔内取出卵巢、输卵管和子宫角的一部分。

（2）在培养皿里做一个 mWM 培养液的 200 μL 液滴（不覆盖矿物油），在液滴中移入 20 枚左右的胚胎。

（3）先在毛细移液管（外径 200～250 μm）内间隔 2～3 mm 交替吸入培养液和空气泡，然后再吸入 10 个胚胎。

（4）取一个精细钟表镊和一把鼻科剪刀，在输卵管伞部与膨大部之间剪一小口，在切口部插入吸入胚胎的毛细移液管，一直插到输卵管的膨大部。

（5）用镊子固定住插入毛细移液管的输卵管开口部。将毛细管的胚胎和空气泡吹入输卵管膨大部（如果操作正确，可以通过膨大部壁看到里面的空气泡）。

（6）轻缓地取出毛细移液管。将卵巢、输卵管和子宫角等放回小鼠腹腔内，用自动皮肤缝合机缝合皮肤。将术后小鼠置于 37 ℃ 的保温台上直至苏醒。

2. 子宫内移植

假孕 2.5 d 的雌鼠，用常规方法在腹腔的一侧开口，暴露出子宫，在子宫角位置用细针扎口，将毛细管内的胚胎吹入子宫内，缝合肌肉和皮肤，另一侧同样操作。

（三）卵巢移植方法

1. 受体的准备

选择与供体卵巢遗传背景相同的小鼠，按照常规方法麻醉后，备用。

2. 卵巢移植

在最下胸骨与脊椎处开口，暴露卵巢与输卵管及周围的脂肪等，小心地在卵巢胞膜上开一个小口,露出整个卵巢,用弯头的维纳斯剪刀,贴着卵巢门动静脉处整个剪下卵巢;滴加盐酸肾上腺素控制出血,然后将需要移植的冷冻复苏卵巢或者供体的新鲜卵巢小心地塞入受体的卵巢胞膜中,缝合肌肉和皮肤;另一侧重复同样的操作。将小鼠放在保温台上保温,等待苏醒。

【实操记录与评价】

动物/物品准备			
实操内容	考核标准	操作记录	小组评价
卵母细胞采集	小鼠处死解剖正确,准确剪下子宫角与输卵管连接处,冲出卵母细胞在显微镜下观察		
教师指导记录			

【岗位核心素养与工匠精神评价】

考核内容	考核标准	考核结果	感想记录
学习态度	积极参与,主动学习	☆☆☆☆☆	
精益求精	反复训练,精益求精	☆☆☆☆☆	
团队协作	小组分工协作,轮流分工	☆☆☆☆☆	
沟通交流	善于沟通,分享收获	☆☆☆☆☆	
自主探究	主动思考,分析问题	☆☆☆☆☆	
动物福利	爱护动物,建立动物福利意识	☆☆☆☆☆	
无菌意识	无菌意识贯穿始终	☆☆☆☆☆	
防护意识	对自己和他人的安全防护意识	☆☆☆☆☆	

参 考 文 献

［1］高虹,邓巍.动物实验操作技术手册.北京:科学出版社,2019.

［2］乔欣,孟霞.动物实验技术手册,北京:北京科学技术出版社 2018.

［3］李志.宠物疾病诊治.北京:中国农业出版社 2002.

［4］陈振文,李根平,孙德明,等.高级动物实验专业技术人员考试参考教材.北京:中国农业大学出版社,2011.

［5］李根平,陈振文,郑振辉,等.中级动物实验专业技术人员考试参考教材.北京:中国农业大学出版社,2011.

［6］邵义祥.医学实验动物学教程.南京:东南大学出版社,2008.

［7］李根平,陈振文,孙德明,等.初级动物实验专业技术人员考试参考教材.北京:中国农业大学出版社,2011.

［8］方喜业.医学实验动物学.北京:人民卫生出版社,1995.

［9］何诚.实验动物学.北京:中国农业大学出版社,2006.

［10］潘光炎.实验动物医学.兰州:甘肃科学技术出版社,1990.

［11］石岩.医学动物实验实用手册.北京:中国农业出版社,2002.

［12］王钜,陈振文.现代医学实验动物学概论.北京:中国协和医科大学出版社,2004.

［13］吴端生,张健.现代实验动物学技术.北京:化学工业出版社,2007.

［14］林德贵.兽医外科手术学.北京:中国农业出版社,2005.

［15］郑明学.兽医临床病理解剖学.北京:中国农业大学出版社,2008.

［16］刘思当.兽医临床病理学.泰安:山东农业大学科教音像出版社,2003.

评 价 自 测

项目一 评价自测活页

一、填空题

1.动物实验是以_____,研究实验动物生物学特性、动物实验技术、动物实验过程中_____,从而获取新知识、发现新规律的科学实践活动。

2.按照动物实验感染危害,可将动物实验分为_____、_____。

3.按照动物实验周期长短,可将动物实验分为_____、_____。

4.长期动物实验又称慢性动物实验,其优点是_____,缺点是_____。

5.急性动物实验又称短期动物实验,其优点是_____,缺点是_____。

6.1988年,经国务院批准,国家科委发布了《_____》是我国第一部实验动物管理法规,标志着我国实验动物管理工作开始纳入法制化管理轨道。

7.1997年,由国家科委、国家技术监督局联合发布的《_____》明确提出了我国实验动物生产和使用将实行许可证制度。

8.2006年9月,科技部发布了《_____》,对善待实验动物提出了要求。

9.1996年10月,北京市率先以立法形式制定了《_____》。

二、判断题

1.为了保证动物实验数据的准确性,应该尽量增加分组和动物数量。(   )

2.振动与噪音往往有关,过度振动引起小鼠消化呼吸障碍,大鼠摄食和消化道分泌机能障碍。剧烈振动可引起肝糖原及肾上腺抗坏血酸量的增加。(   )

3.每天光照时间的长短不会影响哺乳类动物和鸟类生殖腺的成熟与性周期。(   )

4.在SPF饲养设施中因静压不同,室内处于正压,空气流动方向是从清洁走廊→动物饲育室→污染走廊→气闸缓冲间→屏障系统外。(   )

5.动物室的气体污染物包括动物排出的CO_2、排泄物中的恶臭物质,以及空气中和工作人员带入的灰尘、动物被毛、浮皮屑、饲料、垫料的粉尘。(   )

三、选择题

1.一种会引起动物心跳、呼吸次数及血压增加,血糖值出现明显不同,白细胞数、免疫机能变化,大鼠出现高血压、心脏肥大的环境因素是(   )。

A.噪音   B.温度   C.湿度   D.光照

2.一种会引起动物的姿势、摄食量、饮水量、母性行为、心跳、呼吸、新陈代谢等出现相应改变的环境因素是(   )。

A.噪音　　　　　　　　B.温度　　　　　　　　C.湿度　　　　　　　　D.光照

3.一种引起呼吸器官黏膜异常,发生流泪、咳嗽、黏膜发炎、肺水肿和肺炎且是动物室中臭气物质主要来源的环境因素是(　　　　)。

A.风速　　　　　　　　B.氨浓度　　　　　　　C.饲养密度　　　　　D.粉尘

4.一种引起动物群体增重慢、饲料报酬低、肠内异常菌丛增加,并导致传染病的发生率增加、动物寿命缩短的环境因素是(　　　　)。

A.风速　　　　　　　　B.氨浓度　　　　　　　C.饲养密度　　　　　D.粉尘

5.能形成气溶胶,不仅刺激动物机体产生不良反应,也是各种病原微生物的载体和人类变态反应的变应原的环境因素是(　　　　)。

A.风速　　　　　　　　B.氨浓度　　　　　　　C.饲养密度　　　　　D.粉尘

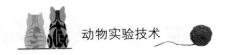

项目二　评价自测活页

一、选择题

1.鉴别性成熟前小鼠性别的办法是（　　　　）。

A.观察肛门与生殖孔间的距离,雄性的长

B.观察肛门与生殖孔间的距离,雌性的长

C.观察乳头,雌性乳头明显

D.观察睾丸,雄性有睾丸

2.挂牌法是指用金属等制作的标牌,写上编号挂在实验动物的（　　　　）等部位。这种编号方法适用于猫、犬、猪、鸡等大动物的标记。

A.第一、二趾　　　　　　B.后腿　　　　　　C.前肢　　　　　　D.颈部、耳朵

3.挂腿圈法首先将号码冲压在圆形或方形金属牌上,金属牌常用不生锈的铝板制成,或者可使用市售的打好号码和记号的铝制牌。然后将金属薄片固定在拴腿的皮带圈上,将此圈固定在动物的腿的上部。此法适用于（　　　　）的编号,简便、实用。

A.犬类　　　　　　B.猫科动物　　　　　　C.灵长类　　　　　　D.禽类

4.成年雌性小鼠一年四季都有性活动,性周期4～5天,发情周期分成（　　　　）阶段。

A.发情前期　　　　　　B.发情期　　　　　　C.发情后期　　　　　　D.静止期

5.一种季节发情,排卵排出的卵母细胞不成熟的动物是（　　　　）。

A.兔　　　　　　B.狗　　　　　　C.猫　　　　　　D.猴

6.多在春、秋季单发情,发情前期有血性黏液排出的动物是（　　　　）。

A.兔　　　　　　B.狗　　　　　　C.猫　　　　　　D.猴

7.除夏季外,季节性多发情、刺激性排卵的动物是（　　　　）。

A.兔　　　　　　B.狗　　　　　　C.猫　　　　　　D.猴

8.繁殖学研究应考虑各种动物繁殖周期,春、秋两季,季节性单发情的动物是（　　　　）。

A.狗　　　　　　B.猫　　　　　　C.小鼠　　　　　　D.恒河猴

二、判断题

1.大、小鼠和兔都有产后发情的特性。（　　　　）

2.兔是刺激性排卵的动物。（　　　　）

3.不同性别的动物对同一药物的敏感程度是有差异的,如实验无特殊要求应选择雌、雄各半做实验,以避免因性别差异造成的结果误差。（　　　　）

4.不同性别的动物对同一药物的敏感程度虽有差异,但动物实验可随机选择雌、雄动物,无须考虑性别差异。（　　　　）

动物实验技术

项目三　评价自测活页

1. 注射麻醉法是使用非挥发性全身麻醉药进行麻醉的方法。兔、猫、犬、猪等大动物常采用静脉注射、（　　）的方法进行麻醉;小鼠、大鼠、豚鼠等小动物常采用腹腔注射的方法。

A. 肌内注射　　　　　　B. 鼻饲　　　　　　C. 全身　　　　　　D. 局部

2. 实验动物常用的给药方法大致有（　　）、注射给药、吸入给药等方法。有的方法常用,有的方法相对少用,但无论哪种给药法,正确的、适宜的抓取、固定方式是顺利完成药物给予的保证。

A. 经口给药　　　　　　B. 喝药　　　　　　C. 吃药　　　　　　D. 拿药

3. 大鼠、小鼠、豚鼠的灌胃应使用灌胃针头。灌胃针头的特点是,针头处焊有金属圆突,目的在于使消化道免受锋利针头的损伤,同时针头端弯曲呈大约（　　）,以适应大鼠、小鼠的生理弯曲,灌胃针接上注射器即成灌胃器。

A. 30°角　　　　　　B. 60°角　　　　　　C. 90°角　　　　　　D 120°角

4. 皮下注射时,先用酒精棉球消毒需注射部位的皮肤,再将皮肤提起,进针时,从头部方向刺入皮下,再沿体轴方向将注射针推进（　　）,若针尖易左右摆动,表明已刺入皮下。然后轻轻抽吸,如无回流物则可缓慢注射药液。注射完毕,缓慢拔出注射针,用干棉球压针刺部位,以防止药液外漏。

A. 5～10 mm　　　　　B. 10～15 mm　　　　C. 15～20 mm　　　　D. 20～25 mm

5. 皮内注射用于观察皮肤血管通透性变化或皮肤反应。操作时需先将动物注射部位脱毛,酒精棉球消毒局部,用左手将皮肤捏成皱襞,右手持注射针,将针头与皮肤大约呈（　　）刺入皮下,然后使针头向上挑起并稍刺入,即可注射。注射后,皮肤表面可见鼓起一小丘,停留片刻拔出针头。

A. 30°角　　　　　　B. 60°角　　　　　　C. 90°角　　　　　　D. 120°角

6. 大鼠、小鼠、家兔、犬等的肌内注射部位一般选择肌肉丰满而无大血管通过的臀部或大腿外侧或内侧肌肉,同时应避开坐骨神经的位置,若注射到坐骨神经会导致（　　）。

A. 后肢瘫痪　　　　　B. 前肢麻痹　　　　C. 前肢萎缩　　　　D. 前肢无力

7. 腹腔注射的部位为下腹部腹中线左右两侧（　　）处,为避免伤及内脏,抓取固定动物时应使头稍向后低,使内脏移向上腹。腹腔注射时,注射部位消毒后,右手持注射器在注射位置将针头刺入皮肤,针头到达皮下后,再稍向前进针,后以约45°角刺入腹腔,针尖通过腹腔后抵抗力消失,回抽针栓,如无回血或液体方可注入药液。

A. 1 cm　　　　　　B. 5 cm　　　　　　C. 10 cm　　　　　　D. 20 cm

8. 大鼠、小鼠的尾部有四根明显的（　　）,常作为静脉注射的部位。

A. 血管　　　　　　B. 动脉　　　　　　C. 静脉　　　　　　D. 淋巴结

9. 大鼠、小鼠和豚鼠皮下注射部位为（　　）。

A. 耳根部　　　　　　B. 颈后肩胛间　　　　C. 胸部　　　　　　D. 腹部两侧

10. 家兔皮下注射部位通常为（　　）。

A. 背部　　　　　　B. 大腿外侧　　　　　C. 耳根部　　　　　D. 腹部

项目四 评价自测活页

一、判断题

1.麻醉可使动物体温下降,手术时或手术后应注意动物的保温。（　　　）

2.麻醉的动物的体温正常,手术时或手术后应注意动物的护理。（　　　）

二、选择题

1.狗做2个小时以上的手术,最佳的麻醉方法是（　　　）。

A.2%戊巴比妥钠　　　B.1%普鲁卡因　　　C.乙醚　　　D.水合氯醛

2.在动物实验中应将动物的惊恐和疼痛减少到（　　　）程度,现场避免无关人员进入。手术、解剖时,必须进行有效的麻醉。

A.感知不到的　　　B.适宜　　　C.最低　　　D.实验人员满意的

3.对于需要麻醉的动物实验,麻醉的成功与否是至关重要的,而麻醉前的准备工作是必不可少的一个环节。下列选项中错误的是（　　　）。

A.动物的准备　　　　　　　　B.麻醉剂的准备

C.麻醉剂量和麻醉方法的准备　　　D.不用准备

4.吸入麻醉是将乙醚、氯仿等挥发性麻醉剂由动物经呼吸道吸入体内而产生麻醉效果的方法。（　　　）通常适用于麻醉时间较短的动物实验或作为基础麻醉或注射麻醉的辅助麻醉。

A.吸入麻醉　　　B.注射麻醉　　　C.全身麻醉　　　D.局部麻醉

5.注射麻醉法是使用非挥发性全身麻醉药进行麻醉的方法。注射麻醉方法简便,麻醉时间较长,适用于需长时间麻醉的动物实验。一般采用静脉注射、（　　　）、肌内注射等方法进行麻醉。

A.腹腔注射　　　B.鼻饲　　　C.全身　　　D.局部

6.注射麻醉法是使用非挥发性全身麻醉药进行麻醉的方法。兔、猫、犬、猪等大动物常采用静脉注射、（　　　）的方法进行麻醉;小鼠、大鼠、豚鼠等小动物常采用腹腔注射的方法。

A.肌内注射　　　B.鼻饲　　　C.全身　　　D.局部

7.气管内插管麻醉是将一特制的导管置入动物的气管内,建立一人工的通气管,通过这一气管内导管进行麻醉的方法。此麻醉方法的（　　　）在于无论任何手术体位都可使动物保持呼吸道通畅;可防止异物进入呼吸道,也便于清除气管内的分泌物;便于给氧吸入和辅助呼吸;能主动地对动物重要的生理功能指标进行监测、调整和控制,为实验创造最佳工作条件。

A.优点　　　B.缺点　　　C.不足　　　D.短处

8.局部麻醉是用局部麻醉药阻滞周围神经末梢或神经干、神经节、神经丛的冲动传导,产生（　　　）。局部麻醉的特点是动物可保持清醒状态,对重要器官功能干扰轻微,麻醉并发症少,是一种比较安全的麻醉方法。

A.局限性麻醉区　　　　　　　B.无限性麻醉区

C.全身性麻醉区　　　　　　　D.单侧性麻醉区

9.（　　　）适用于麻醉时间较短的动物实验或作为基础麻醉或注射麻醉的辅助麻醉。

A.注射麻醉　　　　　　　　B.吸入麻醉

C.气管内插管麻醉　　　　　　D.局部麻醉

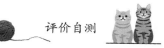

10.（　　）适用于需长时间麻醉的动物实验。

A.注射麻醉　　　　　　　　　　　　　B.吸入麻醉

C.气管内插管麻醉　　　　　　　　　　D.局部麻醉

11.以下属于挥发性麻醉药的是（　　）。

A.乙醚　　　　　　B.琥珀胆碱　　　　C.安定　　　　D.苯巴比妥钠

12.以下属于非挥发性麻醉药的是（　　）。

A.氧化亚氮　　　　　　　　　　　　　B.氟烷

C.戊巴比妥钠　　　　　　　　　　　　D.甲氧氟烷

13.常用局部麻醉药丁卡因的组织通透性表现为（　　）。

A.差　　　　　　　B.好　　　　　　　C.强　　　　　D.超强

14.常用局部麻醉药利多卡因的组织通透性表现为（　　）。

A.差　　　　　　　B.好　　　　　　　C.强　　　　　D.超强

15.常用局部麻醉药普鲁卡因的组织通透性表现为（　　）。

A.差　　　　　　　B.好　　　　　　　C.强　　　　　D.超强

16.下列麻醉注意事项中哪一项是错误的？（　　）

A.实验动物在麻醉之前应禁食 8 h 以上

B.麻醉之前应准确称量动物体重

C.麻醉剂的用量,除参照一般标准外,还应考虑个体对药物的耐受性不同

D.上述均不考虑

17.下列麻醉注意事项中哪一项是错误的？（　　）

A.在使用麻醉剂规程中,随时观察动物反应情况,尤其是采用静脉注射,决不可按体重计算出的用量匆忙进行注射

B.动物在麻醉期体温容易下降,要采取保温措施,尤其在冬季更应注意

C.静脉注射必需缓慢,同时观察肌肉紧张性、角膜反射和对皮肤夹捏的反应,当这些活动明显减弱或消失时,立即停止注射

D.上述均不考虑

18.动物的麻醉期尚未时,要注意动物的保暖,术后护理观察室温度与手术室均要恒温,两室的温差不可超过 3 ℃,一般以 25～30 ℃为宜,切忌将动物置于低温下,因为低体温（　　）是动物实验后死亡的一个重要原因。

A.休克　　　　　　B.现象　　　　　　C.情况　　　　D.障碍

19.动物术后疼痛可以引起实验动物嘶叫、行动异常、饮食异常、心率加快甚至循环衰竭等,因此在实验允许的情况下可使用（　　）药物,如阿司匹林、对乙酰氨基酚等。

A.镇痛　　　　　　B.止痒　　　　　　C.止咳　　　　D.麻醉

20.腹腔和静脉给药麻醉法常用的麻醉药是（　　）。

A.戊巴比妥钠、硫喷妥钠　　　　　　　B.安定

C.水合氯醛　　　　　　　　　　　　　D.氨基甲酸乙酯

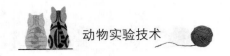

项目五　评价自测活页

一、选择题

1. 小鼠少量多次的采血途径是（　　）。
　　A. 断头　　　　　B. 耳静脉　　　　　C. 眼眶静脉丛　　　　　D. 尾静脉

2. 兔少量多次的采血途径是（　　）。
　　A. 断头　　　　　B. 耳静脉　　　　　C. 眼眶静脉丛　　　　　D. 尾静脉

3. 小鼠的最大安全采血量为（　　）。
　　A. 0.5 mL　　　　B. 1 mL　　　　　C. 0.1 mL　　　　　D. 0.3 mL

4. 小鼠的最小致死采血量为（　　）。
　　A. 0.5 mL　　　　B. 1 mL　　　　　C. 0.1 mL　　　　　D. 0.3 mL

5. 大鼠的最大安全采血量为（　　）。
　　A. 0.5 mL　　　　B. 1 mL　　　　　C. 0.1 mL　　　　　D. 0.3 mL

6. 大鼠的最小致死采血量为（　　）。
　　A. 2 mL　　　　　B. 3 mL　　　　　C. 5 mL　　　　　　D. 4 mL

7. 豚鼠的最大安全采血量为（　　）。
　　A. 2 mL　　　　　B. 3 mL　　　　　C. 5 mL　　　　　　D. 4 mL

8. 豚鼠的最小致死采血量为（　　）。
　　A. 15 mL　　　　B. 5 mL　　　　　C. 10 mL　　　　　D. 20 mL

9. 家兔的最大安全采血量为（　　）。
　　A. 15 mL　　　　B. 5 mL　　　　　C. 10 mL　　　　　D. 20 mL

10. 家兔的最小致死采血量为（　　）。
　　A. 15 mL　　　　B. 5 mL　　　　　C. 10 mL　　　　　D. 40 mL

11. 犬的最大安全采血量是（　　）。
　　A. 30 mL　　　　B. 50 mL　　　　C. 80 mL　　　　　D. 100 mL

12. 犬的最小致死采血量为（　　）。
　　A. 50 mL　　　　B. 200 mL　　　　C. 300 mL　　　　D. 400 mL

13. 猴的最大安全采血量是（　　）。
　　A. 5 mL　　　　　B. 10 mL　　　　C. 15 mL　　　　　D. 20 mL

14. 猴的最小致死采血量为（　　）。
　　A. 30 mL　　　　B. 60 mL　　　　C. 50 mL　　　　　D. 40 mL

15. 大鼠、小鼠的采血方法之一为尾尖采血，此种采血方法采血量很少，约（　　）滴,可以做血涂片、试纸检测血糖等实验。
　　A. 1～2　　　　　B. 4～5　　　　　C. 5～6　　　　　　D. 7～8

16. 大鼠、小鼠的采血方法有尾尖采血、眼眶后静脉丛采血、摘眼球采血、腹主动脉采血、颈动静脉或股动静脉或腋下动静脉采血,以及（　　）。
　　A. 心脏采血　　　B. 肝脏采血　　　C. 肺脏采血　　　　D. 脾脏采血

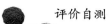

17.豚鼠、家兔的采血方法有耳缘静脉采血、耳中央动脉采血、心脏采血、颈动脉采血,以及( )。

    A.背跖静脉采血   B.肝脏采血   C.肺脏采血   D.脾脏采血

18.犬、猫的采血方法有犬后肢外侧小隐静脉和前肢内侧皮下头静脉采血、颈静脉采血、股动脉采血,以及( )。

    A.心脏采血   B.肝脏采血   C.肺脏采血   D.脾脏采血

19.小型猪的采血方法有耳大静脉采血、颈静脉采血、心脏采血,以及( )。

    A.改良的眼眶静脉窦采血   B.肝脏采血

    C.肺脏采血   D.脾脏采血

二、简答题

1.请简述造成溶血的常见人为因素。

2.请简述避免溶血的措施。

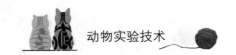

项目六　评价自测活页

1. 尿液采集的方法较多,(　　)较常用,适用于大鼠、小鼠尿液的采集。

A. 代谢笼法　　　　　B. 压迫膀胱法　　　　　C. 活体穿刺法　　　　　D. 取骨法

2. (　　)是直接从动物尿道插管到膀胱来收集尿液,根据动物大小,取适当粗细的塑料管,头端用酒精灯烧圆滑,尾端用一个粗针头备接尿液。

A. 膀胱导尿法　　　　B. 压迫膀胱法　　　　　C. 活体穿刺法　　　　　D. 取骨法

3. 压迫膀胱法适用于(　　)。

A. 猴　　　　　　　　　　　　　　　B. 兔、猫、犬等较大动物

C. 大鼠　　　　　　　　　　　　　　D. 小鼠

4. 反射排尿法适用于(　　),因小鼠被人抓住尾巴提起时排尿反射比较明显。

A. 兔　　　　　　　　B. 猴　　　　　　　　　C. 大鼠　　　　　　　　D. 小鼠

5. 大动物骨髓液的采集通常用(　　),多用胸骨、肋骨、股骨等骨的骨髓。

A. 代谢笼法　　　　　B. 压迫膀胱法　　　　　C. 活体穿刺法　　　　　D. 取骨法

6. 动物精液的采集常用(　　),适用于家兔、山羊、绵羊、猪、犬等动物。

A. 代谢笼法　　　　　B. 压迫膀胱法　　　　　C. 活体穿刺法　　　　　D. 假阴道采精法

7. 草食类动物尿液(　　)。

A. 酸性　　　　　　　B. 特殊的臭味　　　　　C. 碱性　　　　　　　　D. 黏度高

8. 肉食类动物尿液(　　)。

A. 酸性　　　　　　　B. 特殊的臭味　　　　　C. 碱性　　　　　　　　D. 黏度高

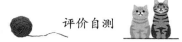

项目七　评价自测活页

一、判断题

1.麻醉可使动物体温下降,手术时或手术后应注意动物的保温。（　　）

2.麻醉的动物的体温正常,手术时或手术后应注意动物的护理。（　　）

3.动物实验后动物的管理非常重要,特别是应保证动物有足够的营养供给。（　　）

二、选择题

1.动物术后恢复期应根据实际情况,进行镇痛和有针对性的（　　）及饮食调理。

A.治疗　　　　　　　B.管理　　　　　　　C.保护　　　　　　　D.护理

2.术后护理观察室温度与手术室均要恒温,两室的温差不可超过（　　）。

A.1 ℃　　　　　　　B.3 ℃　　　　　　　C.6 ℃　　　　　　　D.8 ℃

3.动物术后疼痛可以引起实验动物嘶叫、行动异常、饮食异常、心率加快甚至循环衰竭等,因此在实验允许的情况下可使用（　　）药物,如阿司匹林、对乙酰氨基酚等。

A.镇痛　　　　　　　B.止痒　　　　　　　C.止咳　　　　　　　D.麻醉

4.对于创口处理,手术创口一般用纱布或绷带固定在皮肤上,纱布或绷带的内面可涂布软膏,有助于防止（　　）。有引流管套管或瘘管要定时清洁。一般术后7～8 d拆线,有感染可提前清创、更换纱布和绷带并详细记录,不会对实验产生影响且必要时可采用抗生素治疗。

A.细菌感染　　　　　B.粉尘　　　　　　　C.灰尘　　　　　　　D.蚊蝇

5.动物的麻醉期尚未过时,要注意动物的保暖,术后护理观察室温度与手术室均要恒温,两室的温差不可超过3 ℃,一般以25～30 ℃为宜,切忌置于低温下,因为低体温（　　）是动物实验后死亡的一个重要原因。

A.休克　　　　　　　B.现象　　　　　　　C.情况　　　　　　　D.障碍

6.动物实验后对动物的管理也非常重要,特别应保证动物有足够量的（　　）。营养缺乏或过多都会影响实验结果。

A.营养供给　　　　　B.水分补充　　　　　C.休息睡眠　　　　　D.饲料

7.操作剧毒药物实验后（　　）,以免误食。

A.必须洗手　　　　　B.必须洗澡　　　　　C.必须洗脸　　　　　D.必须洗衣

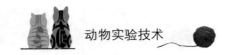

项目八　评价自测活页

1.实验结束后,猿类灵长类动物原则上(　　　)。

A.应对动物施行安死术

B.不予处死,恢复后可继续用于其他实验

C.不予处死,恢复后应予以放生

D.不予处死,赡养直至自然死亡

2.《关于善待实验动物的指导性意见》提出在不影响实验结果判定的情况下,应选择(　　　)。

A.尽量延长实验时间　　　　　　　　　　　　　B.尽量避免处死动物

C."仁慈终点",避免延长动物承受痛苦的时间　　　　D.立即对动物实施安死术

3.关于实验动物安死术表述错误的是(　　　)。

A.使动物在没有惊恐和痛苦的状态下安静地、无痛苦地死亡

B.可以采用过量麻醉法处死动物

C.实施安死术时其他动物可以在场

D.颈椎脱位法是大、小鼠常用的处死方式

4.处死实验动物应实施安死术,实施时(　　　)其他动物在场。确认动物死亡后,方可妥善处置尸体。

A.不应有　　　　　B.可以有　　　　　C.可以不考虑　　　　　D.不宜有

5.在不影响实验结果判定的情况下,应选择(　　　),即选择动物表现疼痛和压抑的较早阶段为实验的终点,避免延长动物承受痛苦的时间。

A.仁慈终点　　　　　B.终点实验　　　　　C.安乐死　　　　　D.安死术

6."安死术"即安乐死术,是指以人道的方法处死动物的过程。在处死动物的过程中(　　　)动物的惊恐或焦虑,使其安静地、无痛苦地死亡。

A.减少　　　　　B.增加　　　　　C.尽量减少　　　　　D.消除

7.安死术常用方法之一为颈椎脱位法,常用于(　　　)。操作者将动物放在实验台上或饲养笼盖上,一只手抓住动物尾根,另一只手动作很快地按住动物的颈部,用力向后上方拉尾,使动物脊柱断开,动物立即死亡。

A.大、小鼠　　　　　B.家兔　　　　　C.犬　　　　　D.猴

8.安死术常用方法之一为过量麻醉处死,用过量巴比妥钠、水合氯醛等麻醉剂腹腔或(　　　)注射使动物死亡。

A.静脉　　　　　B.动脉　　　　　C.脑内　　　　　D.关节

9.安死术常用方法之一为二氧化碳吸入法,将动物放入一密闭容器内,把固体(　　　)放入其中或通入(　　　)气体,动物可在短时间内死亡。

A.CO_2　　　　　B.CO　　　　　C.NH_3　　　　　D.O_2

项目九　评价自测活页

一、选择题

1. 病死及扑杀后的实验动物尸体、排泄物、污染的饲料、垫料、污水等必须进行（　　）。
A. 无害化处理　　　　B. 简单处理　　　　C. 焚烧处理　　　　D. 消毒处理

2. 无害化处理可以选择深埋、焚化、（　　）等方法。
A. 消毒　　　　B. 焚烧　　　　C. 日晒　　　　D. 干燥

3.《动物防疫条件审查办法》主要规定了动物饲养场、（　　）、动物隔离场所、动物屠宰加工场所以及动物和动物产品无害化处理场所,应当符合规定的动物防疫条件,并应取得"动物防疫条件合格证"。
A. 游乐场　　　　B. 农贸市场　　　　C. 花园　　　　D. 养殖小区

4. 各类动物隔离饲养场所必须设有（　　）的排泄物等污水、污物,以及病死动物无害化处理和清洗消毒设施、设备。
A. 实验动物　　　　B. 隔离动物　　　　C. 普通动物　　　　D. 健康动物

5. 实验动物的防疫原则之一是隔离和无害化处理,严格防止野生动物进入动物实验室,对死亡动物进行（　　）处理。
A. 无害化　　　　B. 冷冻　　　　C. 密封　　　　D. 解剖

6. 废弃物无害化处理工作往往是动物实验工作中最易忽视的薄弱环节,但却是不能忽视的环节,因此各实验室应根据本单位的实际情况,对废物的无害化处理实行专人领导和专人负责制,并制定相应的规章制度强化动物实验中的废弃物的（　　）。
A. 无害化处理　　　　B. 摆放　　　　C. 清理　　　　D. 运输

7. 废弃物无害化处理首先应将废弃物进行分类收集,下列描述哪一项是错误的?（　　）
A. 污物应分类收集,实验动物废垫料与实验废弃品要分开,不得混放
B. 实验后收集的污物不得直接向垃圾道内倾倒,污物要用污物处理容器进行盛装。然后汇总于专用污物袋中进行一次性封闭处理
C. 有机垃圾盛装器应密封有盖,防渗漏、防蝇、防鼠、并便于搬运及消毒
D. 污物可与生活垃圾混装

8. 进行废弃物无害化处理,下列描述哪一项是错误的?（　　）
A. 一次性口罩、帽子等使用后应装入专用垃圾袋回收焚烧处理
B. 一次性使用的注射器、针头、手套等物品使用后经消毒剂浸泡消毒,毁形后按要求统一进行无害化处理。绝不可自行处理和随意扔掉
C. 用过的废垫料要装入垃圾袋中或专用的垫料容器内,注意防蝇、防渗漏,并及时焚烧处理
D. 放射性实验所产生的废弃物可与生活垃圾混装

二、填空题

1. 死亡的客观指标是_____、_____、_____。

2. 取出肝脏时需要切断_____韧带、_____韧带和_____韧带,以及后腔静脉和冠状韧带,最后切断右侧_____韧带。

3.脾脏摘除时应分别切断_____韧带、_____韧带、_____韧带和脾脏的动、静脉。

三、判断题

1.怀疑胸腔内存有气体时应检查后再打开胸腔。（　　　）

2.腹腔有积液时应采集液体并观察其颜色、性质,必要时做组织细胞学检查。（　　　）

四、简答题

常见动物实验室的废弃物种类有哪些?

项目十　评价自测活页

一、判断题

1.遗传工程小鼠是让已知的结构基因在动物个体中得到表达,并能够稳定遗传给其后代的一类动物。(　　)

2.遗传工程小鼠保种繁殖通常采用 r/＋ 或 D/＋×＋/＋,即每一代都是目的基因(r,D)向背景品系回交进行繁殖。(　　)

3.基因剔除小鼠如果剔除的是隐性基因,用杂合子互交,每一代可以得到 1/4 带有隐性目的基因的遗传工程小鼠。(　　)

4.大鼠性成熟早,8～10 周龄时已可交配繁殖,且繁殖周期短,孕期(20±2) d,产仔多,适用于避孕药物、雌激素的研究,也可用于畸胎学及胚胎学的研究。(　　)

二、选择题

1.继人类之后第二个完成基因组测序工程的哺乳类动物是(　　)。

A.小鼠　　　　　　B.大鼠　　　　　　C.兔　　　　　　D.猴

2.在近交系小鼠中使用量最大,并常作为遗传工程小鼠背景品系的小鼠是(　　)。

A.AKR　　　　　B.C57BL/6　　　　C.BALB/C　　　　D.DBA/2

3.应用基因工程技术有目的的干预动物的遗传组成,建立携带(或缺失)有特定基因的转基因动物,导致动物新的生物性状的出现,并可有效地遗传下去,形成新的可用于生命科学研究和其他目的的动物模型,这类动物称之为(　　)。

A.抗疾病动物模型　　　　　　　　B.生物医学动物模型

C.遗传工程动物模型　　　　　　　D.免疫缺陷动物模型

4.(　　)属刺激性排卵动物,可准确检测排卵时间,容易取得胚胎材料,适用于生殖生理和避孕药研究。

A.小鼠　　　　　　B.大鼠　　　　　　C.豚鼠　　　　　　D.兔

5.(　　)是研究胚胎发育分子机制的优良资源。

A.斑马鱼　　　　　B.青鳉　　　　　　C.新月鱼　　　　　D.剑尾鱼

6.下列关于斑马鱼的描述哪一项是错误的?(　　)

A.是一种常见的热带鱼,体型纤细,成体长 3～4 cm,对水质要求不高

B.孵出后约 3 个月达到性成熟,成熟鱼每隔几天可产卵一次,卵子体外受精,体外发育,胚胎发育同步且速度快,胚体透明

C.是研究胚胎发育分子机制的优良资源,有的还可作为人类疾病模型

D.发育温度要求在 8～16 ℃

7.实验用鱼因哪一项特性而广泛应用于生物发育学研究?(　　)

A.鱼类动物胚胎发育上的机制与哺乳动物非常相似,许多重要的调控蛋白的表达类似于哺乳动物

B.冷血变温动物

C.用鳃进行气体交换

D.没有淋巴结